高等职业教育机械类专业系

数控高速加工技术应用

主　编　陈吉红　张伦玠
副主编　陈德林　梁　丰
参　编　胡　涛　孙海亮　龙　华
　　　　齐　壮　刘　丰　黄伟峰

机械工业出版社

本书立足于数控高速加工的发展趋势，结合企业丰富案例和职业院校教学特点及条件，由浅入深，详细介绍数控高速加工工艺过程，方便实训教学的实施和检查。

本书在介绍数控高速加工的基本概念和工艺系统的同时，还将常规的数控加工与高速加工进行对比测试，让读者体验高速加工的技术优势。此外，在案例加工介绍中穿插相关的知识点介绍，还有针对性地选取薄壁件、3C零件和具有模具特征零件的加工案例，帮助读者认识高速加工在不同行业中的应用和发展。

本书可作为高等职业院校数控技术、数控设备应用与维护、机械制造与自动化、机械设计与制造等专业教材，也可作为从事机械加工的工程技术人员的自学参考书。

为便于教学，本书配有相关教学资源，选择本书作为教材的教师可登录 www.cmpedu.com 网站，注册、免费下载。

图书在版编目（CIP）数据

数控高速加工技术应用/陈吉红，张伦玠主编. —北京：机械工业出版社，2020.9（2024.6重印）

高等职业教育机械类专业系列教材

ISBN 978-7-111-66639-4

Ⅰ.①数… Ⅱ.①陈… ②张… Ⅲ.①数控机床-加工-高等职业教育-教材 Ⅳ.①TG659

中国版本图书馆CIP数据核字（2020）第184467号

机械工业出版社（北京市百万庄大街22号 邮政编码100037）
策划编辑：汪光灿 责任编辑：汪光灿 赵文婕
责任校对：王 欣 封面设计：张 静
责任印制：单爱军
北京虎彩文化传播有限公司印刷
2024年6月第1版第2次印刷
184mm×260mm · 11.75印张 · 289千字
标准书号：ISBN 978-7-111-66639-4
定价：39.80元

电话服务 网络服务
客服电话：010-88361066 机 工 官 网：www.cmpbook.com
010-88379833 机 工 官 博：weibo.com/cmp1952
010-68326294 金 书 网：www.golden-book.com
封底无防伪标均为盗版 机工教育服务网：www.cmpedu.com

前　言

高速加工因切削力小、切削导热快和切削效率高等优点在当今制造业有着广阔的应用前景。以高效率和高精度为基本特征的高速切削加工技术，已经成为近年来迅速崛起的先进制造技术之一，高速切削加工已成为提高加工效率和加工质量、降低生产成本的主要途径。自20世纪80年代起，高速加工技术在金属（非金属）传统切削加工技术、自动控制技术、信息技术和现代管理技术的基础上逐步发展成为一门综合性系统工程技术，现已广泛应用于航空航天、模具、电子、汽车等制造领域。随着对个性化产品的市场需求不断增加，多品种、单件小批制造的加工模式具有巨大发展潜力。因此高速加工技术必将在生产工艺离散型或混合型企业（如模具、能源设备、船舶、航空航天等）中得到大量应用和进一步发展。

数控加工技术职业教育经过近20年的高速发展，为中国制造业的发展壮大培养了一大批产业人才，随着科学技术和制造技术的发展，提高生产率和加工精度、降低生产成本、优化人力资源结构以及改善生产劳动环境等已经成为制造业发展的主流，高速加工成为符合这一潮流的解决方案之一。

本书立足于传统的数控加工技术实训教学，在较全面介绍数控高速加工及其工艺系统的基础上，循序渐进地讲解项目案例的加工步骤及注意事项，特别是在第三章高速加工技术应用中，通过对平面的常规加工与高速加工对比以及金属去除率等数据，进一步了解高速加工的效果及工艺特点，体验高速加工的效率和温升等教学验证，符合职业技术教育的“做中学”的教学效果。与此同时，为了弥补项目案例教学知识碎片化的不足，在每一个案例教学前均安排相应的理论知识介绍，便于学生在完成案例加工前后阅读掌握。此外，全书的案例比较全面，既有基础训练，又有进阶练习；既有铝合金材料，又有合金钢材料；既有薄壁件和3C零件加工，又有具有模具型腔特征试件的加工，更有5轴联动工件的高难度加工。因此，基于职业院校现有的实训条件和师资力量，对数控高速加工技术应用内容辅以案例式过程化叙述，是本书的一个重要特色，而尝试理实一体和项目式教学以及加工测试数据对比等，则是本书的另一鲜明特色。

本书由华中科技大学陈吉红、广东技术师范大学张伦玠任主编，广东省机械研究所陈德林、广东河源职业技术学院梁丰任副主编。第一、二章由广东技术师范大学张伦玠和湖南工业职业技术学院龙华编写；第三章由武汉华中数控股份有限公司胡涛编写；第四章由武汉华中数控股份有限公司孙海亮编写；第五章由广东河源职业技术学院梁丰和南海第一职业技术学校黄伟峰编写；第六章由广东省机械研究所陈德林编写；第七章由武汉华中数控股份有限公司齐壮、刘丰编写。全书由陈吉红统稿。在此衷心感谢参与编写的各位同仁！

由于作者水平有限，书中难免存在不足和疏漏之处，恳请读者批评指正。

编　者

目　录

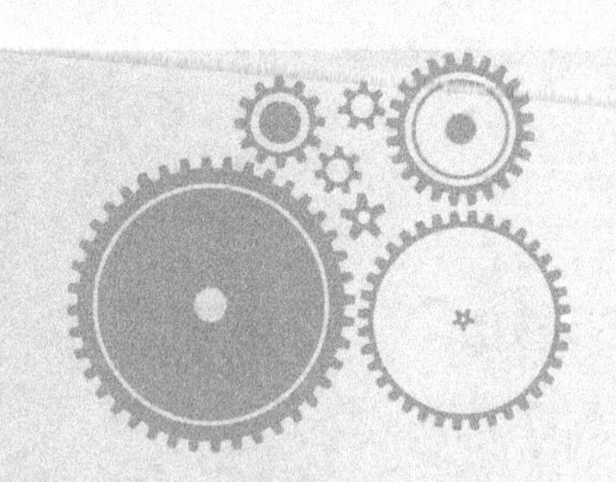

第一章

概　述

随着科学技术和制造技术的发展，以高效率和高精度为基本特征的高速加工技术，已经成为近十年来迅速崛起的先进制造技术之一。高速加工已成为提高加工效率和加工质量、降低生产成本的主要途径。

高速加工具有切削力小、切削导热快和切削效率高等优点，在当今制造业有着广阔的应用前景。

1.1　高速加工的基本概念与发展过程

1. 高速加工的基本概念

高速加工是指采用超硬材料刀具，利用能可靠地实现高速运动、高自动化、高精度和高柔性的自动化设备，提高材料去除率、加工质量和加工速度的先进切削技术。高速加工主要利用机床主轴的高转速、高进给速度和小背吃刀量对工件进行快速、高效的加工。

高速加工中不同的工艺和不同的材料对应着不同的切削速度（表1-1和表1-2）。通常把切削速度超过传统速度5~10倍的切削加工称为高速加工。

表1-1　高速加工中不同工艺的切削速度

加工工艺	切削速度/(m/min)	加工工艺	切削速度/(m/min)
车削	700~7000	拉削	30~75
铣削	300~6000	铰削	20~500
钻削	200~1100	锯削	50~500
磨削	5000~10000		

表1-2　高速加工中不同材料的切削速度

加工材料	切削速度/(m/min)	加工材料	切削速度/(m/min)
铝合金	2000~7500	耐热合金	>500
铜合金	900~5000	钛合金	150~1000
钢	600~3000	纤维增强塑料	2000~9000
铸钢	800~3000		

2. 高速加工的特点

与传统的切削加工相比，高速加工有以下特点。

1）显著地提升了生产率。因高速化的主轴转速，使得单位时间内工件材料的切出时间提升3~5倍，加工时间减少1/2。因此，高速加工提高了工作效率，有效地缩短了产品的制作时间。该技术特别适合应用于汽车、模具、3C以及飞机等相关行业的产品制造。

2）有效地减小加工变形。因高速加工的切削力可减小30%以上，使得工件在加工过程中的变形有所减少。在切削加工过程中，由于热量无法及时、全部传给工件，因此工件可以保持冷态，十分有利于提高其加工精度。该技术特别适合应用于细长、易热变形的工件制造。

3）能够有效地减小表面粗糙度值。为了能够有效地保障生产率，在加工的时候可以选择较小的进给量，从而减小表面粗糙度值。虽然降低了切削力，但是可提高转速，在转速提升的过程中，机床工具系统的工作频率远离了固有频率，致使工件的表面粗糙度减小至最敏感，从而有效地减小了表面粗糙度值。

4）有效地节约加工成本。在进行淬硬零件的加工时，采用高速切削的硬度可达60HRC，在较少装夹的过程中能够完成相关的工序。对于复杂的零件加工，能够将电加工和手工修磨等常规工序省略，有效地缩短工艺路线，降低加工能耗，节约加工成本。

5）工件受热少。由于切削速度的提高，切削过程产生的切削热多数被切屑带走，只有很少一部分传给工件。

6）切削过程平稳。

7）可以切削难以加工的材料，如钛合金等。

8）简化加工流程。

3. 高速加工的范畴

关于高速加工的范畴，一般有以下几种划分方法。

1）以切削速度的不同进行划分，切削速度超过常规切削速度5~10倍为高速切削。

2）以主轴转速的不同进行划分，主轴转速大于8000r/min为高速加工。

3）从机床主轴设计的角度，以主轴直径和主轴转速的乘积（DN）的不同进行划分，如果DN值为（5~2000）$\times10^5$mm·r/min，则认为是高速加工。

生产实践中，加工方法不同、材料不同，高速切削速度也相应不同。

一般情况下，当车削加工速度为700~7000m/min、铣削加工速度为300~6000m/min时，即为高速加工。

另外，从生产实际考虑，高速加工的概念不仅包含切削过程的高速，还包含工艺过程的集成和优化，是一个可由此获得良好经济效益的高速度的切削加工，是技术和效益的有效结合。

4. 高速加工的原理

由切削理论可知，切削温度θ与切削速度v_c的关系为：$\theta=Cv_c^{0.4}$，其中C为切削速度对切削温度的影响系数，其实验曲线如图1-1所示，以此推论：随着切削速度的增大，切削区的温度会逐步升高，因刀具难以承受而使磨损加剧，故刀具的受热变形也会增加。

目前，生产中采用硬质合金刀具加工钢件的切削速度一般为100~200m/min，采用陶瓷刀具精加工钢件的切削速度一般约为300m/min，此时的切削温度为800~1000℃，若切削速度继

续增大，则切削温度将达到 2000℃以上，此时高速切削获得的效率，不足以补偿刀具频繁更换和工件受热变形而丧失精度所带来的损失，即高速加工得不偿失。因此，试图发展耐高温的刀具材料来提高切削速度和效率的努力被证明是困难的。

但切削理论同时指出，加工中刀具寿命还取决于工件和刀具的温度差。若使刀具的温度不超过 1000℃，此时刀具的硬度基本保持不变，但当工件切削区的温度超过 500℃后，其硬度将急剧下降。该现象给人们带来一个提示：若能将刀具的温度和工件的温度区别开来，使刀具的温度保持较低，而将工件的温度升到较高，对切削加工将是非常有利的。为说明这一问题，可以做如下的假设：若立式铣刀的直径为 ϕ8mm，切削宽度 a_w 为 4mm，则单刃的切削厚度 a_c 为 6.2mm，当主轴的转速 n 为 4200r/min 时（此时的切削速度约为 1000m/min），切削时铣刀的切削刃与工件的接触时间约为 0.4ms，而热量在钢中的传导速度约为 0.5mm/s。因此，热量刚传到 0.2μm 深度时，刀具就切除了要加工的余量（理论认为，切削热大量产生于刀具与工件接触面以下约 0.2μm 处），即热量还来不及传到刀具中。这说明当切削速度增大到一定程度后，切削区的温度将不再升高，而大部分的热量由切屑带走，留在刀具和工件上的热量并不大（一般小于 3%）。此时切削力减小，刀具的磨损也减小。

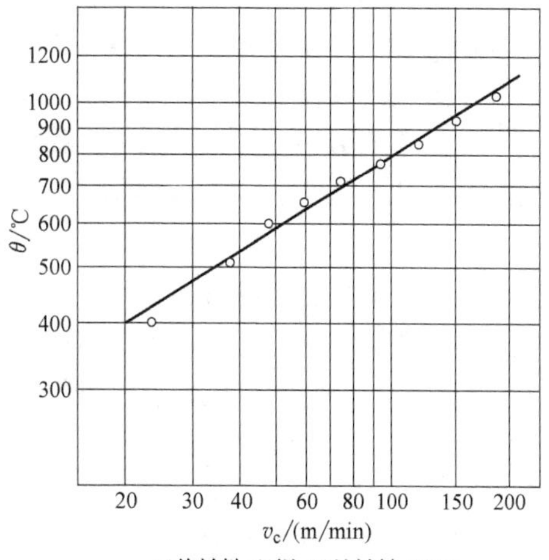

工件材料：45钢；刀具材料：YT15；
切削用量：a_p=3mm，f=0.1mm/r。

图 1-1 切削速度与切削温度的关系

一般来说，高速加工有以下几个方面的技术特点。

1）高的主轴转速。对于高速加工的定义很难有统一的标准，大于 8000r/min 的转速通常就可以被认为是“高速”。事实上，在高速加工中主轴的转速一般都在 20000r/min 以上。

2）小的吃刀量。高速加工的吃刀量一般为 0.3~0.6mm，在特殊情况下吃刀量也可小于 0.1mm。小的吃刀量可以降低切削力，减小加工过程中产生的切削热，延长刀具寿命。

3）快的进给速度。高速加工钢件的进给速度大于 5m/min。从加工方式上讲，小的吃刀量在加工时能够获得更好的刀具的长度和直径比，能够完成加工深度很大的零件的加工，而快的进给速度保证了足够的切削效率。

4）小的切削行距。高速加工所采用的刀具路径的行距一般小于 0.1mm。通常情况下，小的刀具路径行距可以减小加工过程中的表面粗糙度值，提高加工表面质量，从而可能免除后续的精加工工序。

以上特点决定了高速加工所能获得的加工效果。高速加工能达到效率高、加工精度高、零件表面光洁、加工稳定以及零件无变形、无表面变质层等性能指标，这也是高速加工被越来越多地应用于现代制造业的重要原因。

5. 高速加工的发展过程

德国物理学家 Carl Salomon 于 1931 年提出了著名切削理论：一定的工件材料对应有一

个临界切削速度，在该切削速度下其切削温度最高。图 1-2 所示为 Salomon 曲线。在常规切削速度范围内（图中 A 区），切削温度随着切削速度的增大而上升。在切削速度达到临界切削速度后，随着切削速度的增大，切削温度反而下降。Salomon 的切削理论给人们一个重要的启示：如果切削速度能超越切削“死谷”（图中 B 区）在超高速区内（图中 C 区）进行切削，则有可能用现有的刀具进行高速切削，从而可大大减少切削工时，成倍地提高机床的生产率。

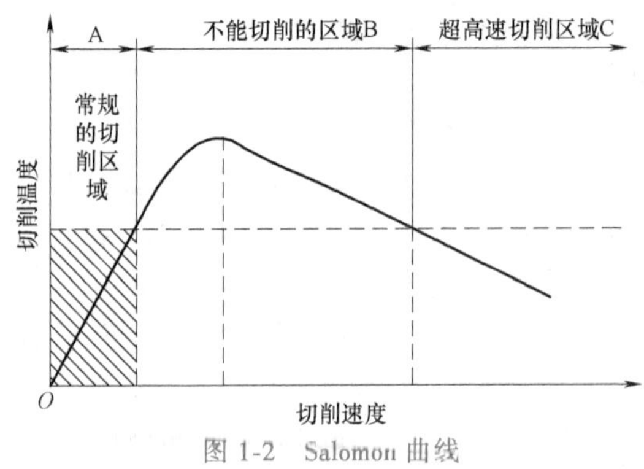

图 1-2　Salomon 曲线

根据 Salomon 的高速切削理论，当切削速度超过被切削材料临界切削速度时，切削温度不再随切削速度的增大而上升，切削抗力减小，刀具寿命延长，并且以高切削速度、高切削精度、高进给速度与加速度为主要特征。

美国于 1950 年前后开始进行超高速切削试验，将刀具装在加农炮里，从滑台上射向工件或将工件当作子弹射向固定的刀具。1977 年，美国在一台带有高频电主轴的加工中心上进行了高速切削试验。1984 年，德国国家研究技术部组织了以达姆施塔特工业大学（Darmstadt University of Technology）的生产工程与机床研究所和 41 家公司参加的两项联合研究计划，全面、系统地研究了超高速切削机床、刀具控制系统以及相关的工艺技术，取得了国际公认的高水平研究成果，并在德国工厂广泛应用，获得了较好的经济效益。日本于 20 世纪 60 年代着手超高速切削机理的研究，日本学者发现在超高速切削时，绝大部分切削热被切屑带走，工件基本保持冷态，其切屑比常规切屑热得多。日本工业界善于吸收各国的研究成果并及时应用到新产品开发中去，尤其在高速切削机床的研究和开发方面后来居上，现在已经跃居世界领先地位。中国高速加工技术研究起步较晚，20 世纪 80 年代以来对高速切削刀具寿命与切削力、高速切削机理、高速硬切削和切屑形成机理、钛合金高速铣削、薄壁件高速铣削精度控制、铝合金高速铣削表面温度、高速主轴系统和快速进给系统、高温合金的高速切削等进行了初步研究并取得了令人鼓舞的成就。

随着材料、信息、微电子、计算机等技术的迅速发展，大功率高速主轴单元、高性能伺服控制系统和超硬耐磨耐热刀具材料等关键技术的解决和进步，使其在德国、美国、日本等工业发达国家得到迅速发展，已经成为先进制造技术的一个的重要发展方向，并广泛应用于装备制造、航空航天等主要工业部门。高速加工技术在工业发达国家得到普遍应用，正成为切削加工的主流技术。

1.2　高速加工技术的研究现状与发展趋势

1. 高速加工技术的研究现状

近年来，高速、超高速加工的实际应用和实验研究取得了显著成果。世界许多著名公司的加工中心，如美国的 Cincinnati 和 Ingersoll、日本牧野（makino）、意大利 Rambaudi 等公司，其标准主轴转速配置可达 8000～10000r/min，可选的 20000r/min 以下的主轴单元已处于

商品化阶段。采用滚珠丝杠副的进给系统，快速进给速度为40~60m/min，加速度为1g（g=9.8m/s^2），工作进给速度大于30m/min，定位精度为20~25μm。采用直线电动机的进给驱动系统，快速进给速度为160m/min，进给加速度为2.5g以上，定位精度为0.05~0.5μm，甚至更高。这些加工中心的刀具到刀具的换刀时间小于1s，切削到切削的换刀时间小于2.4s，托盘交换时间小于10s。日本日立精机的HG400III型加工中心主轴最高转速为36000~40000r/min，工作台快速移动速度为36~40m/min。

近年来，我国在高速、超高速加工的各关键领域（如大功率高速主轴单元、高加减速直线进给电动机、陶瓷滚动轴承等方面）也进行了较多的研究并有相应的研究成果。实验室超高速磨削速度曾达到250m/s，但离产业化还有一段距离。目前工业应用的磨削速度未能超过100m/s。显然，国内在超高速磨削技术方面与国外差距很大。

对于铝合金高速精加工易产生的颤振现象，瑞典的山特维克集团设计出起缓冲作用的后刀面刃带，可抑制刀具变形量的增加，从而控制切削厚度与背向切削力。通过加深刀片前刀面上的断屑槽，降低了切削力，可优化切屑成形和排屑，使切屑飞出并远离切削区和工件表面。这种槽型的刀—屑接触面更小，有更低的摩擦力和更平稳的切削作用，能实现更大的吃刀量。

电主轴最早是在磨削高速机床上使用，后来才应用到加工中心上，目前高转速电主轴在机床、3C制造、工业制造等领域被广泛采用。因电子、精密机械等企业不断提出高的要求，使电主轴的性能不断得到提高。目前电主轴的直径为30~300mm，扭矩为0.02~300N·m，功率为0.125~160kW，最高转速为250000r/min。由于国外对高速电主轴技术研究起步较早，电主轴单元技术处于领先地位，并且随着数字控制技术、变频技术的不断进步，其电主轴生产商已具有生产系列产品的能力。扭矩大、功率大、起动迅速、调速范围宽、定位准确、自动对刀和自诊断功能是电动主轴单元的发展趋势。近几年，美国、德国、西班牙、加拿大、日本、意大利、瑞士等工业强国不断投入资金用于研发此项技术。著名的有意大利Gamfior公司，日本三菱、安川公司，德国西门子、GMN公司等。例如德国GMN公司可以提供几乎任何尺寸、扭矩、转速、功率的电主轴，产品种类齐全，其电主轴直径为33~300mm，最高转速为140000r/min，功率为0.125~80kW，扭矩为0.02~300N·m。

高速加工工具系统由机床主轴—刀柄—刀具组成，作为高速加工关键部件之一，开发高速加工工具系统受到了各国的高度重视，其稳定性和可靠性成为关注重点。相关文献表明：机床—主轴—刀具—工件系统中某个零件中的任一部分振动是产生颤振及影响机床稳定性的主要原因，并且切削加工中形成不连续切削的周期与系统中某个部件的固有频率密切相关。因此，研究高速加工工具系统的固有频率，提高系统和高速切削的稳定性是很有必要的。有关研究表明：刀柄—主轴结合部分考虑为刚性或柔性状态时，系统的固有频率变化很大。因此，研究高速加工工具系统的固有特性是开发新型高速加工工具系统的基础性工作。通过对比数据发现，刀具悬伸量对高速加工工具的固有频率影响最大，同时验证了HSK刀柄端面接触有助于提高系统的整体刚度，进而提出了改善和提高工具系统稳定性的措施。得到的结论为优化刀具的悬伸量与夹持量提供理论依据和指导，为提高高速加工工具系统的稳定性和开发新型高速加工工具系统提供理论依据。

高速、高精度数控加工主要应用于由复杂曲线曲面离散形成的一系列连续短线段的加工。数控系统在对连续短线段进行加工时，应用较多的方法是保持原加工路径不变，在相邻转接处满足速度约束条件下，以一定的速度直接加工下一路径段。虽然该方法避免了在每段路径转接处降速为零，实现速度连续变化，但是其转接速度往往不高，导致加工效率低，同时在转接处加速度的突变会对机床造成冲击，影响加工工件的质量。因此，在保证转接速度尽可能大的条件下进行速度平滑过渡处理，实现速度和加速度的连续变化，最大限度地提高加工效率和加工质量，已成为高速、高精度数控加工的一项关键技术。高速、高精数控系统的研究主要针对复杂的轮廓曲线。复杂曲线的数据模型有两种形式，一种是小线段；另一种是参数曲线，如贝塞尔曲线、B样条曲线和NURBS曲线。各种形式的参数曲线已经广泛地应用于CAD建模工具中。但是这些复杂的曲线轨迹无法用大多数的数控机床进行加工，数控机床通常只具备直线和圆弧插补功能。有些高级的数控系统虽然能够进行一种或几种形式的曲线加工，但目前没有任何一种数控系统能够支持所有形式的曲线插补。而连续小线段插补是一种有效的、切合实际的解决方案。在众多的前瞻算法中，研究内容主要集中在三个方面，即发现速度突变点，确定拐角的最优速度，以及确定前瞻程序段数目。国外一些高级数控系统都已具有较强的前瞻处理能力，如日本的FANUC系统、德国海德汉的iTNC 530数控系统等已经有了应用。上海工程技术大学张君等研究建立了二次NURBS曲线表示的圆弧过渡模型，插入的圆弧模型同时支持圆弧插补和NURBS插补，通用性强，并且满足曲率连续要求，能够实现短线段间平滑转接。基于该模型，提出一种采用7段和5段混合双向S形加减速圆弧前瞻控制算法，进行速度规划，获得速度和位移信息，实现速度和加速度的连续平滑过渡，有效避免了速度和加速度突变引起的机床振动和冲击。最后结合短线段加工仿真对上述模型和算法进行了分析和验证。实现速度和加速度的连续高速平滑过渡，大大提高了加工效率和加工质量。仿真对比结果表明该算法有效且可行，能够满足连续短线段高速加工的需求。

2. 高速加工技术的发展趋势

在机械零件加工中，高速加工是以较快的加工速度进行工件的加工。高速加工主要表征是以较为简洁的加工流程和较快的加工速度进行加工。要实现高速加工就必须突破传统加工概念的束缚，在保证加工质量的前提下改良原有的加工工艺，采用一工位多工序、一刀多刃或以车、铰、铣削代替磨削，采用拉削、搓、挤等代替滚、插等工艺，尽量缩短工艺流程。

对于产品而言，高速加工技术的应用意味着企业产品生产周期的缩短。

随着高速加工机床、机床数控系统、高速切削刀具、CAD/CAM软件等技术的发展，高速加工技术越来越多地被应用于模具制造、航空制造、汽车制造、超精密微细切削加工等领域。

高速加工技术是未来切削加工的方向之一。它依赖于数控技术、微电子技术、新材料和新颖构件等基础技术的出现。它自身亦存在着亟待攻克的一系列技术问题，如刀具磨损严重，高速切削用刀具寿命较短，刀具材料价格高，铣、镗等回转刀具及主轴需要动平衡，刀具需牢靠夹持等。高速加工技术的发展方向归纳起来主要有如下几方面。

（1）新一代高速大功率机床的开发与研制　目前，大多数高速切削机床的结构是串联开链结构，组成环节多、结构复杂，并且由于存在悬臂部件和环节间的间隙，不容易获得较好的总体刚度，难以适应高速加工进一步发展的要求。为解决上述问题，需要开发适于高速加工的新一代数控加工中心，在基础理论和关键技术方面进行系统的研究，发展小质量、大功率、高转速的电主轴，研制适合于高速加工中心的高速、高精度数控系统，开发快速进给

系统等技术。

（2）高速切削动态特性及稳定性的研究 高速切削机床的动态特性对加工稳定性影响巨大，应尽快开展机床结构、控制方法、切削加工参数、刀具切入和切出等因素对机床动态特性影响，以及动态特性对刀具寿命和工件加工质量影响的研究，为合理选择切削参数、减少振动提供理论依据。

（3）高速切削机理的深入研究 目前对高速切削机理的研究不够深入，难以为合理工艺规范的制订及刀具的设计制造提供充分的理论依据。通过高速切削试验，研究高速切削的切屑变形机理，研究切削力、切削温度、刀具磨损和破损等的变化规律，研究切削加工参数对加工效率、工件加工表面完整性、加工精度等的影响规律。

（4）新一代刀具材料的研制及结构的研究 虽然刀具材料（如陶瓷刀具和立方氮化硼刀具）可以耐高速切削时的高温，但常因抵抗不了高速加工时的热震而损坏。因此，研究开发新一代既耐高速切削时的临界温度值，又有抗热震性的刀具材料是非常迫切且关键的问题。为推广高速加工技术，应开展刀具动平衡试验研究，进行刀具结构 CAD 设计、优化设计和安全可靠性设计，实现高速切削刀具的系列化和标准化。

（5）开发高速加工状态的监控技术 开发适于对高速加工切削力、切削热、刀具状态及工件加工质量等进行监控的传感器技术，将高速加工过程中的切削力、切削热、刀具状态及工件加工质量等进行综合建模，开展刀具状态以及加工质量的预报研究。

（6）高速切削数据库建立 高速加工技术在切削工艺安排、刀具材料、刀具几何参数、切削用量选择等方面与普通加工有较大差别，实际生产中缺乏较全面的实用化的高速切削数据库，这制约了高速加工技术的进一步推广和应用。根据高速机床性能、工件材料性能、工件几何形状、刀具材料性能、刀具几何参数、夹具、工件加工质量要求等建立高速加工条件下的高速切削数据库，以及开发适合于高速加工的编程技术迫在眉睫。

1.3 高速加工技术的应用

1. 高速加工技术在模具制造中的应用

目前塑料模具越来越精巧，结构越来越复杂，要求的合模次数接近或超过 80 万次，采用的模具钢材的硬度越来越高，有的甚至超过 64HRC。高速加工技术的出现为模具制造带来了新的发展机会，尤其在中小型精密塑料模具加工中显示了巨大的优势。用高速铣削加工技术加工模具，不仅可以选择高转速、大进给量，还可以实现粗、精加工一次完成，大大提高了生产率。采用高速切削加工技术加工淬硬钢模具（硬度为 60HRC 以上），表面粗糙度值小于 $Ra0.6\mu m$，达到了磨削加工的水平，效率比电加工高数倍，不仅节省了大量的修光时间，还可代替绝大部分的电加工工序。大多数模具材料都是硬度较高，耐磨性能好，其加工难度大。传统工艺广泛采用电火花（EDM）微切削加工成形，生产率极低。高速加工技术对模具加工工艺产生了巨大影响，它改变了传统模具加工所采用的“电火花—抛光”等复杂的工艺流程，甚至可用高速加工替代原来的全部工序。在模具的高淬硬钢件（45～65HRC）的加工过程中，采用高速切削可以取代电加工和磨削抛光的工序，缩短了加工时间。高速加工技术除可应用于淬硬模具型腔的直接加工（尤其是半精加工和精加工）外，在 EDM 电极加工、快速样件制造等方面也得到了广泛应用。大量生产实践表明，应用高速加工技术可节省模具后续加工中60%~100%的手工抛光时间，也可减少EDM加工的工序与时间，节约加工成本近30%，刀具切削效率可提高一倍。

2. 高速加工技术在汽车零部件生产中的应用

汽车发动机缸体加工主要为平面和孔系加工，其中粗铣缸体平面是效率最低、生产成本最高的加工工序。由于切削铸铁时刀具切削刃的温度最高，压应力变大，被切材料频繁无规则断裂使切削过程不太平稳，对切削刃产生很大的冲击，因此要求刀具材料具有较高的强度及冲击韧性。用于高速切削铸铁零件的刀具材料主要有超细晶粒硬质合金、金属陶瓷、陶瓷、聚晶立方氮化硼（PCBN）和涂层刀具等。聚晶立方氮化硼（PCBN）刀具在高速切削铸铁时的切削性能远远优于硬质合金刀具，是高速切削铸铁的理想刀具之一。有关实验表明，使用整体立方氮化硼刀具加工珠光体灰铸铁HT250，刀具寿命分别是硬质合金刀片和陶瓷刀片的16倍和22倍。

上汽通用五菱汽车股份有限公司发动机工厂采用高速铣削加工技术加工发动机缸体，使用铣削加工技术加工缸盖大平面。以铸铁缸体在高速铣削加工中心上的铣削加工为例，使用PCBN刀具与硬质合金刀具完成全部缸体、缸盖线的铣削、钻孔、攻螺纹加工，其参数对比见表1-3。

表1-3 使用PCBN刀具与硬质合金刀具铣削铸铁缸体的切削参数对比

加工工序	切削参数	刀具材料	
		PCBN	硬质合金
粗加工	切削速度/(m/min)	2000	150
	进给速度/(m/min)	3000	300
	背吃刀量/mm	2~3	2~3
	刀具寿命(工件数)	150	70
精加工	切削速度/(m/min)	2000	180
	进给速度/(m/min)	5000	500
	背吃刀量/mm	0.2	0.2
	刀具寿命(工件数)	600	100

3. 高速加工技术在航空结构件材料加工中的应用

（1）零件种类

1）以整体件为代表的铝合金结构件。为了提高零件的可靠性，降低成本和减轻重量，传统的铆接结构逐步被整体薄壁的机加工结构件所代替。这类零件由于大部分是用整体实心铝合金材料制成的薄壁、细筋结构件，70%~95%的材料要在加工中去除掉，而高速切削产生的热量少、切削力小、零件变形小，因此提高此类零件生产率的有效途径是采用4轴或5轴联动机床进行高速铣削加工。

2）以钛基和镍基合金零件为代表的难切削材料零件。由于钛（镍）合金具有比强度高、热强度好、化学活性大等特点，目前，飞机发动机重要部件采用钛基和镍基合金材料的逐渐增多，采用高速切削后，其切削速度可提高到100m/min或以上，为常规切削速度的10倍。这类材料的加工特点是：切削力大，切削温度高，加工硬化和粘刀现象严重，刀具易磨损。

3）以碳纤维复合材料零件为代表的复合材料结构件。复合材料现已成为新一代飞机机体结构主要材料之一，如飞机上的大型整体成形的翼面壁板、带纵墙的整体下翼面等。主要

切削工艺有钻孔和切边。

(2) 加工技术　从航空结构件材料的发展趋势和特点可以看出，航空结构件的切削加工技术主要包括针对铝合金结构件的高速加工技术和针对钛（镍）基合金等难加工材料的切削加工技术两个方面。

1）铝合金高速加工技术。目前，适用于进行铝合金高速切削的加工中心，其主轴转速一般都在 10000r/min 以上，有的可高达 60000～100000r/min，切削速度为 2000～5000m/min，加工进给速度为 2～20m/min，材料的去除率为 30～40kg/h，工作台的加（减）速度为（1～10）g。近年来，国内飞机制造骨干企业均进行了大规模的技术改造，引进的数控金属切削机床总数就已超过 500 台，绝大多数是从欧洲、美国、日本进口的高速加工机床，但由于高速加工的相关配套技术（如刀具技术、高速加工工艺技术）未能及时跟上，大多数设备在生产中的实际使用主轴转速在 10000r/min 左右，未能充分发挥设备的效能。有的企业采用国产刀具仅能在主轴转速小于 6000r/min 时使用，15000r/min 以上必须采用进口刀具。

2）难加工材料的切削加工技术。航空动力部门大量采用镍基合金（如 Inconel718）和钛合金（如 TC4）制造飞机发动机零件。对于这些难加工材料，目前国内的切削加工技术水平还比较低，仅少数企业开展了部分研究应用，切削速度仅为 80～100m/min，还没有在生产中大规模应用。

4. 高速加工技术在 3C 产品中的应用

以手机金属构件制造为例，自 2013 年 iPhone 5 手机采用全镁铝合金制造金属外壳以来，2015 年起国内品牌即形成大规模采用金属机壳之势。智能手机的多核大屏化已接近极限，必然谋求外观差异化，据市场调研机构 TrendForce 最新报告，2015 年全球智能手机出货量为 12.93 亿部，年增长 10.3%。其中我国的手机品牌出货量高达 5.39 亿部，同比增长 20%，占全球比重超过四成。市场分析机构 Canalys 的数据显示，2017 年中国智能手机市场总出货量达到 4.59 亿部。如此大的产能所需要的生产效率和加工质量控制都需要高速加工技术为主要支撑，这种生产规模也是空前的。

以某品牌手机中框的一夹工序为例，表 1-4 为其工序卡。从表中的内容看出，一夹工序共有 12 道工步，基本以二维轮廓加工（包括钻孔、倒角）为主，轮廓精加工和平面加工基本采用高速加工，转速为 12000～15000r/min，进给速度为 2000～3000mm/min。刀具使用超硬钨钢材质铣刀、专用铣刀（铝用铣刀）及成形铣刀（倒角刀、T 型铣刀）三种。刀具选取时主要考虑铝合金硬度和塑性特点，其加工时粘刀问题较突出，排屑性能较差导致影响加工表面质量，以及因为粘刀、排屑等问题导致刀具磨损加快的问题。

表 1-4　某品牌手机中框数控加工工序卡

<table>
<tr><td>零件名称</td><td>工序号</td><td>材料</td><td>程序编号</td><td colspan="2">使用设备型号</td><td>数控系统</td><td>夹具名称</td><td>车间</td></tr>
<tr><td>手机中框</td><td>CNC1-1</td><td>铝合金</td><td>O1000</td><td colspan="2">T-500</td><td>华中数控 218</td><td></td><td>一车间</td></tr>
<tr><td>工步号</td><td>工步内容</td><td>刀具号</td><td colspan="2">刀具规格</td><td>转速
n/(r/min)</td><td>进给速度
/(mm/min)</td><td>背吃刀量
a_p/mm</td><td>备注</td></tr>
<tr><td>1</td><td>轮廓铣</td><td>1</td><td colspan="2">6mm 立铣刀</td><td>10000</td><td>3000</td><td>0.5</td><td></td></tr>
<tr><td>2</td><td>轮廓精铣</td><td>2</td><td colspan="2">6mm 立铣刀</td><td>15000</td><td>3000</td><td>0.2</td><td></td></tr>
<tr><td>3</td><td>铣槽</td><td>3</td><td colspan="2">4mmT 型刀</td><td>15000</td><td>1500</td><td>0.5</td><td></td></tr>
</table>

（续）

零件名称	工序号	材料	程序编号	使用设备型号	数控系统	夹具名称	车间
手机中框	CNC1-1	铝合金	O1000	T-500	华中数控 218		一车间
工步号	工步内容	刀具号	刀具规格	转速 n/(r/min)	进给速度 /(mm/min)	背吃刀量 a_p/mm	备注
4	铣平面	4	4mmT 型刀	12000	600	0.5	
5	铣圆弧	5	4mmT 型刀	15000	1500	0.3	
6	圆弧精铣	6	6mmT 型刀	12000	3000	0.2	
7	圆弧精铣	7	4mmT 型刀	15000	2000	0.1	
8	铣倒角	8	4mm 倒角刀	15000	3000	0.5	
9	铣平面	9	3mm 铝用铣刀	15000	2000	0.5	
10	铣平面	10	1.5mm 立铣刀	15000	2000	0.3	
11	铣槽	11	0.9mm 立铣刀	15000	800	0.5	
12	铣孔	12	2mm 立铣刀	12000	800	0.8	
编制		审核		批准		共 1 页	第 1 页

第二章

高速加工工艺系统

高速加工是综合性加工技术，要以系统的观点来认识高速加工，也就是从高速加工工艺系统的分析来认识其影响因素，高速加工工艺系统就是高速加工全部过程各物理量和各部件的全部综合。当工件加工出现质量问题时，往往从工件加工质量现象出发，通过功能属性的（力学、运动学）动态分析才能查出原因。通过工艺系统实体属性，将发现的问题落实到部件或零件上。

高速切削作为一种新的切削方式，要应用于实际生产，但缺乏可供参考的应用实例，更没有实用的切削用量和加工参数数据库，因此高速加工的工艺参数优化是当前制约其应用的关键技术之一。另外，高速切削的零件数控程序要求必须保证在整个切削过程中载荷稳定，但是现在使用的多数数控加工软件中的自动编程功能还不能满足这一要求，需要人工编程加以补充和优化，这在一定程度上降低了高速切削的价值。因此，必须研究一种全新的编程方式，使切削数据适合高速主轴的功率特性曲线，充分发挥数控高速切削的优势。高速加工技术的发展和应用有赖于以上理论原理及机床、刀具、工艺等各项关键单元技术的发展和综合。

在数控高速加工中，切削工艺主要由工艺路线、专业 CAD/CAM 编程、高速加工参数优化等技术组成。以专业 CAD/CAM 编程为例，其编程过程中要始终以恒定的刀具载荷为原则，最大限度地控制刀具受到的载荷冲击，有效控制进给速度的变化，实现系统程序处理速度最优。优化 CAD/CAM 编程的有效方法在于提升程序处理速度，通过对程序段的改善及圆弧过渡段的改善，控制速度的不均匀变化，最大限度控制铣削载荷带来的不良影响。要尽量应用分层顺铣方式，以连续螺旋切向进刀或圆弧轨迹切向进刀，使切削条件达到一个稳定状态，保障高速加工精度。

高速加工工艺规划要遵循下列原则。

1）在高速加工中尽可能增加切削时间在整个工作时间中的比例，减少非加工时间（如换刀、调整、空行程等）。

2）高速加工不仅是高的切削速度，应该把它看作一个过程，各个工序转接要流畅。

3）需要对高速加工工艺规划进行非常细致的设计。

4）高速加工不一定就是高的主轴转速，许多高速加工的应用是在中等主轴转速下用大尺寸刀具完成的。

5）高速加工可以对淬硬材料进行加工，如在精加工碎硬钢件时可以采用比常规加工高 4~6 倍的切削速度和进给率。

6）高速加工是一种高效加工，一般来说，对于小尺寸的工件，适合从粗加工到精加工；对于大尺寸的工件，适合精加工到超精加工。

2.1 高速加工的材料及切削参数

1. 高速加工的材料

由于不同材料在高速切削中表现出不同的特征，因此要研究各种工程材料在高速切削下的切削机理，包括金属材料、复合材料、难加工合金材料等。通过系统的实验研究和分析，建立高速切削数据库，以便指导生产。

钛合金具有强度大、比重小的特点，在国防建设和民用航空，尤其是飞机制造领域得到广泛应用。钛合金加工的增效一直是一个技术瓶颈，只通过增加设备和人力资源投入来解决钛合金的加工效率问题是不太现实的。因此，研究如何在现有的设备水平上提高钛合金的加工效率非常有必要。高速加工因其在切削速度、材料去除率以及加工质量等方面具有明显的优势，在航空制造业已经得到了广泛的推广和应用。但是，高速加工和普通的数控加工并不是完全分开的，将高速加工的一些切削理念运用在普通数控机床和加工中心上，一样可以实现高切削速度以及获得较好的表面质量。这对利用现有条件提高加工效率又能保证产品质量具有非常重要的意义。

铝合金硬度为110~120HB，强度一般为96~294MPa，较高的强度为588~687MPa。由于铝合金的硬度和强度低，一般情况下允许采用较大的切削用量，切削时可以不使用切削液润滑，但会使工件易被碰伤和夹坏，甚至排屑不好，切屑也易粘在加工表面上。

铝合金导热能力比钢材高，在切削过程中切屑可以带走大量的热量，刀具磨损较小，这一点对于切削过程十分有利。但是其弹性模量较小，在切削力和夹紧力的作用下容易产生较大的弹性变形，使工件不易获得较高的加工精度。而且会引起刀具后面和已加工表面之间的剧烈摩擦，加快刀具的磨损并引起振动。

此外，工件材料在冶炼环节中若含有杂质，也会在材料中出现硬质点，使切削过程受到影响，一旦出现振动将会直接发生切削刃崩损的危险。在热处理环节中也会出现不同部位硬度不一致的问题，若粗加工后需要通过淬火完成精加工，其工件加工尺寸的变形将直接影响其加工精度。

不同的工件材料要采用与之适应的刀具材料、刀片类型，同时要注意可切削性。可切削性良好的标志是在高速切削下有效地形成切屑，同时具有较小的刀具磨损和较好的表面质量。较高的切削速度、较小的背吃刀量和进给量，可以获得较好的表面质量。合理的恒切削速度、较小的背吃刀量和进给量可以得到较高的加工精度。

2. 切削参数的选择原则及方法

切削用量的选择必须在机床主传动功率、进给传动功率、主轴转速范围、进给速度范围之内。机床—刀具—工件系统的刚性是限制切削用量的重要因素。切削用量的选择应使机床—刀具—工件系统不发生较大的振动。如果机床的热稳定性好，热变形小，可适当加大切削用量。

切削速度的选择主要取决于被加工工件的材质；进给速度的选择主要取决于被加工工件的材质及铣刀的直径。一般刀具生产厂家的刀具样本附有刀具切削参数选用表，可供参考。

但切削参数的选择同时受机床、刀具寿命、被加工工件外形以及装夹方式等多方面要素的影响，应根据实践情况适当调整切削速度和进给速度。当以刀具寿命为优先考虑要素时，可适当降低切削速度和进给速度；当切屑的离刃情况不好时，可适当增大切削速度。

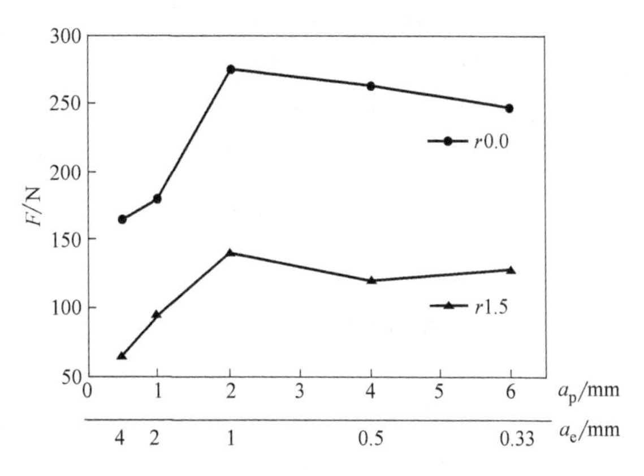

图 2-1　刀尖圆弧半径对铣削力的影响

图 2-1 为高速铣削铝合金时（铣削面积相等），两种刀具的铣削力对比。选择两种直径为 ϕ10mm、螺旋角为 30°的 2 齿整体硬质合金立铣刀，一种的刀尖圆弧半径为 1.5mm，另一种为无刀尖圆弧。铣削面积固定为 $A=a_pa_e=2.0\text{mm}^2$。当背吃刀量减小时，可增大侧吃刀量。对应的主轴转速为 18000r/min，进给速度为 3600mm/min。从图中可以看出，圆角立铣刀的铣削力明显小于平底立铣刀（无刀尖圆弧），同时在背吃刀量较小时，铣削力迅速下降。

因此，在高速铣削加工时通常采用刀尖圆弧半径较大的立铣刀，并且背吃刀量一般不宜超过刀尖圆弧半径；侧吃刀量的选择和加工材料有关，对于铝合金之类的轻合金为提高加工效率，可以采用较大的侧吃刀量，对于钢及其他加工性稍差的材料宜选择较小的侧吃刀量，减缓刀具磨损。

由于球头铣刀实际参与切削部分的直径和加工方式有关，因此在选择切削用量时必须考虑其有效直径和有效线速度（图 2-2）。球头铣刀的有效直径计算公式为

$$
\begin{aligned}
d_{\text{eff}} &= 2\sqrt{da_p-a_p^2} && \beta=0 \\
d_{\text{eff}} &= d\sin\left[\beta\pm\arccos\left(\frac{d-2\times a_p}{d}\right)\right] && \beta\neq0
\end{aligned}
\tag{2-1}
$$

铣刀实际参与切削部分的最大线速度定义为有效线速度。球头铣刀的有效线速度为

$$
\begin{aligned}
v_{\text{eff}} &= \frac{2\pi n}{1000}\sqrt{da_p-a_p^2} && \beta=0 \\
v_{\text{eff}} &= \frac{\pi nd}{1000}\sin\left[\beta\pm\arccos\left(\frac{d-2\times a_p}{d}\right)\right] && \beta\neq0
\end{aligned}
\tag{2-2}
$$

a)　　b)

图 2-2　铣刀的有效直径计算

采用球头铣刀加工工件时，如果背吃刀量小于刀具半径，则有效直径将小于铣刀名义直径，有效速度也将小于名义速度，当采用圆弧铣刀浅背吃刀量时也会出现上述情况。在优化加工参数时应按有效铣削速度选择。图 2-3 所示曲线是根据式（2-1）给出不同名义直径刀具在不同吃刀量条件下的有效直径。例如，当 ϕ12mm 的刀具的背吃刀量为 1.5mm 时，在图 2-3 中 a_p=1.5mm 处画水平线，与 ϕ12mm 的曲线相交，横坐标为 8mm 即为有效直径。由有效直径在图 2-4 中按有效切削速度可确定实际转速。例如，当有效直径为 8mm，有效切削速度为 300m/min 时，要求转速为 12000r/min。

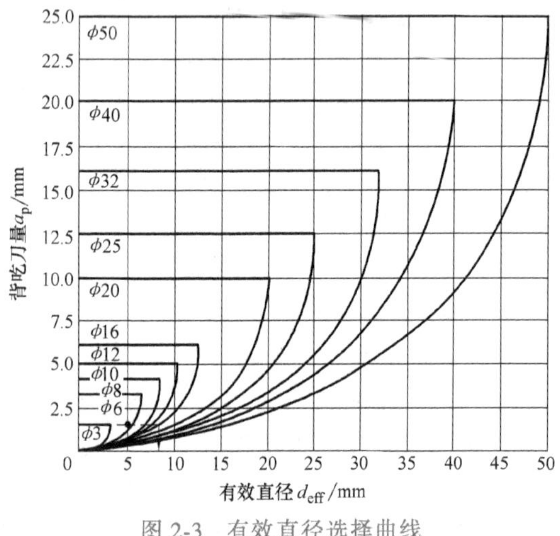

图 2-3　有效直径选择曲线

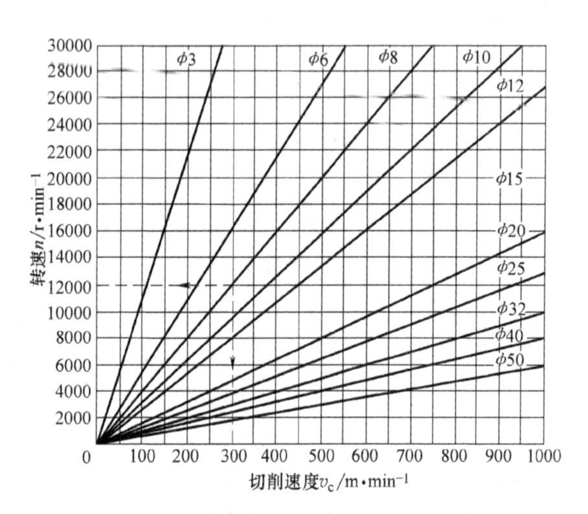

图 2-4　按有效直径与有效切削速度确定转速

在应用球头铣刀进行曲面精加工时，为获得较好的表面质量，减少或省去手工抛光，侧吃刀量最好和每齿进给量相等，在这种参数下加工出的工件表面纹理比较均匀，而且表面质量很高。

高速铣削切削用量的确定主要考虑加工效率、加工表面质量、刀具磨损以及加工成本。选择不同刀具加工不同工件材料时，切削用量会有很大差异，目前尚无完整的加工数据，我们可根据实际选用的刀具和加工对象参考刀具厂商提供的切削用量进行选择。一般的选择原则是：中等的每齿进给量 f_z，较小的背吃刀量 a_p，适当大的侧吃刀量 a_e，高的切削速度 v_c。例如，加工硬度为 48~58HRC 淬硬钢时，切削参数的选择见表 2-1。

表 2-1　加工硬度为 48~58HRC 淬硬钢的切削参数表

加工类型	v_c/(m/min)	a_p/mm	a_e/mm	f_z/(mm/z)
粗加工	100	(6%~8%)d	(35%~40%)d	0.05~0.1
半精加工	150~200	(3%~4%)d	(20%~40%)d	0.05~0.15
精加工	200~250	0.1~0.2	0.1~0.2	0.02~0.2

3. 常用材料的高速切削参数

高速切削不同材料时，其所用的切削刀具、工艺方法以及切削参数均有很大不同，而且和使用普通切削速度加工时的情况也有很大不同，掌握正确的高速切削工艺方法，是高速切削应用技术中的一个重要环节。

（1）高速切削铝合金技术 铝合金零件的高速加工，在 20 世纪 80 年代就已经在工业中广泛应用。经过适当冷处理的铝合金材料的抗拉强度可高达 540MPa，它的相对密度很轻，是飞机和各种航天器零部件的主要材料，也是机器和仪表零部件的常用金属。近年来铝合金在汽车和其他动力机械中的应用也逐渐增多。高速切削技术加工轻合金的优势主要有以下几方面。

1）切削力和切削功率小，比切削钢件小 70%。

2）切屑短，不卷曲，在高速加工中易实现大量切屑的排屑自动化。

3）刀具磨损小，用硬质合金、多晶金刚石等刀具在很高的转速下切削铝合金材料，可以提高刀具寿命。

4）加工表面质量高，仅采用少量的切削液，在近乎干切的情况下不用再经过任何加工或手工研磨，零件即可得到很高的表面质量。

5）可采用很高的切削速度进行加工。切削速度可高达 1000～20000m/min，高速加工时 95%以上切削热被切屑迅速带走，工件可保持室温状态，热变形小，保证了加工的高精度。如瑞士米克朗的高速铣 HSM400 加工的一个薄壁铝件，厚度为 0.1mm，高度为 25mm，进刀速度高达 20000/min，而且保证了良好的尺寸精度和几何精度。

（2）高速铣削钢技术 近年来，高速加工技术开始用于钢的精加工，特别是结构复杂的零件，高速切削可以大大提高生产率。与高速铣削铝合金有所不同，高速铣削钢的主要问题是刀具的磨损，优化切削参数的目的不仅仅为了提高金属切除率，还要注重降低切削力，提高工件表面质量、尺寸精度和几何精度，减少刀具磨损。

高速铣削钢材时，刀具要用更锋利的切削刃和较大的后角，这样可以减少切削时的刀具磨损，提高刀具寿命，刀具参数也应当随着进给速度的变化而变化。当进给速度增加时，刀具的后角要减小；进给速度对刀具的前角的影响相对比较小。按照常规的切削规律，刀具的正前角能够减小切削力，并减小月牙洼磨损。不过在高速下，正前角并不比零度前角更多地降低切削力，负前角虽然能使刀片有更高的切削稳定性，但是增大了刀具切削力和月牙洼磨损。在高速铣削时，轴向进给量对刀具磨损的影响比较小，而径向进给量的影响较大。刀具寿命随切削面的增加而降低。轴向进给切削和径向进给切削二者之间是相互关联的。在以径向进给进行铣削时，常常会因为高速产生的高温超过刀具材料的热硬性而造成刀具失效。在径向进给比较慢时，刀具的非接触区时间比接触区时间长，短时间的发热可以由比较长时间的冷却来弥补。因此，从整体上来看，径向进给速度应稍慢一些，建议进给量等于刀具直径的 5%～10%。

（3）高速切削难加工材料技术 一般来讲，合金材料包括特殊合金钢、钛、镍合金。这些材料强度大、硬度高、耐冲击，大多用于航空航天等制造领域和动力部门，但这些材料在加工中容易硬化，切削温度高，刀具磨损严重，属于难加工材料。

在加工这些材料的过程中，导致刀片失效的典型形式是刀具后面磨损，最大的磨损区是刀尖部位。另外，刀具和工件之间的通道，由于切削条件差，磨损的痕迹会在这些地方产生，因此形成严重的刀口毛刺。切削刃的磨损改变了刀具的几何参数，增大了切削力，尤其是切削高强度合金时，容易使刀片碎裂。实验证明逆铣要比顺铣的效果好，加大刀具前角可明显减小切削力，刀具前角 γ 的变化范围为 8°～28°。在上述前角范围内，加工钛合金、特殊合金和镍基高温合金材料时，能延长刀具寿命。当刀具前角为负数时，刀具的切削稳定性提高，但刀具寿命缩短。切削过程和刀具寿命也受刀具后角 α 的影响，增加刀具后角可延长刀具寿命，但当后角为20°时，刀具寿命开始缩短。

（4）高速切削硬质材料技术　淬硬钢材料包括普通淬火钢、淬火态模具钢、轴承钢、轧辊钢及高速钢等，是典型的耐磨结构材料，广泛用于制造各种对硬度和耐磨性要求高的零件。淬硬钢材料的特点是经淬火或低温去应力后具有比较高的硬度（55～68HRC），很难用传统的切削方法加工，通常采用磨削方式进行精加工，但磨削效率低，成本高。高速硬切削为淬硬钢材料的加工提供了更好的解决途径，提高了效率，减少了污染和设备投资，适应柔性生产。淬硬钢材料的伸长率小，塑性低，易于形成高光洁度表面，有利于“以切代磨”。但其硬度高，切削性能差。从切削过程可以看出，加工淬硬钢材料时，切削力增大，切削热增加，为了获得必要的加工精度和表面质量及刀具寿命，必须精心选择切削刀具和几何参数，优化切削工艺参数。比如选用材料为CBN、PCBN、性能好的陶瓷、超细晶粒硬质合金及涂层硬质合金刀具。尽量选择较大圆鼻刀具，刀具的前角为负（$\alpha \leqslant -5°$）的较好。

2.2　高速加工刀具系统

对于高速旋转类刀具来说，刀具结构的安全性和动平衡精度是至关重要的。当主轴转速超过10000r/min时，一方面由于离心力的作用，使主轴结构由传统的7∶24锥度产生扩张，刀具的定位精度和连接刚性下降，甚至发生连接部的咬合现象；另一方面常用的刀片夹紧机构的可靠性下降，刀具整体不平衡量的影响加强。为了满足高速机床的加工要求，德国开发出HSK连接方式，对刀具进行高等级动平衡以及主轴自动平衡的系统技术。HSK连接方式能够保证在高旋转的情况下具有很高的接触刚度，夹紧可靠且重复定位精度高，主轴自动平衡系统能把由刀具残余不平衡和配合误差引起的振动降低90%以上。近几年开发了不少适合于高速切削的刀具，采用强度高的刀体材料，零件少、简单且安全的刀体结构，同时具有较短切削刃，较大刀尖角，较强断层能力和经过优化设计的切削几何角度。高速加工要求刀具材料与被加工材料的化学亲和力要小，并且具有优异的力学性能、热稳定性、抗冲击性和耐磨性。随着高速加工技术的发展，刀具技术也得到了迅猛发展，许多适应高速切削刀具的结构不断出现，促进高速切削技术的进步和应用。目前用于高速加工的刀具材料主要包括PCD、PCBN、陶瓷刀具、TiC（N）基硬质合金（金属陶瓷）、硬质合金涂层刀具和超细晶粒硬质合金刀具等。它们各有特点，适于加工的工件材料范围也不同。PCD刀具包括金刚石复合刀片和金刚石涂层刀具，主要用于非铁（有色金属）和非金属的超高速加工，但由于价格昂贵又不能加工钢铁材料致使其高速加工的应用受到很大的限制。PCBN刀具可分为整体PCBN刀片、单面PCBN复合刀片和单刃PCBN复合刀片，根据PCBN含量及粘结剂的不同，可用于铸铁、淬硬钢、热喷涂材料、硬质合金以及某些高温合金的高速加工，并可实现“以车代磨”“以铣代抛”的高速干切削和硬切削，是目前比较理想的高速切削刀具材料，但PCBN刀具不适于加工铁素体材料，成本也很高。陶瓷刀具主要有Al_2O_3基、Si_3N_4基以及SiAlON三大类，具有很高的硬度、耐磨性、耐热性和化学稳定性，也是一种比较理想的高速硬切削刀具材料，但其强度、冲击韧性及抗热振性较差，在高速加工中容易发生破损。刀具的发展主要集中在以下两个方面：一是研制新的镀膜材料和镀膜方法，以提高刀具的抗磨损性；二是开发新型的高速切削刀具，特别是那些形状比较复杂的刀具。

1. 高速切削对刀具的要求

(1) 高速切削对刀具的总体要求　高硬度、高强度和耐磨性；韧度高，抗冲击性能强；高的热硬性和化学稳定性；抗热冲击性能强。

目前适用于高速切削的刀具主要有：涂层刀具、金属陶瓷刀具、陶瓷刀具、CBN 刀具及 PCD 刀具等。

(2) 高速切削对刀具结构和几何参数的要求　既要有热硬性，又要有足够的断裂韧性。为此，须选用细晶粒硬质合金、涂层硬质合金、陶瓷、聚晶金刚石 (PCD) 和聚晶立方氮化硼 (PCBN) 等刀具材料。它们各有特点，适应的工件材料和切削速度范围也都不同。例如，高速加工铝、镁、铜等有色金属件，主要采用 PCD 和 CVD 金刚石膜涂层刀具；高速加工铸件、淬硬钢 (50~67HRC) 和冷硬铸铁，主要采用陶瓷刀具和 PCBN 刀具。

(3) 高速切削对刀体的要求

1) 在高速切削中，大量应用镀层和压层刀具技术，镶嵌式刀具使用量很大。

2) 对于高速切削使用的刀柄和刀具夹头要求是：夹紧精度高；传递转矩大；结构对称性好，有利于刀具的动平衡；外形尺寸小，但应适当加大刀具的悬伸量，以扩大加工范围。

2. 高速加工刀具的分类及选择

目前国外已广泛使用高性能钴高速钢、粉末冶金高速钢、整体细颗粒硬质合金、氮化硅陶瓷等新材料来制造立铣刀、钻头、丝锥、滚刀、剃齿刀、插齿刀等整体式高速切削刀具。我国近年也开发出碳化钨晶粒度分别为超细、极细、细、中颗粒四个等级的硬质合金棒材牌号。其中牌号为 YF06 和 YU08 的超细硬质合金较好实现了硬度与强度的完美结合，为开发整体硬质合金孔加工刀具创造了条件。目前已可生产 $\phi1\sim35$mm 的实心棒材和 $\phi5\sim35$mm 的带单孔、双孔和双螺旋孔的棒材。

为适应高速加工的需要，机夹可转位刀具也大量采用各种新材料，主要包括以下几类。

1) 金属陶瓷 TiC 基、TiN 基和 TiCN 基三类金属陶瓷刀具可在 300~500m/min 切削速度范围内高速精加工钢和铸铁。国内研制的 TiCN 基金属陶瓷刀片 FD22 适用于精加工淬硬钢，其耐磨性和允许切削速度均大大提高。

2) 陶瓷刀具主要包括氧化铝基和氮化硅基两大类，可在 200~1000m/min 的切削速度范围内高速切削软钢、淬硬钢、铸铁及其合金等。陶瓷刀具的刀具寿命可比普通硬质合金刀具提高 2~10 倍。氮化硅基陶瓷刀具耐热性极佳，其切削速度可比硬质合金刀具提高 3~10 倍，在加工灰铸铁时具有明显优势。复合氮化硅陶瓷刀片 FD03 的强度虽稍有降低，但耐磨性却显著增强，因此非常适合用于高速切削。

3) CBN 具有极高的硬度和热硬性，是高速精加工和半精加工淬硬钢、冷硬铸铁、高温合金的理想刀具材料。

4) PCD 刀具具有高硬度、高耐磨性、高导热性、低摩擦系数等优良特性，适用于高速、高精度加工非铁金属及耐磨非金属材料（如铣削硅铝合金），切削速度为 300~3500m/min。

5) 适用于高速切削刀具的涂层材料主要有以下几种。

① TiN 涂层是目前应用最为广泛且工艺最为成熟的刀具涂层材料。在工业发达国家，TiN 涂层在高速钢刀具上的使用率已达全部高速钢刀具的 50%~70%，在复杂刀具上的使用率已超过 90%。由于 TiN 涂层耐氧化性能较差，当使用温度超过 500℃时，涂层表面将明显

氧化而被烧损，加上 TiN 涂层硬度较低，难以适应切削高速化对刀具涂层提出的更高要求。

② TiCN 涂层刀具的切削性能较 TiN 涂层刀具有很大提高。由于 TiCN 涂层具有更好的化学稳定性和抗氧化磨损性，因此在加工高合金钢、不锈钢、钛合金和镍合金材料时，刀具寿命可比 TiN 涂层刀具提高 3~4 倍。为提高刀片的耐磨性和抗崩刃性，日本住友集团在焊有 CBN 刀尖的可转位车刀的刀片上涂覆了 TiCN+TiN +陶瓷复合涂层，使这种刀片可切削硬度为 60HRC 或以上的高硬度材料，并且切削平稳，可获得光滑的加工表面。

③ 新开发的 TiAlN 涂层热稳定性优异，在相同切削温度下可保持比 TiN 涂层更高的硬度值，其维氏硬度为 3500HV，最高工作温度为 800℃。在切削加工时，涂层表面会生成一层极薄的硬质惰性保护膜——非晶态 Al_2O_3。因此，TiAlN 涂层刀具对高速加工（尤其是高速车削、干式铣削、小直径孔的深孔钻削等高速干式切削）具有更好的适应性。

④ 掺氧的 TiCNO 涂层具有很高的显微硬度和化学稳定性，据资料介绍，这种涂层可起到相当于 $TiC+Al_2O_3$ 复合涂层的作用。

⑤ 在工业发达国家，金刚石涂层技术工艺已日趋成熟，各种金刚石涂层的硬质合金刀具大量涌现，并进入实用化阶段。如日本 OSG 公司开发的超微细金刚石涂层的硬质合金立铣刀，在加工高硅铝合金时具有优异的切削性能、抗粘附性、较高的加工精度、刀具寿命和涂层韧性（加工表面质量 Rz0. 66μm）明显优于粗颗粒金刚石涂层的高速钢立铣刀的加工表面质量（Rz4~10μm），甚至优于未涂层硬质合金立铣刀的加工表面质量（Rz0. 78μm）。

3. 高速刀具的装夹

高速切削时，为使刀具保持足够的夹持力，以避免离心力造成刀具损坏，对刀具装夹装置也提出了相应的要求。而加工中心等数控机床普遍采用的 7∶24 实心锥柄工具系统具有以下缺点。

1）由于只靠锥面结合，刀柄与主轴的连接刚性较低，尤其当主轴转速超过 10000r/min 时，连接刚性的不足更为明显。

2）当采用 ATC（Automatic Tool Changing，自动换刀）方式安装刀具时，重复定位精度较低，难以实现高精度加工。

3）当主轴高速回转时，主轴前端在离心力作用下会发生膨胀，易导致主轴与刀柄锥面脱离，使径向圆跳动急剧增大（可达 15μm），从而降低刀柄接触刚度，并且易发生安全事故。因此，传统的长锥刀柄不宜用于高速加工。此外，刀杆夹紧刀具的方式主要有侧固式、弹性夹紧式、液压夹紧式和热装式等，侧固式难以保证刀具动平衡，在高速铣削时不宜采用。

随着现代切削技术的迅速发展，传统的 7∶24 锥柄已不能适应转速在 10000r/min 以上的高速、高精度加工的要求。为此，工业发达国家的工具厂家发展了几种新型的双面夹紧工具柄。

德国经过大量实验研究及生产验证，一种 HSK（Hohl Schaft Kegel）空心短锥柄于 20 世纪 90 年代初在德国开发成功。HSK 刀柄结构（图 2-5）是双面夹紧工具柄中最具代表性的结构型式，由于其刚性和重复安装精度较 7∶24 锥柄提高了几倍至几十倍，因此得到了世界制造业的广泛认同，在汽车、飞机等制造行业中得到广泛采用。HSK 柄增加了工具系统的刚性，使整体硬质合金刀具以及由金属陶瓷、陶瓷、CBN、PCD 等硬脆材料制成的高效刀具在轿车生产线上得以普及应用，有效提高了生产率。因此，HSK 双面夹紧刀柄工具的采用

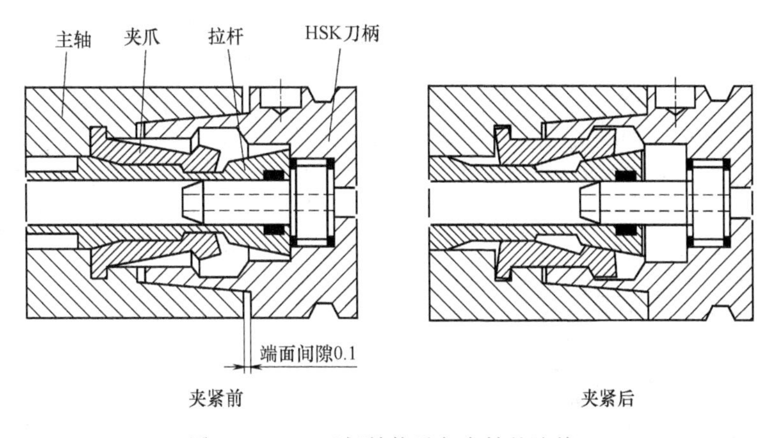

图 2-5　HSK 刀柄结构及与主轴的连接

已成为轿车生产线先进性的重要标志之一。

日本一些公司也致力于对 7∶24 长锥柄进行多种形式的改进，以达到双面（圆锥面和端面）接触、提高定位精度和刚性的目的。如日建设计公司（NIKKEN）的 3LOCK SYSTEM 锥柄和大昭和精机株式会社的 BIG PLUS 精密锥柄等都是在 7∶24 锥柄基础上进行了一定改进。虽然这些改进型锥柄可与原 7∶24 锥柄互换使用，但从适应机床转速进一步高速化的发展要求来看，1∶10 短锥空心柄更具发展前途。

美国 Kennametal 公司开发了另一种与 HSK 并存的 1∶10 短锥空心柄——KM刀柄。这两种锥柄的结构特点如图 2-6 和图 2-7 所示。HSK 刀柄和 KM 刀柄的参数对比见表 2-2。

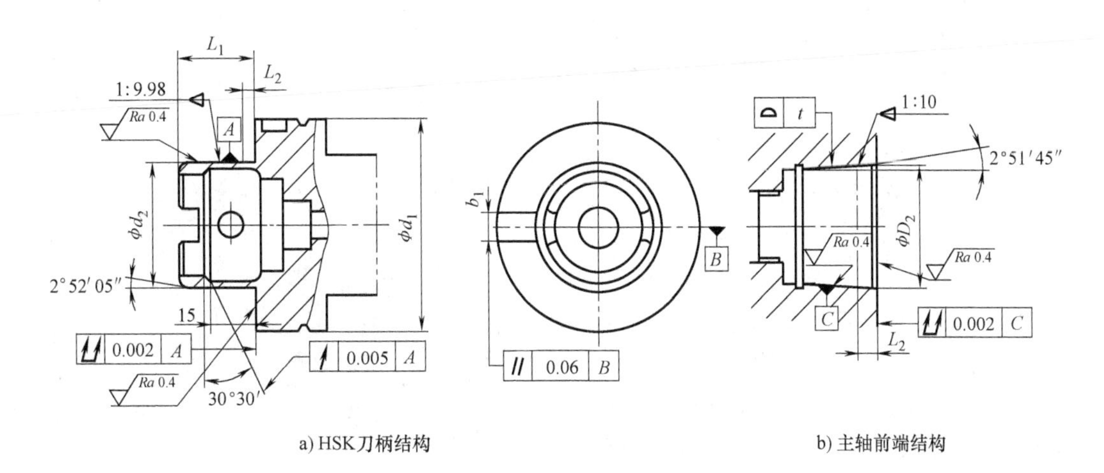

图 2-6　HSK 刀柄的结构

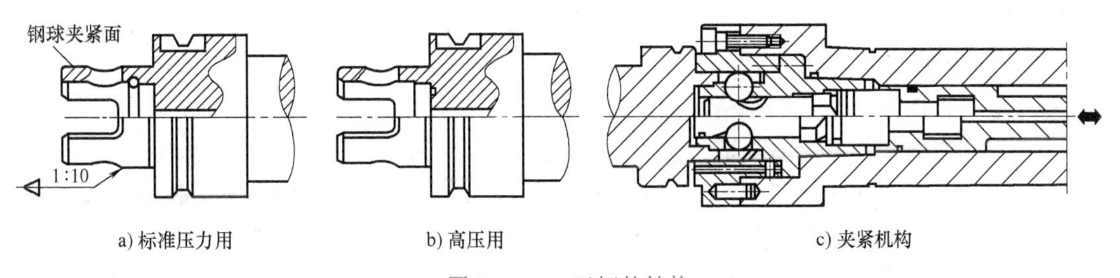

图 2-7　KM 刀柄的结构

表 2-2 HSK 刀柄和 KM 刀柄的参数对比

参数	刀柄类型	
	HSK	KM
结合部位	锥面+端面	锥度+端面
夹紧力传递方式	筒夹	钢球
刀具型号	HSK-63B	KM6350
直径/mm	38	40
柄部形式	空心柄	空心柄
牵引力/kN	3.5	11.2
夹紧力/kN	10.5	33.5
过盈量(理论值)/μm	3~10	10~25
锥度	1∶10	1∶10

4. 适用于高速切削的新型夹头

在高速切削中，为提高刀具与夹头之间的连接精度，增大夹紧力，以适应刀具高速回转时的平衡要求，同时便于刀具加工深腔模具时接近工件，要求夹头的轮廓尺寸较小，因此传统的弹簧夹头已不再适用。为此开发了许多新的夹紧方法及夹头结构，如强力弹簧夹头、液压夹头、热装夹头、TRIBOS 夹头、动平衡夹头等。

1）强力弹簧夹头。典型产品如大昭和精机株式会社生产的 MEGA 夹头（图 2-8），主要用于夹持立铣刀进行强力粗铣和模具加工，夹紧力约为 3000N，适用于主轴转速为 40000r/min 的高速加工。

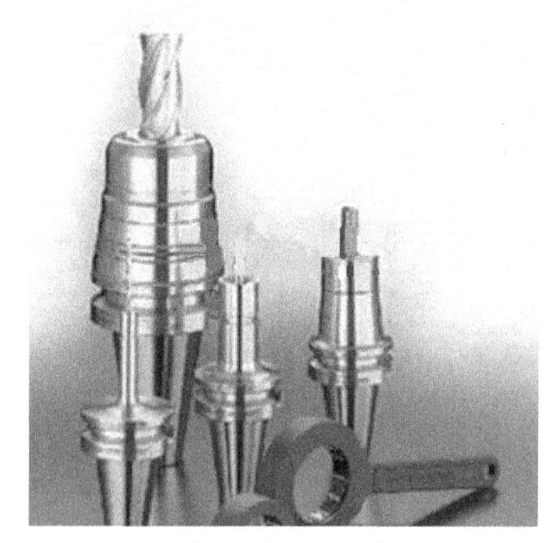
图 2-8 MEGA 夹头

2）液压夹头。液压夹头的夹持直径为 ϕ32mm 线以下，在距夹头端部 40mm 处夹持的径向圆跳动小于 3μm，夹紧力超过 83MPa。这种夹头的优点是夹紧力均匀，夹持精度和重复精度高，对振动具有阻尼作用，工作寿命比机械夹头提高 3~4 倍。另外，液压夹头出厂前都经过动平衡，适用于主轴转速为 15000~40000r/min 的高速加工。图 2-9 所示为德国雄克（SCHUNK）公司生产的液压夹头。

3）热装式夹头。这种夹头的夹持原理是利用感应加热装置在短时间内加热刀柄的夹持部分，使刀柄内径随之胀大，装入刀具后，内孔随刀柄冷却而收缩，从而将刀具夹紧。与液压夹头相比，热装式夹头的夹持精度更高，传递转矩增大 1.5~2 倍，径向刚度提高 2~3 倍，能承受更大的离心力，因此非常适合夹持整体硬质合金铣刀高速铣削淬硬钢模具。日本、德国等国家的工具厂商已开发了用于刀具装卸的相应加热装置。如比尔茨隔振公司的 Thermo grip 系列夹头采用高能场的感应加热线圈，可在 10s 内加热夹头夹持部位，装卸刀具后，整个夹头可在 60s 内完全冷却，因此可实现刀具的快速更换。由于加热温度在 400℃ 以下，远

低于材料相变温度，因此重复使用2000次后夹头精度仍可保持不变。

4）TRIBOS夹头。TRIBOS三棱变形夹头是SCHUNK公司开发的另一种用于模具加工刀具的夹紧方式。这种夹头无夹紧元件，完全依靠夹持部分的弹性变形来夹紧刀具。

5）动平衡夹头。法国EPB公司生产的LIBRAFLEX系列刀柄带有一对装有配重的动平衡环，可在一定程度上补偿夹头装夹刀具后产生的不平衡量。该系列产品包括装刀部分为D型和ER型夹簧的弹簧夹头以及削平柄卡头，出厂时其不平衡量可调整到5g · mm；无平衡环的装D型夹簧的高精度弹簧夹头出厂时的不平衡量可控制在3g · mm。此外，EPB公司生产的GRAFLEX单刃微调镗刀头（图2-10）可不用平衡机而自动实现平衡，其不平衡量控制在10～20g · mm。

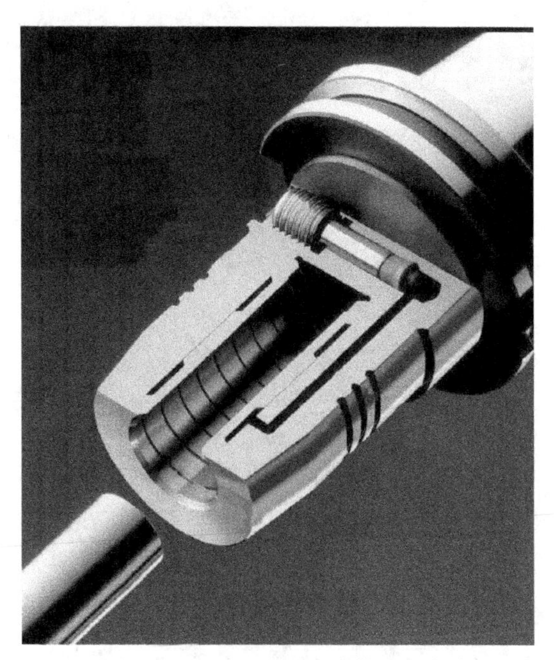

图2-9　SCHUNK公司生产的液压夹头

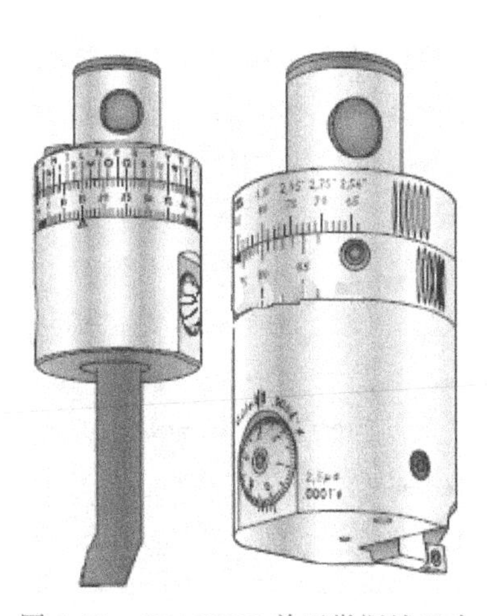

图2-10　GRAFLEX单刃微调镗刀头

5. 高速切削刀具的动平衡

当主轴转速超过12000r/min后，必须考虑刀具动平衡问题，过大的动不平衡引起刀具轴线的偏摆将直接影响加工表面质量、刀具寿命和机床精度。如二齿刀具若达不到G2.5（动平衡标准），由于两个刀齿在直径方向上尺寸的偏离，表面粗糙度将会随着转速的提高而增大，则会在加工表面留下类似于振纹的痕迹，这种振纹的间距刚好等于刀具的每转进给量。因此在选择刀具时，首先应选用经过动平衡的高质量刀杆与刀具，应尽量选用短而轻的刀具，定期检查刀具与刀杆的疲劳裂纹和变形征兆。

刀具动平衡分机外动平衡和机上动平衡两种。

机外动平衡需专用机外动平衡机，由动力装置提供旋转运动，测量出动不平衡的质量和相位，再通过调整平衡环或在特定位置去掉部分材料，使刀具系统达到动平衡标准的要求。

机上动平行机则用机床主轴提供旋转运动，其余与机外动平衡机相同。

每种规格的高速机床都会按标准规定动不平衡量，选购整体刀具时必须要求达到动平衡标准，机夹刀具必须经过动平衡后才能适用。

刀具系统（刀柄—刀具—刀头）的不平衡量 U 可用动平衡机测得，它等于系统的不平衡质量 m 与其偏心距 e 的乘积，即

$$U = me$$

动平衡精度等级 G 为不平衡量 U 的偏心距 e 与最高使用角速度 ω 的乘积，即

$$G = e\omega = U/m \times \pi \times n/30 = \frac{U\pi n}{30m}$$

由不平衡量引起的离心力 F 与不平衡量和转速的平方成正比，即

$$F = me\left(\frac{\pi n}{30}\right)^2 \times 10^{-6}$$

为了达到最佳加工效益，高速切削刀具在使用前必须根据其使用速度范围进行动平衡。高速切削旋转刀具系统的动平衡精度等级应视具体加工情况选定，一般可选择范围为G1～G6.3。

在德国、瑞士、意大利、法国和日本等国家，高速数控加工中心和电主轴产品的主轴孔几乎都已采用 HSK 短锥结构，并且所用的 HSK 夹头通常采用钻削、铣削去重的方式减少不平衡量，以达到动平衡的要求。另外，法国、EPB 等公司开发了一种用一对可调平衡环来调整不平衡量的刀柄。美国 Kennametal 公司推出了一种整体自动平衡系统（Total Automatic Balancing System），它能使主轴—刀柄—刀具—刀头系统在 2s 内自动实现动平衡。瑞士费舍尔公司还推出了在电主轴部件上装有在线自动动平衡装置的产品。

6. 高速切削刀具的安全性要求

高速切削使用的回转刀具主要包括面铣刀、立铣刀、模具铣刀、镗刀等。机床主轴高速旋转时，刀具要承受很大的离心力。离心力的大小与转速成平方关系，同时与不平衡量 U 的大小有关。当转速为 10000～20000r/min 时，因作用于刀具上的离心力可能会远远超过切削力的作用而损坏刀具，如可能使面铣刀爆裂，模具铣刀等细长刀具发生弯曲等。因此，对于高速切削刀具的材料、结构、装夹、动平衡等方面提出了许多特殊要求。2001 年 9 月颁布的国际标准 ISO 15641《高速旋转铣刀的安全性要求》中就规定了设计、制造、使用高速铣刀时应注意的事项及安全性检验方法。随着我国数控机床尤其是高速加工机床（铣床主轴最高转速为 35000r/min）的应用日益增多，一些国内工具制造厂已开始生产高速铣刀。在高速铣刀的设计、制造、使用过程中应充分重视和借鉴国外在刀具安全性方面的先进经验。

2.3 高速加工夹具

1. 数控夹具的选择要求

在数控镗铣及加工中心机床上，要想合理应用好夹具，首先要对机床的加工特点有比较深刻的理解和掌握，同时还要考虑加工零件的精度要求、数量、大小、制造周期和制造成本；根据数控镗铣及加工中心特点和加工需要，目前常用的夹具类型有专用夹具、组合夹具、可调夹具和成组夹具。一般的选择顺序是单件生产中尽量用台虎钳、压板螺钉等通用夹具，批量生产时优先考虑组合夹具，其次考虑可调夹具，最后选用专用夹具和成组夹具。在生产批量较大时可考虑采用多工位夹具和气动、液压夹具。在选择时要综合考虑各种因素，

选择最经济、最合理的夹具形式。

一般情况下，选择数控夹具要求如下。

1）单件小批量生产时，优先选用组合夹具、可调夹具和其他通用夹具，以缩短生产准备时间和节省生产费用。

2）在成批生产时，选择高速数控铣床或加工中心加工才考虑采用专用夹具，并力求结构简单。

3）零件的装卸要快速、方便、可靠，以缩短机床的停顿时间，减少辅助时间。

4）为满足数控加工精度，要求夹具定位、夹紧精度高。

5）夹具上各零部件应不妨碍机床对零件各表面的加工，即夹具要敞开，其定位、夹紧元件不能影响加工。

6）为提高数控加工的效率，批量较大的零件加工可采用气动或液压夹具、多工位夹具。

2. 数控夹具设计及组装时应注意的问题

为了简化定位与夹紧，夹具的每个定位面相对加工中心的加工原点，都应有精确的坐标尺寸。在设计及组装数控夹具时应注意如下问题。

1）保证零件装夹方位与编程中所选定的工件坐标系及机床坐标系方向的一致性，并且实现定向装夹。

2）能在短时间内完成夹具的拆卸，并且改成适合新工件的夹具。

3）夹具应具有尽可能少的元件和较高的刚度。

4）夹具要尽量敞开，夹紧元件的空间位置能低则低，夹具不能和工步刀具轨迹发生干涉。

5）保证在主轴的行程范围内使工件的加工内容全部完成。

6）对于有交互工作台的加工中心，由于工作台的移动、上托、下托和旋转等动作，因此夹具设计必须避免夹具和机床发生空间干涉。

7）尽量在一次装夹中完成所有的加工内容。当不得不更换夹紧点时，要特别注意不能因更换夹紧点而破坏定位精度，必要时可在工艺文件中说明。

8）夹具底面与工作台接触时，夹具底面的平面度要求为0.01~0.02mm，表面粗糙度值不大于$Ra3.2\mu m$。

2.4　高速加工机床

在实现高精度切削等技术中，通过优化机床设计结构、制造技术、稳定主轴系统等都能够对其产生至关重要的影响，机床制造商们更多会采用全闭环伺服控制方式。随着技术优化的直线电动机不断发展，使得数控中心等机床的相应速率得到提升，改善了伺服控制精度以及相关精度水平。当前，高速机床系统方面的反应速度以及前馈控制速度等均得到明显提升。一些机床中甚至添加了NURBS（曲线）类型的插补曲线处理方式，目的是可以帮助用户能够更加简单、直接的进行精度参数设计，控制速度以及加速度。机床在切削的过程中会因为受热影响而出现热位移问题，这是影响精度的重要因素，可以利用热位移补偿技术得到改善。机床因为受热不均产生热误差，可以通过以下几种方式改善这种情况。

1）改善与控制好热量情况，避免热量过多地流向机床周边。

2）对机床结构进行改良，确保机床能够降低热敏感性，有效控制变形程度。

3）针对移动件实施热补偿操作。采用最有效方法是进行热误差补偿。

以日本大隈公司为例，其提出了一种“热亲和”概念。首先是热位移补偿，针对主轴使用了简单变形结构分析，发现平均热对称冷却润滑喷嘴以及双重冷却油套会对热变形产生抑制性作用，可使热变形达到最小。其次是热位移补偿分析，针对结构进行改良，数控机床主轴以外的相关结构可以利用热量分布箱式组合来构造。利用机内的护罩可以降低冷却和加工过程中机床的温度，利用分离的数字控制箱可以设计良好热量隔离情况，促使机床能够在温度方面始终保持不变。

1. 数控系统

由于高速加工机床的主轴转速、进给速度和进给加速度非常高，因此对高速加工机床的控制系统提出了更高的要求，用于高速切削的数控装置必须具备很高的运算速度和精度，采用快速响应的伺服控制，以满足复杂型腔的高速加工要求。

目前，主轴电动机主要采用矢量控制技术的变频调速交流电动机，在此基础上可优化现有的技术，如采用性能更好的半导体器件和处理速度更高的处理器，以及进一步优化矢量控制技术。在高速机床中使用的主轴数字控制系统和数字伺服驱动系统，应具有高速响应特征，对于主轴单元控制系统，不仅要求在控制主轴电动机时有很高的快速响应特性，而且要求主轴支承系统也应该有很好的动态响应特性。采用液压或磁悬浮轴承时，要能够根据不同的加工材料和刀具材料，以及加工过程的动态变化自动调整相关参数。加工精度检测装置应选用具有高跟踪特性和分辨率的检测组件，在高速加工中，输入的控制程序一般是标准数控程序代码，但在高速条件下，传统的数控程序会存在很多问题，如应采用特殊的编程方法，使切削数据适合高速主轴的功率特征曲线的问题，如何解决高速加工时 CAD/CAM 高速通信时的可靠性等问题。

因此，在高速切削加工时对数控系统提出如下要求。

（1）足够高的进给加速度　足够高的进给加速度是高速加工精度的保证，高速加工主要是指主轴的高转速、高的进给速度和高的进给加速度，前两者的关系可由下面的表达式来表示：

$$n=v_c/\pi d \tag{2-3}$$

式中　n——主轴转速（r/min）；

v_c——切削速度（m/min）；

d——刀具直径（mm）。

$$v_f=f_z zn \tag{2-4}$$

式中　f_z——每齿进给量（mm）；

z——铣刀的切削刃数。

将式（2-3）代入式（2-4），得出进给速度为

$$v_f=f_z z\frac{v_c}{\pi d} \tag{2-5}$$

由式（2-4）可知，在选定了刀具和切削用量的情况下，进给速度与主轴的转速成正比，因此，高速加工机床不仅要有高的主轴转速，也应具备与主轴转速相匹配的高的进给速度

（不仅仅是高的空行程速度）。此外，为了保证加工轮廓的高精度，机床还必须具备高的进给加速度，如果一台高速机床没有足够高的进给加速度，那么将无法高速的进行高精度复杂曲面轮廓的加工，因为它无法满足加工复杂曲面时根据不同的曲率半径在最短的时间内不断地调整进给速度的需要。

（2）高精度插补　高精度插补是数控系统高速、高精度化的基础，数控机床的伺服系统执行的是数控代码经数控系统离散后的数据，高速、高精度的加工首先要求的是极短的插补周期和高的计算精度，如 FANUC 16i 采用纳米级的位置指令进行计算和数据交换，如图 2-11 所示，当 ΔL 不变，进给速度增大，插补周期 ΔT 减小，在高精度轮廓加工中，要减少弦高误差 ε，还需要减小 ΔL，这样需要更短的插补周期 ΔT。当插补周期 ΔT 变小后，如果计算精度不高，就会产生误差，而且还会影响伺服速度的平稳性和连续性。

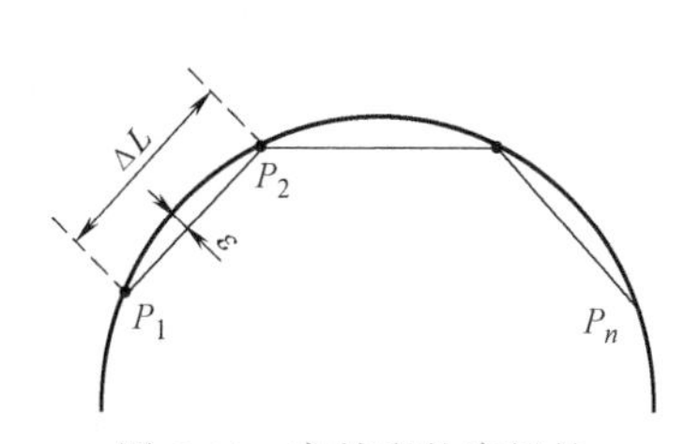

图 2-11　高精度轮廓插补

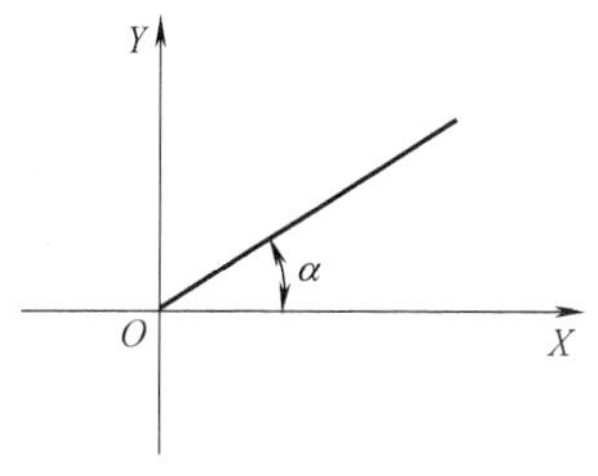

图 2-12　直线插补

如图 2-12 所示，在 XOY 平面上插补一直线，插补周期为 0.5ms，进给速度为 6m/min，$\alpha=2°$，则 $v_Y=6\sin2°\approx0.209\text{m/min}$；每个插补周期 Y 轴位置增量 $\Delta L_Y=v_Y\Delta T=1.74\mu\text{m}$，显然如果系统插补计算精度为 1μm，不仅影响轮廓误差，还造成 Y 轴运行中理论速度不平稳和不连续。南京四开公司的 SKY2003N 数控系统的插补精度为 0.001μm，采样周期和插补周期为 0.1~0.4ms。SKY2003N 数控系统的插补原理与传统插补相比，主要特点如下。

1）利用“智能代码精度速度优化”结果，插补过程改变速度和加速度，保证机床实际“动态精度”。

2）使用绝对方式计算无插补累积误差。

3）采用 IEEE-75464 位标准浮点数学运算库进行插补，计算精度很高。

4）多轴加工中连续运转轴周期自动翻转，无指令范围限制，非连续轴指令范围 64 位双精度。

5）插补中加速度信息直接作用于 PID 推力调节，使动态跟随误差更小，机床响应更迅速。

（3）采用前馈控制减少伺服系统滞后　数控机床的伺服系统是复杂的控制系统，传统伺服控制系统主要是对伺服位置偏差、速度偏差进行 PID 调节控制，由于没有利用已知的后继插补输出条件、机床移动部件的惯性、摩擦阻尼滞后等信息，因此在高速加工中的动态跟随误差会比较大。在现代数控系统中，一般采用前馈控制减少伺服系统滞后，插补前加、减速消除插补后加、减速输出理论差，如 SIEMENS 840Di 数控系统采用的速度前馈及转矩前馈跟踪误差补偿等技术。

（4）伺服前馈控制跟随误差　复杂曲面高速加工中各轴的速度都是高速变化的，为了减小复杂曲面机床系统动态过程的误差，可通过有效的摩擦前馈和加速度前馈改善动态特性。一般伺服驱动系统对转矩或推力指令的响应较快而速度环和位置环响应滞后，因此在现代数控系统中为了加快伺服驱动器速度环和位置环响应速度，用控制系统实现电动机的速度、位置闭环控制，伺服驱动器只控制电流环。图 2-13 所示为 SKY2003N 数控系统的速度环、位置环控制框图，摩擦前馈 Fc 可对机械系统摩擦阻力、垂直重量不平衡提前补偿，加速度前馈 Kaff 可对机械运动惯量提前补偿，在实际应用中可使机床动态响应误差接近为零。

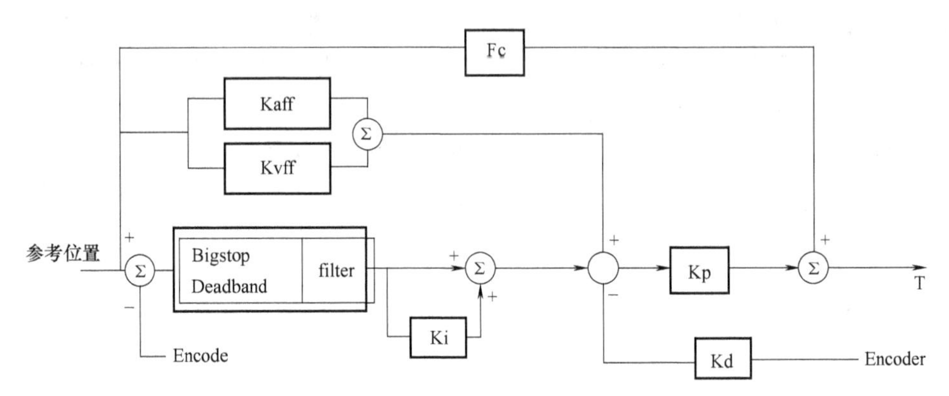

图 2-13　SKY2003N 数控系统速度环、位置环控制框图

Fc—摩擦前馈　Kaff—加速度前馈　Kp—比例增益　T—电动机转矩或推力指令

Kvff—速度前馈　Ki—误差积分　Kd—微分增益

（5）插补前加减速处理　插补后各轴分别加、减速使实际输出轨迹偏离理论插补轨迹（图 2-14a），如图 2-14b 所示，高速加工中插补后不论采用哪种模式加、减速（指数或直线形加、减速）都会产生更大轮廓误差，由于计算机中央处理器的运算速度和能力大大提高，在现代数控系统中一般都由软件实现补前加、减速计算预测处理，如图 2-14c 所示，使加、减速后输出的空间合成轨迹与理论轨迹基本不变。

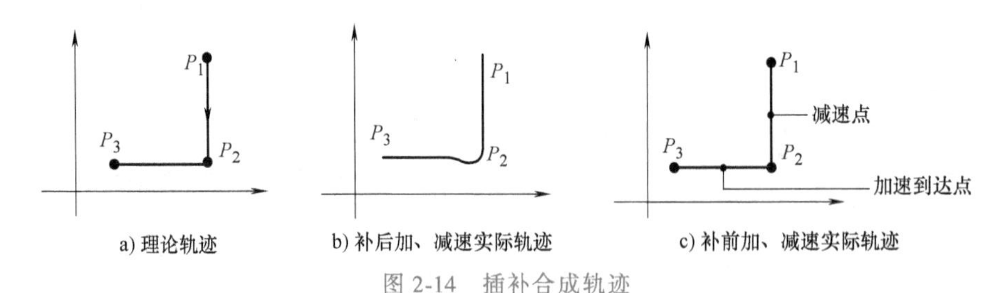

图 2-14　插补合成轨迹

（6）轮廓前瞻控制　高速加工中超前路径的加、减速优化预处理就像在各种路面上开车，路面情况好，并且前面没有急转弯，便可以加大油门开快一些，如果前面有弯道，则需要提前减小油门开慢一些。在高速加工中，G 代码好比路面，电动机如同车，为了保证机床在高速运动条件下的精度和平稳性，系统必须识别出将要执行的一系列空间待加工路径，并根据速度“看”得足够远。在多轴联动控制时可根据程序预处理缓冲区中的 G 代码（SKY2003N 高速加工数控系统提前处理程序段允许 2500 行），由各轴的理论加、减速与各轴实际允许加、减速对比决定是否降低当前速度或提高到理论速度，也就是根据圆弧曲率半径的大小，动态地调节进给速度，其工作原理是：首先为不同半径的圆弧设定一个最大允许

进给速度，当数控系统发现待加工的某段圆弧的最大允许进给速度小于其编程速度时，自动把进给速度降低到该段圆弧的最大允许进给速度。如果数控系统发现待加工的路径比较平直，则立刻将进给速度提高到所允许的最大理论进给速度，由机床数控系统在保证加工精度的条件下使机床尽可能在最大理论速度下进行工作，它可以在每秒钟内改变 2000～10000 次进给速度来达到上述目的。数控机床在复杂曲面的高速加工中，由于数控数据密集、数据段矢量距离短，只处理两段数据间的补前加、减速会产生过大的减速度，仅采取冲击平滑处理将有较大的轮廓误差。

2. 主轴系统

主轴系统是高速主轴单元。传统的机床是通过齿轮、带传动等中间环节把动力从电动机传递到主轴，从而控制机床主轴的运动。由于传统的主轴运动的精度受很多因素的影响，特别是在高速运转的时候无法达到所需的精度，已经无法适应高速加工的要求。高速加工机床的主轴部件，要求采用耐高温、高速，能承受大负荷的轴承；主轴动平衡性能好，有良好的热稳定性，能够传递足够的力矩和功率且能承受高的离心力；主轴的刚性要好、有恒定的力矩并带有检测过热装置和冷却装置。为此出现了具备相应的高转速、高精度、高效率特性的数控机床电主轴。高速运转的电主轴的主轴形式是将主轴电动机的定子、转子直接装入主轴组件的内部，即把高速电动机置于精密主轴内部，电主轴的电动机转子就是主轴，主轴的壳体就是电动机的机座，实现了变频调速电动机和主轴一体，由电动机直接驱动主轴，形成电主轴。电主轴取消了中间的传动环节，传动链长度为零，可以实现真正意义上机床主轴系统的“零传动”，避免了中间环节对精度的影响。电主轴是一套组件，它包括电主轴、高频变频装置、油雾润滑器、冷却装置、内置编码器、换刀装置等。

电主轴实现高速化，从机械方面考虑的主要是轴承发热和振动的问题；从电动机设计方面考虑的主要是定子、转子功率密度和线圈发热问题；从驱动和控制角度考虑的主要是调速性能问题。针对上述方面的问题，可采取如下措施。

1）高速精密主轴上大量采用高速、高刚度的轴承，一般情况采用陶瓷轴承和液体动静压轴承，特殊场合采用空气润滑轴承和磁悬浮轴承。轴承的润滑采用定时定量的油气润滑而不是油脂润滑。

2）主轴电动机主要采用矢量控制的交流异步电动机。

3）电主轴的内置高速电动机采用高频变频装置来驱动，实现每分钟几万甚至十几万转的转速，变频器的输出频率甚至要达到几千赫兹。

3. 高速驱动系统

迄今为止的驱动系统都是由旋转电动机、齿轮箱或联轴器、丝杠和驱动螺母、丝杠支座轴承等构成，而它们都影响甚至限制了机床的性能。如电动机本身有最大转速的限制，随着速度增加，电动机输出转矩下降；在高的加速度下电动机轴会产生扭曲，甚至变形和位置误差，齿轮箱则会增加系统惯性，产生间隙；若电动机与丝杠直接连接，则会产生扭曲变形、间隙及滞后；丝杠本身受临界转速、间隙、扭曲、螺距误差、摩擦等影响，并且其振动衰减时间很长。直线电动机则是将传统圆筒型电动机的初级展开拉直，使得初级的封闭磁场变为开放磁场，旋转电动机的定子部分变为直线电动机的初级，旋转电动机的转子部分变为直线电动机的次级。在电动机的三相绕组中通入三相对称正弦电流后，在初级和次级间产生气隙磁场，气隙磁场的分布情况与旋转电动机相似，沿展开的直线方向呈正弦分布。当三相电流随时间变化时，气隙磁场按定向相序沿直线移动，这个气隙磁场成为行波磁场。当次级固定不动时，次级就能沿着行波磁场运动的方向做直线运动，即可实现高速机床的直线电动机驱动的进给方式。把直线电动机的初级和次级分别安装在高速机床的工作台与床身上，由于这种进给传动方式的传动链缩短为零，因此称为机床进给系统的“零传动”。与“旋转伺服电动机+滚珠丝杠副”传动方式相比较，直线电动机直接驱动有以下优点。

1）高速度。目前进给速度为 100~200m/min。

2）高加速度。目前加速度为（2~10）g（g=9.8m/s）。

3）定位精度高。由于只能采用闭环控制，其理论定位精度可以为零，但由于存在检测元件安装、测量误差，实际定位精度不可能为零，最高定位精度为 0.1~ 0.01m。

4）行程不受限制，由于直线电动机的次级（定子）可以逐段地铺在机床床身上，不论有多远，对系统的刚度不会产生影响。直线电动机进给系统是一种能将电能直接转换成直线运动的机械能，而不需要任何中间传动环节的驱动装置。它的应用将传统的回转运动转变为直线运动，因此机床的速度、加速度、刚度、动态性能可得到完全改观。采用数字控制技术，可以使直线电动机利用大增益，提高控制效果，减小高速移动的伺服滞后量，从而获得高的定位精度，有效地克服了传统旋转电动机在驱动时，机械传动机构传动链较长、体积大、效率低、能耗高、精度差等缺点。

高速机床必须同时具有高速主轴系统和高速进给系统，这不仅是为了提高生产率，也是为了达到高速切削中刀具正常工作的条件；否则会造成刀具急剧磨损，破坏加工工件的表面质量。在进行高速切削时，为了保证零件的加工精度，随着机床转速的提高，进给速度也必须大幅度提高，以保证刀具每齿进给量不变。由于大多数零件在机床上加工的工作行程不长，进给系统只有在很短的时间内达到高速和在很短的时间内实现准停才有意义。为了实现高速进给，除了可以继续采用经过改进的滚珠丝杠副外，最近几年又出现了采用直线电动机驱动和基于并联机构的新型高速进给方式，从结构、性能到总体布局来看，三种方式都有很大的差别，形成了三种截然不同的高速进给系统。

（1）滚珠丝杠副传动系统　滚珠丝杠副传动系统采用交流伺服电动机驱动，进给加速度为 1g，进给速度为 40~60m/min，定位精度为 20~25μm，相对于采用直线电动机驱动的进给系统，采用旋转电动机带动滚珠丝杠副的进给方案，因为受工作台的惯性以及滚珠丝杠副结构限制，能够实现的进给速度和加速度比较小，对于采用滚珠丝杠副的传动系统，为了提高进给加速度，可以采取以下措施。

1）加大滚珠丝杠直径以提高其刚度，并且将丝杠内部做成空心结构，这样可以强制通切削液降低丝杠温升。滚珠丝杠在高速运转时，由于摩擦产生温升，造成丝杠的热变形，将直接影响高速机床的加工精度。采用滚珠丝杠强行冷却技术，对保持滚珠丝杠温度的恒定有非常重要的作用，该项措施对于提高大中型滚珠丝杠的性能有非常重要的作用。

2）选用大额定转矩的伺服电动机，为了更加合理地利用伺服电动机，采用多头大导程滚珠丝杠。

3）对于关键轴采用双伺服电动机和双滚珠丝杠同步驱动。

4）为了减小高速下滚珠的自旋速度和公转速度，可以采用小直径的氮化硅陶瓷球，并且采用特殊树脂材料制成的保持架把滚珠分离开来，减小滚珠之间的摩擦、碰撞和挤压，减少丝杠的发热和噪声，也可以采用丝杠固定、螺母旋转的工作方式，避免高速运转受临界转

速的限制。

改进后的滚珠丝杠的进给速度一般不超过60~80m/min，加速度小于1.5g，它在高速加工中心上的应用仍受到一定的限制，采用滚珠丝杠副传动实现的高速进给系统与采用直线电动机驱动的进给系统相比，成本较低。日本精工已经研制出了进给速度高达100m/min的滚珠丝杠，采取的改进措施主要有采用16~32mm大导程，提高滚珠循环部分零件质量，采用多线螺纹以增加有效圈数，改进滚道形状等，从而实现了进给系统的高速、高刚度以及高承载能力。

（2）直线电动机进给驱动系统　直线电动机驱动实现了无接触直接驱动，避免了滚珠丝杠副和齿轮传动中的反向间隙、惯性、摩擦力和刚度不足等缺点，可获得高精度的高速移动，并具有极好的稳定性。直线电动机的实质是把旋转电动机径向剖切开，然后拉直演变而成，直线电动机的转子和工作台固定连接，定子安装在机床床身上，在机床进给系统中采用直线电动机后可以把机床进给传动链的长度缩短为零。目前，直线电动机的加速度为2.5g或以上，进给速度为160m/min或以上，定位精度为0.5~0.05μm。直线电动机的结构本身也存在着一些不利因素，如直线电动机的磁场是敞开的，尤其是采用永磁式直线电动机时，要在机床床身上安装一排磁力强大的永久磁铁，因此必须采取适当的隔磁措施；否则对其磁场周围的灰尘和切屑有吸附作用。与同容量的旋转电动机相比，直线电动机的效率和功率因数要低，尤其是在低速时比较明显，但从整个装置和系统来看，由于采用直线电动机后省去中间传动装置，系统的效率有时还是比采用旋转电动机的高。另外，直线电动机特别是直线感应电动机的起动推力受电源电压的影响较大，需要采取有关措施保证电源的稳定或改变电动机的有关特性来减小或消除这种影响。虽然采用直线电动机驱动的数控机床需要解决上述问题，但就目前而言，在加速度大于1g的情况下，直线电动机仍是唯一的选择。

（3）基于并联机构的高速进给系统　传统机床的结构一般都是由床身、工作台、立柱、导轨、主轴箱等部件串联而成的非对称的布局，因此机床结构不但要承受拉压应力，而且还要承受弯扭载荷。为了保证机床的整体刚度，只能采用结构比较笨重的支承部件和运动部件，这不但要消耗大量的材料和能源，也制约了机床进给速度和加速度的进一步提高。刀具和工件之间的相对运动误差是由各坐标轴运动误差线性叠加而成，机床结构的非对称性还导致其受力和受热的不均匀，这些都影响机床的加工精度。为了克服传统机床布局上的固有缺陷，满足高速加工的要求，出现了一种全新概念的机床进给机构——并联虚拟轴结构，它的基本工作原理是建立在1964年由英国人Steward设计并获得专利的6轴结构的基础上，一般称为Steward平台，具有这种进给机构的机床也被称为并联运动机床。

和传统的串联式机床比，并联机床具有以下优点。

1）比刚度高。承受切削力的动平台是由完全对称的多根杆件支承，杆件只承受拉压应力，不承受弯扭应力，不但尺寸小、结构简单，而且标准化程度高、零件少、造价低。

2）响应速度快。机床运动部件质量小，对运动速度反应速度快，能够实现高进给速度和加速度的加工运动。

3）适应能力强。并联机床采用独特的简单杆系结构，各杆的结构完全相同，而其他部件均为外购的标准部件，并且并联机床采用开放式控制系统，只要更换平台上的工作部件就可以实现多种不同类型的加工。

并联机床是实现高速进给的一种崭新的运动机构，有非常好的应用前景，但是由于并联机床结构上的限制，其在应用过程中也存在一定的问题，如有效的工作空间比较小，6 轴完全并联的机床运动范围很小，很难同时实现立卧加工，制造出的机床往往体积大而实用的工作空间小，这是 6 轴机床发展初期普遍存在的问题。

近年来各个国家都在大力发展混联机床，这种结构机床可以在很大程度上解决工作空间小的问题。并联机床另一个比较严重的问题是加工精度不高，其原因主要有杆件热变形问题和铰关节制造精度的提高十分困难。研究开发结构尺寸小、承载能力强、精度高的复合滚动关节部件是发展并联机床的关键基础技术问题，并联机床的数控编程和误差补偿比较复杂，其自动编程，特别是自动补偿的难度和工作量都是比较重要和困难的工作。

2.5　高速加工的编程方法

1. 高速切削对数控编程的要求

高速加工作为加工制造中极为重要的一项先进制造技术，是集高效、优质、低耗于一身的先进制造技术。在常规切削加工中备受困扰的一系列问题，通过高速加工的应用得到了解决。其切削速度、进给速度相对于传统的切削加工，以级数级提高，切削机理也发生了根本的变化。与传统切削加工相比，高速加工发生了本质性的飞跃，其单位功率的金属切除率提高了 30%~40%，切削力降低了 30%，刀具寿命提高了 70%，留于工件的切削热大幅度降低，低阶切削振动几乎消失。随着切削速度的提高，单位时间毛坯材料的去除率增加，切削时间减少，加工效率提高，从而缩短了产品的制造周期，提高了产品的市场竞争力。同时，高速加工的小量快进使切削力减少，切屑的高速排除，减少了工件的切削力和热应力变形，提高了刚性差和薄壁零件切削加工的可能性。

高速加工切削系统主要由高速切削的高速加工中心、高性能的刀具夹持系统、高速切削刀具、安全可靠的高速切削 CAM 软件系统，因此说高速加工是一项庞大的工程。高速加工设备的大量应用，对编程系统的要求越来越高，价格昂贵的高速加工设备对软件提出了更高的要求——安全性、有效性。高速加工的进给速度是常规加工的 10 倍或更高，任何编程过程的失误，如过切、干扰、碰撞等都会造成非常严重的事故，而且由于高速运动，无法靠人工急停来预防。高速加工设备是非常贵重的设备，任何意外事故都会给企业造成不可估量的损失，需要 CAM 系统必须具备全自动的（而不能是半自动或人工的）防过切，防碰撞功能。因此，确保数控指令的绝对安全性，是对高速加工设备提出的一个基本要求。另外，要保证刀具路径的光滑平稳，确保零件加工质量和机床主轴等部件的寿命，以及刀具在切削过程中载荷均匀性。

高速加工程序的编制须选用专业化软件编程。高速加工对编程软件要求高，在不同情况下对复杂型腔、复杂曲面进行高精度细化，并且对产品的加工程序进行相应优化。近年来针对高速加工，如 PowerMILL，hyperMILL，Cimatron（图 2-15），Creo，NX/CAM（图 2-16），CATIA 等编程软件都进行了升级，数据处理能力更强大，主要针对复杂曲面算法、点位数据采集、相近曲面拟合等方面进行优化。同时，加强了刀具路径规划，使高速加工编程更加简便及智能化，以适应现实生产的需求。

由于高速加工刀具路径与传统数控加工程序的不同，高速加工的后处理尽量采用圆弧节

点输出，避免直线输出的卡顿现象，其加工程序更加细化，点位更多，路径更复杂，数据精确到小数点后 4 位，程序大小是一般数控机床的 3 倍。

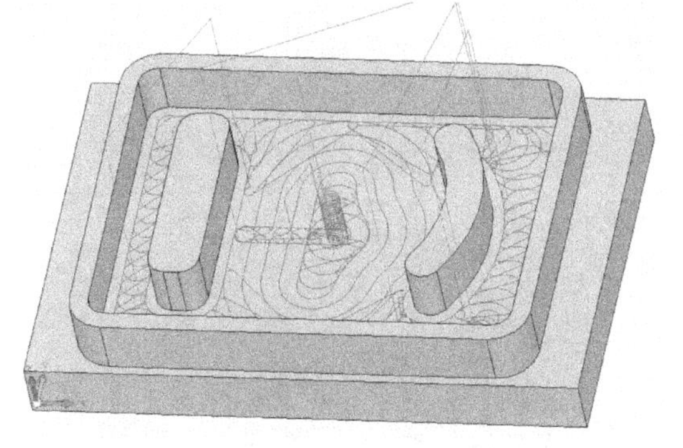

图 2-15　Cimatron 软件高速铣削轨迹

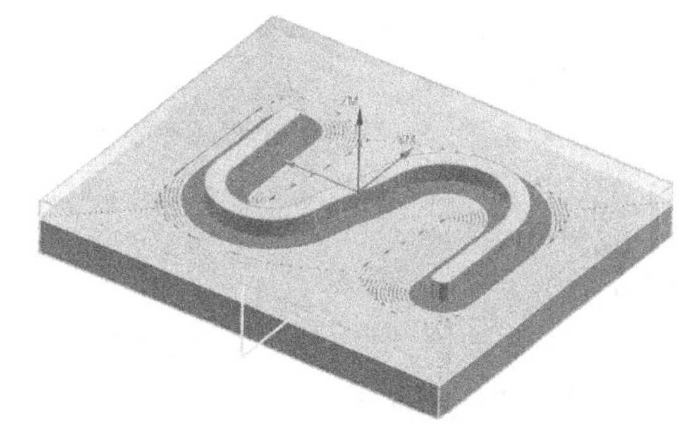

图 2-16　NX/CAM 软件高速铣削轨迹

2. 高速加工路径的规划

1）在一次加工中尽量完成所有轮廓面加工，编程刀路简化，抬刀少，轨迹流畅。

2）控制切削深度和切削宽度，每次切削深度不能大于单层的 2 倍，切削宽度不能大于单次切宽的 1.5 倍。

3）螺旋式下刀与切向进刀。高速切削的加工动作快，高速加工机床的主轴承载力不大，整个切削过程要求保持主轴负载均衡，避免主轴径向受力出现较大的波动。因此，在编程中尽量避免垂直下刀，一般采用螺旋式下刀、斜插式下刀、摆线式下刀等方式下刀，下刀角度一般不大于 3°。在小的封闭型腔中，螺旋式下刀等方式接近于垂直下刀，可采用预先钻下刀孔的方式避免主轴负载增大。在凸台类零件中，切入方式不宜采用法向垂直切入，尽量用切向切入和渐进式切入方式，避免切削力急剧上升。

4）采用浅切削深度或小的切削宽度。切削外轮廓时，切削宽度约为刀具的 1/10～1/3，采取均匀切削宽度，并且均匀受力。

5）拐角采用圆弧过渡，编程时尽量在拐角减速。在切削过程中，刀具路径无法避免拐角。在高速加工中，机床转速很高，直角拐角处容易出现停顿和急剧振动引起的噪声。编程过程中应避免直角和锐角直接拐弯，宜采用圆弧拐弯，选用的刀具直径应小于圆弧曲率半径，使拐角实现圆弧过渡。拐角处减速可减小零件对刀具的冲击。减速约为直线切削速度的 1/3～1/2。

6）高速钻孔小切削深度，大进给量。高速机床配有内冷功能，应尽量选用内冷钻头，利于高速钻孔的降温和润滑。钻孔时的转速不宜太高，一般为普通加工中心的 1.5～2.5 倍，每层切削深度比普通加工中心小，以利于排屑。

3. 高速粗加工的编程方法

高速加工中的粗加工所应采取的工艺方案一般是以高切削速度、高进给率和小切削量的组合，在加工中尽可能地保持刀具负载的稳定，减少任何切削方向的突然变化，从而减少切削速度的降低，并且尽量采取顺铣的加工方式。

等高加工方式是众多 CAM 软件普遍采用的一种加工方式，应用较多的是螺旋等高和等 Z 轴等高两种方式，也就是在加工区域仅一次进刀，在不抬刀的情况下生成连续光滑的刀具路径，进、退刀方式采用圆弧切入、切出。螺旋等高方式的特点是：没有等高层之间的刀具路径移动，避免频繁抬刀、进刀对零件表面质量的影响及机械设备不必要的耗损。对陡峭和平坦区域分别处理，计算适合等高及适合使用类似3D偏置的区域，并且同时可以使用螺旋方式，根据不同的需求选择合适的下刀角度，在减少抬刀的情况下生成优化的刀具路径，获得更好的表面质量。

在高速加工中运用，一定要采取圆弧切入、切出连接方式，以及拐角处圆弧过渡。禁止使用直接下刀的连接方式生成高速加工的程序。编程时可以选用不同的下刀策略，尽可能避免直接下刀。另外，在粗加工中，必须使用偏置加工策略，而不是使用传统的平行加工策略，在可能的情况下，都应从工件的中心开始向外加工，以尽量减少全刀宽切削。

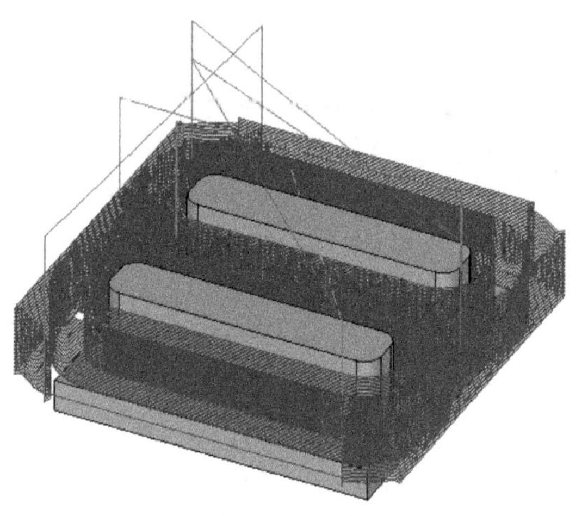
图 2-17　高速加工开粗刀具路径

高速加工机床转速高，切削速度快，整体加工效率约为普通加工的2~3倍，非常适合模具类复杂曲面和复杂型腔加工。

在高速铣削粗加工过程中，追求的是利用快进给去除加工余量，一般铝制件每层的加工余量为0.3~0.5mm，切削进给速度为20000~30000mm/min，编程精加工余量为0.1~0.05mm。钢制件每层的加工余量为0.2~0.4mm，切削进给速度为10000~15000mm/min，编程精加工余量约为0.1~0.05mm，如图2-17所示。高速机床主轴转矩小，余量不宜留太多，在编程过程中，拐角处可选用适合的刀具去除余量，侧边余量尽可能均匀，不能留太多余量，会使精加工刀具承受很大负载，产生振刀现象。

在高速铣削粗加工时，应使刀具路径应尽可能流畅，减少抬刀和下刀。由于采用螺旋式下刀（图2-18）和斜插式下刀（图2-19），因此下刀时的切入时间较长，减少进刀能节约时间，提高加工效率。

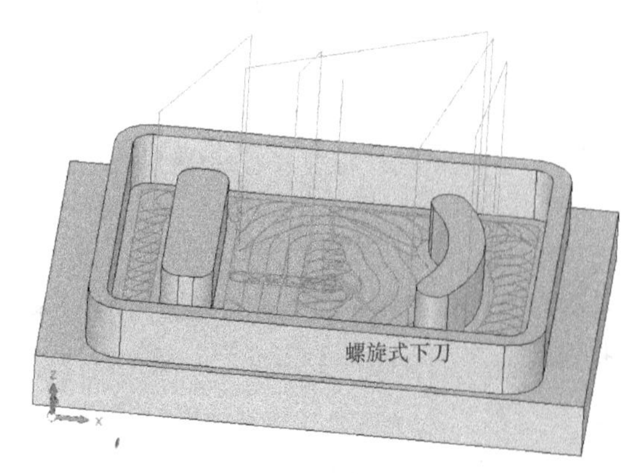

图 2-18　螺旋式下刀

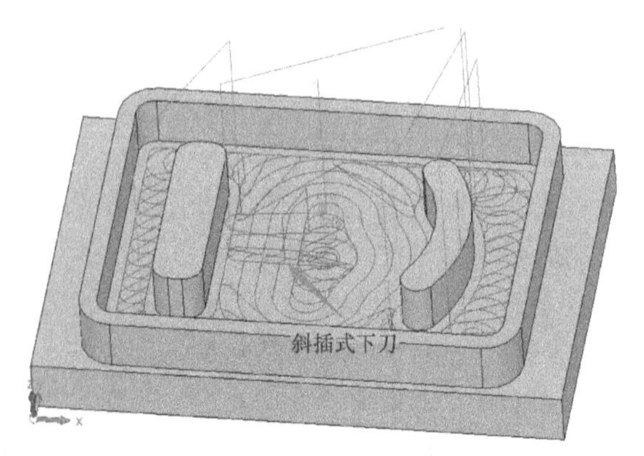

图 2-19　斜插式下刀

4. 高速精加工的编程方法

精加工的基本要求是要获得很高的精度、光滑的零件表面质量，轻松实现精细区域，如小圆角（小于1mm）、小的沟槽等的加工。高速加工可以使淬硬材料在高速加工中心上获得十分高的表面质量。如果要获得高的表面质量，则在切入和切出工件时，无论是粗加工还是精加工，都应使用圆弧切入和切出的方法。应尽量避免垂直下刀，如果直接接近零件表面，会降低切削速度，同时会在零件表面上留下很多刀痕。高速加工软件中提供了丰富的切入、切出及连接方式，极大限度地满足了高速加工的要求。

高速精加工策略取决于刀具与工件的接触点，而刀具与工件的接触点随着加工表面的曲面斜率和刀具有效半径的变化而变化。对于由多个曲面组合而成的复杂曲面加工，应尽可能在一个工序中进行连续加工，而不是对各个曲面分别进行加工，以减少抬刀和下刀的次数。由于在加工中存在表面斜率的变化情况，如果只定义加工的侧吃刀量，则可能造成在斜率不同的表面上实际步距不均匀，因此影响加工质量。而 Creo 软件解决上述问题的方法是在定义侧吃刀量的同时，再定义加工表面残留面积高度；hyperMILL 软件则提供了等步距加工方式，可保证刀具路径间均匀的侧吃刀量，而不受表面斜率及曲率的限制，保证刀具在切削过程中始终承受均匀的载荷。

通常情况下，精加工曲面的曲率半径应大于刀具半径的 1.5 倍，以避免进给方向的突然转变。在模具的高速精加工中，在每次切入、切出工件时，进给方向的改变应尽量采用圆弧或曲线转接，避免采用直线转接，以保持切削过程的平稳性。

目前很多 CAM 软件都具有进给速度的优化调整功能，即在半精加工过程中，当切削层面积大时降低进给速度；当切削层面积小时增大进给速度。应用进给速度的优化调整功能可使切削过程平稳，提高加工表面质量。切削层面积的大小完全由 CAM 软件自动计算，进给速度的调整可由用户根据加工要求设置。

一般情况下，高速切削机床的精度都比较高，有很好的动态响应特性，并且不会产生过切和欠切现象。精加工时单层加工余量为刀具半径的 1.5~3 倍，能有效地减少刀具发生让刀现象。高速精加工时，要控制机床转速，转速的选择应尽量避开刀具和零件的共振频率，可得到很好的表面粗糙度值（可达到 $Ra0.4 \sim 1.6\mu m$）。精加工拐角时，应自动减速，并采用圆弧方式输出，能有效避免拐角切削时机床的振动，获得好的尺寸精度。

高速加工精加工刀具路径如图 2-20~图 2-22 所示。

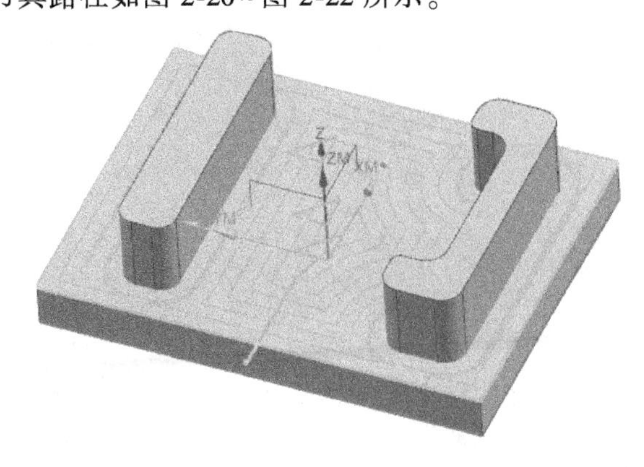

图 2-20　高速加工精加工刀具路径（一）

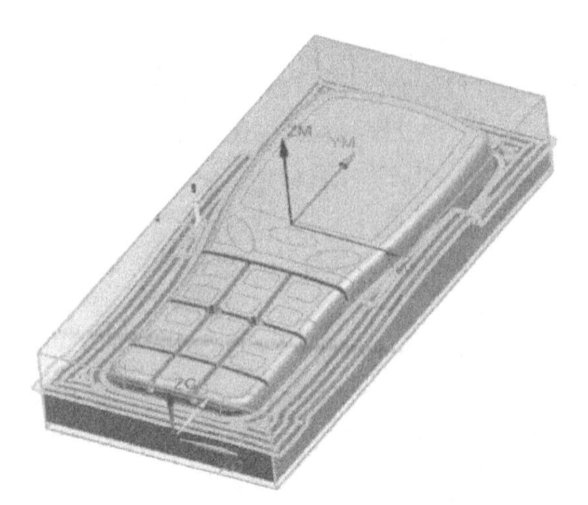

图 2-21　高速加工精加工刀具路径（二）

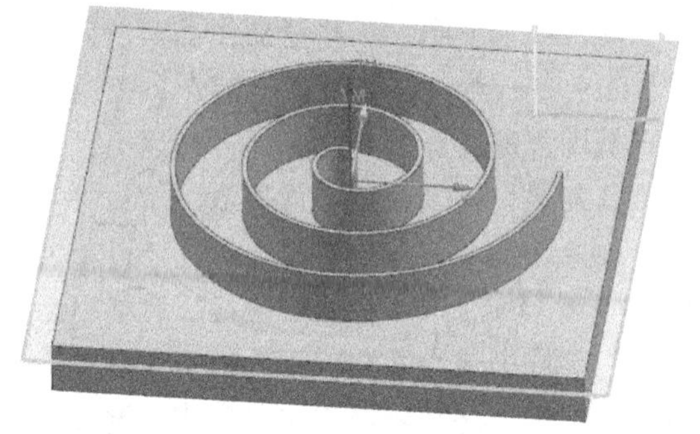

图 2-22　高速加工精加工刀具路径（三）

第三章 高速加工技术应用

3.1 目的与要求

1）了解高速加工应用要求及适用环境。
2）通过对平面的常规加工与高速加工对比，了解高速加工的效果及工艺特点。
3）初步掌握高速加工切削参数的确定原则。
4）初步了解高速加工工艺分析思路。

3.2 仪器及设备

1. 机床设备

T-500 高速钻攻加工中心。

2. 工件材料

（1）铝合金零件的平面加工　材料为铝合金 6061，尺寸为 170mm×90mm×15mm。

（2）45 钢零件的平面加工　材料为 45 钢，尺寸为 100mm×100mm×50mm。

（3）铝合金型腔及薄壁类零件的加工　材料为铝合金 6061，尺寸为 100mm×100mm×50mm。

3. 刀柄、刀具及检测仪器

（1）刀柄　HSK 高速刀柄或 BT30 刀柄（刀柄形式根据机床确定，BT30 刀柄须动平衡处理）。

（2）刀具

1）四刃面铣刀，直径为 40mm，主偏角为 90°（铝合金加工用）。
2）整体硬质合金四刃圆角立铣刀 D10R1（45 钢加工用）。
3）整体硬质合金三刃立铣刀 D8（铝合金加工用）。

（3）检测仪器

1）手持红外测温仪：测量工件表面温度（如 AR300）。
2）粗糙度仪：检测工件表面粗糙度（如 TR200）。
3）噪声检测仪或移动电话（内置噪声测量 APP）：检测噪声。
4）机床负载显示：监控主轴及运行轴的负载状况（一般机床自带该功能）。

5）0~125mm 游标卡尺。

3.3　步骤说明

1. 分别采用常规加工工艺和高速加工工艺，用面铣刀加工铝合金平面

铝合金是十分适合采用高速加工工艺的材料之一。高速加工铝合金材料时，能保证刀具寿命，因此在机床及刀具等条件允许的情况下，可以采用较大的切削速度。

通过对比加工和对实训过程的观察、监测以及对加工零件的测量，学生可以了解高速加工的工艺特点及效能。

为了保证两种工艺方案的可比性，在不违背实际加工合理性的前提下，精加工时尽量保持切削参数的一致性（如切削宽度、每齿进给量的一致性），以便进行加工效果的对比。

2. 分别采用常规加工工艺和高速加工工艺，用立铣刀加工 45 钢平面

钢及铸铁在高速加工过程中，当其温度达到高温段后，如果继续提高切削速度，则温度下降特性表现不明显。因此，在常规条件下，高速加工 45 钢，切削发热会很高，刀具寿命将制约高速加工的充分实施。但随着现行刀具制造技术长足进步，还是可以在刀具厂商提供的切削参数范围内，通过秉承高速加工中“高切削速度、高进给速度、小吃刀量”的理念，达到高速加工的大金属去除率特点，实现质量、效率、成本的最优效果。

通过对比加工，以及对实训过程的观察、监测和对加工零件的测量，使学生了解在现行条件下，对 45 钢采用高速加工工艺进行零件加工，能达到的效果以及正确实现的方法，从而正确理解高速加工工艺的本质。

为了保证两种工艺方案的可比性，在不违背实际加工合理性的前提下，精加工时尽量保持切削参数的一致性（如切削宽度、每齿进给量的一致性），以便进行加工质量的对比。

3. 采用高速加工工艺，进行型腔、薄壁、槽类零件的高速加工

当零件结构（如薄壁等）导致零件本身的刚度较差，以及槽和型腔类零件有时受下刀方式和受力等因素的影响时（如加工有拔模角度的型腔壁，粗、精加工使用等高层切方式加工，其加工质量和刀具寿命等方面常优于仿型铣削），高切削速度、小吃刀量、大进给的高速加工工艺是较好的选择。本实训适当将部分零件结构集中，展示高速加工不同类型零件时的方法。

3.4　相关知识概述

1. 刀具结构及切削参数

一般刀具厂家会根据工件材料及加工方式，提供相应刀具的切削参数。图 3-1 所示为某刀具厂家的 90°面铣刀结构尺寸图，表 3-1 为其切削参数推荐值。

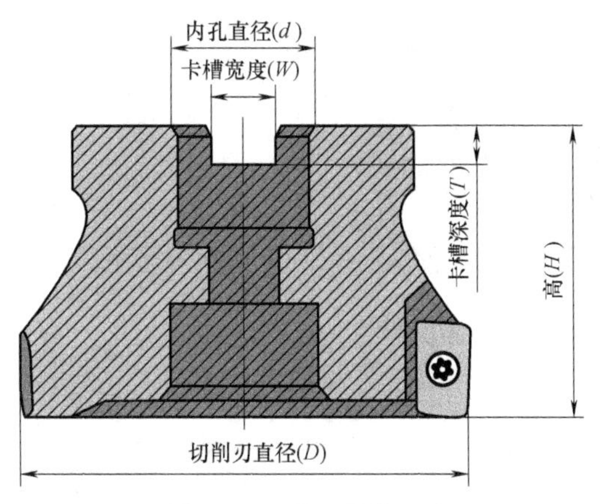

图 3-1　面铣刀结构尺寸

表 3-1　面铣刀切削参数推荐值

铝材类型（刀具为H10硬质合金）	切削速度 v_c(m/min)			每齿进给量 f_z/(mm/z)		
	最小推荐	推荐	最大推荐	最小推荐	推荐	最大推荐
铝合金，非铸造	500	2500	6000	0.1	0.2	0.4
铝合金，铸造	500	2000	4000	0.1	0.2	0.4
铝>99%	500	1500	3000	0.1	0.2	0.4
铝硅 13%~22%	500	750	1500	0.1	0.2	0.4

图 3-2 为某刀具厂家，整体硬质合金圆角立铣刀（四刃，D10R1）的结构尺寸图，表 3-2 为其切削速度推荐值，表 3-3 为其进给量推荐值。

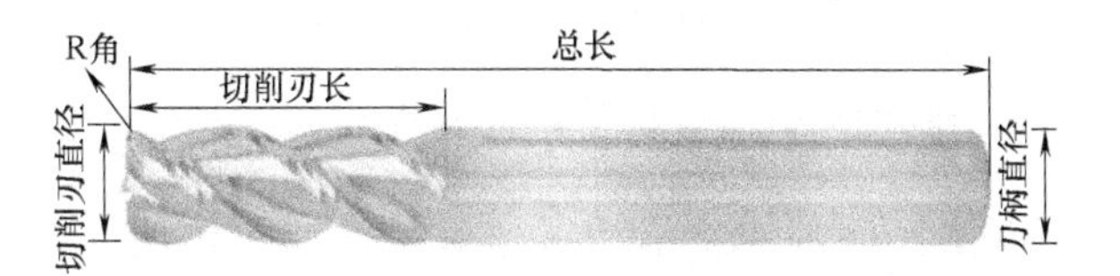

图 3-2　圆角立铣刀结构图

表 3-2　圆角刀立铣刀（D10R1）切削速度推荐值

GC1620 GC1630 H10F N20C					$a_p \times a_e > D_c$		$a_p \times a_e < D_c$		$a_e \leqslant 0.05 \times D_c$		$a_e \leqslant 0.05 \times D_c$ 或 D_{c2} $a_p \leqslant 0.05 \times D_c$ 或 D_{c2}	
ISO	MC	CMC	HBW	HRC	v_e /(m/min)	v_e /(ft/min)	v_e /(m/min)	v_e /(ft/min)	v_e /(m/min)	v_e /(ft/min)	v_e /(m/min)	v_e /(ft/min)
P	P1.1.Z.AN	01.1	125		155	510	200	660	375	1230	690	2260
	P1.2.Z.AN	01.2	150		135	440	185	610	340	1120	630	2070
	P1.3.Z.AN	01.4	200		120	390	140	460	255	840	470	1540
	P2.5.Z.HT	02.2	250		100	330	130	430	245	800	450	1480
	P2.5.Z.HT	02.2	300		90	300	120	390	220	720	410	1350
	P3.0.Z.HT	03.22	400		75	250	95	310	180	590	335	1100
	P3.0.Z.HT	03.22	450		65	210	85	280	160	520	300	980

表 3-3　圆角刀立铣刀（D10R1）进给量推荐值

GC1620 GC1630 H10F N20C CD15	D_c　D_{cx}　a_p　a_e　D_e									
	D_c 或 D_{c2}		f_z	f_z	f_z	f_z	f_z	f_z	f_z	f_z
	mm	in	mm/齿	in/齿	mm/齿	in/齿	mm/齿	in/齿	mm/齿	in/齿
公制 $n=\frac{1000\times v_c}{\pi\times D_c}$(r/min) $v_f=n\times f_z\times ZEFP$ (mm/min) $D_e=2\times\sqrt{a_p\times(D_{cx}-a_p)}$ (mm) 英制 $n=\frac{v_c\times 12}{\pi\times D_e}$(r/min) $v_f=n\times f_z\times ZEFP$ (in/min) $D_e=2\times\sqrt{a_p\times(D_{cx}-a_p)}$(in) 注意：公式中，参数 v_c 和 D_c 可用 v_e 和 D_{c2} 替换	1	0.039	0.002	0.0001	0.002	0.0001	0.013	0.0005	0.023	0.0009
	2	0.079	0.004	0.0002	0.003	0.0001	0.032	0.0013	0.056	0.0022
	3	0.118	0.006	0.0002	0.007	0.0003	0.039	0.0015	0.07	0.0028
	3.175	0.125(1/8″)	0.006	0.0003	0.008	0.0003	0.040	0.0016	0.072	0.0028
	4	0.157	0.008	0.0003	0.014	0.0006	0.045	0.0018	0.08	0.0031
	4.76	0.188(3/16″)	0.010	0.0004	0.019	0.0008	0.046	0.0018	0.078	0.0031
	5	0.197	0.011	0.0004	0.021	0.0008	0.046	0.0018	0.078	0.0031
	6	0.236	0.014	0.0006	0.03	0.0012	0.055	0.0022	0.099	0.0039
	6.35	0.250(1/4″)	0.015	0.0006	0.031	0.0012	0.056	0.0022	0.102	0.0040
	8	0.315	0.020	0.0008	0.033	0.0013	0.063	0.0025	0.114	0.0045
	9.525	0.375(3/8″)	0.025	0.0010	0.050	0.0020	0.069	0.0027	0.124	0.0049
	10	0.394	0.027	0.0011	0.055	0.0022	0.071	0.0028	0.127	0.0050
	12	0.472	0.036	0.0014	0.071	0.0028	0.077	0.0030	0.139	0.0055
	12.7	0.500(1/2″)	0.039	0.0015	0.074	0.0029	0.079	0.0031	0.143	0.0056
	15.875	0.625(5/8″)	0.054	0.0021	0.089	0.0035	0.089	0.0035	0.160	0.0063
	16	0.630	0.055	0.0022	0.09	0.0035	0.089	0.0035	0.161	0.0063
	19.05	0.750(3/4″)	0.073	0.0029	0.105	0.0041	0.097	0.0038	0.175	0.0069
	20	0.787	0.078	0.0031	0.11	0.0043	0.1	0.0039	0.18	0.0071
	25	0.984	0.11	0.0043	0.11	0.0043	0.11	0.0043	—	—

表 3-2 及表 3-3 对应提供了 4 组切削参数推荐值，根据不同的切削方式，选择不同的切削参数推荐值。

2. 刀柄结构及应用

刀柄的规格形式随机床主轴而定，高速加工一般应选择高速刀柄，即 HSK 刀柄，如图 3-3a 所示，但当主轴转速不是特别高时，也可选用 BT 刀柄，如图 3-3b 所示，BT 刀柄的对称结构，有利于刀具的平衡。在制造传统 BT 刀柄时，没有注重其动平衡的要求。刀具不平衡会极大影响高速加工时的刀具寿命，同时还对机床主轴寿命、工件质量也有较大影响。

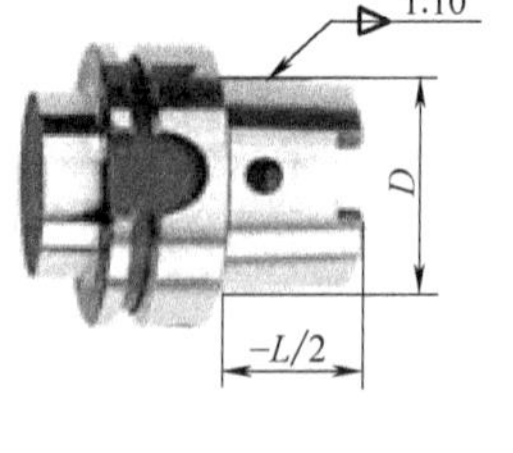

a) HSK刀柄

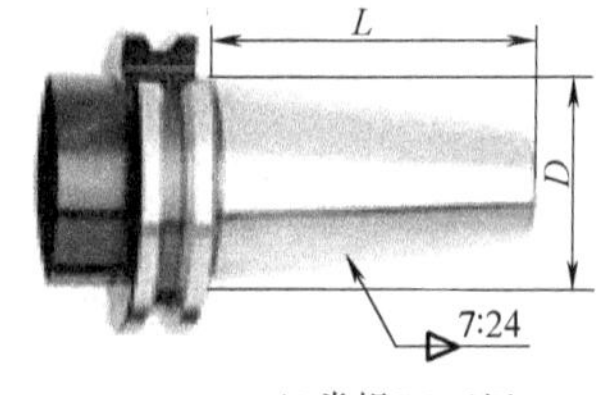

b) 常规BT刀柄

图 3-3　HSK 刀柄与常规 BT 刀柄

现代机床及刀具对刀柄有很严格的要求，特别是在很高的速度下，使用硬质合金立铣刀及钻头时，要求跳动量极低，以延长的刀具寿命。

当下优质刀柄应满足以下要求。

1）小跳动量。根据经验，高速加工时如果刀具的跳动量增加 0.01mm，则刀具寿命缩

短 50%。

2）高夹紧力。如果在加工过程中刀具在刀柄中移动，则刀具及加工零件都会损坏。因为离心力大大降低了可传送的转矩，导致许多夹紧方法在高转速下无法使用。

3）平衡的刀柄。不平衡性太大会产生振动，从而对刀具性能和主轴寿命产生负面影响。

一般传统的 BT 刀柄不能实现与主轴端面和内锥面同时定位，导致连接刚度低。而 HSK 刀柄是一种新型的高速刀柄，其接口采用锥面和端面两面同时定位的方式。在图 3-4 中，仿真了有端面定位和无端面定位情况下，对系统各阶固有频率的影响变化趋势。从图中可以很明显地发现，在去除端面定位的情况下，1、2 阶固有频率下降了 200Hz，3 ~ 6 阶固有频率略有下降。这表明端面定位对系统的固有频率提升有明显的效果，在高速加工中，能够保持很好的稳定性。这也表明 HSK 刀柄端面接触对整体刚度的提升效果。从提升系统的固有频率方面来看，HSK 刀柄端面定位提升了高速加工工具系统的稳定性，明显优于传统的 BT 刀柄。

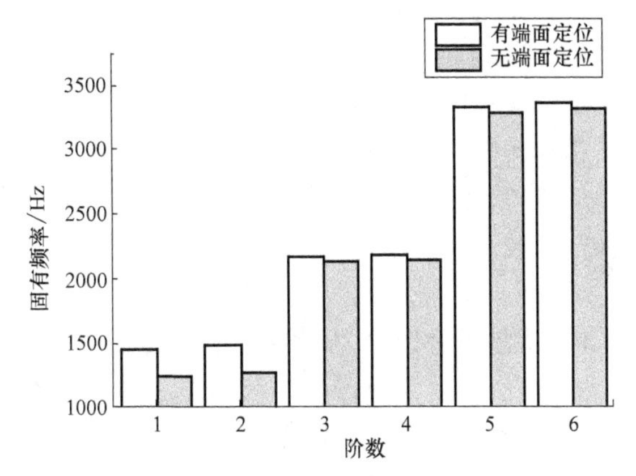

图 3-4 端面定位对高速加工工具系统固有频率影响

在国际刀柄系统市场上，影响比较大的高速加工工具系统主要有以下几种。

1）德国开发的 HSK（空心短锥柄）刀柄系统。HSK 刀柄系统为空心、薄壁、短锥结构，锥比为 1 : 10，端面与锥面同时定位、夹紧，刀柄在主轴中的定位为过定位，使用由内向外的外胀式夹紧机构。

2）美国 Kennametal 公司开发的 KM 刀柄系统。KM 刀柄系统也是一种由锥面和止靠端面进行双向定位和夹紧的系统，柄部采用与 HSK 相同的 1 : 10 短锥。其重要特点是通过锥柄的止靠端面、锥度大直径处的锥面和锥柄尾部的锥面共三个面进行接触夹紧。夹紧时，通过推杆斜面推动滚珠径向压紧在滚珠轨道上，使这种夹紧力以 3.5 : 1 的增力比实现强力夹紧，由此达到几乎类似于一个整体刀具的刚性。而且其径向和轴向的重复定位精度可达到±2.5μm。

3）日本日研（NIKKEN）公司开发的 NC5 刀柄系统。NC5 刀柄系统也采用了空心短锥结构，锥度为 1 : 10，并且也是采用锥面和端面同时定位、夹紧工作方式，定位原理与其他系统相同，不同的是将 1 : 10 的锥柄分成锥套与圆柱柄两部分套在一起，锥套端面有蝶形弹簧，锥柄尾端是螺钉孔，用于安装拉钉。NC5 刀柄系统的转矩是由前端圆柱上的键槽传递的，刀柄尾部没有传递转矩的键槽，因此轴向尺寸比 HSK 刀柄短，其与前面两种刀柄的最大区别在于刀柄没有采用薄壁结构，刀柄锥面处增加了一个中间锥套。KM 刀柄和 HSK 刀柄是通过薄壁的变形来补偿刀柄和主轴制造误差，保证锥面和端面同时可靠地接触，而 NC5 刀柄是通过中间锥套的轴向移动来达到这个目的的。中间锥套的轴向移动动力来自刀柄端面上的碟形弹簧。由于中间锥套的误差补偿能力较强，因此 NC5 刀柄对主轴和刀柄本身的制造精度要求可稍低些。

4）日本大昭和精机开发的 BIG-PLUS40 型系统。BIG-PLUS 刀柄的锥度仍然是 7∶24，其工作原理是将刀柄装进主轴锥孔，锁紧前，端面的间隙小；锁紧后利用主轴内孔的弹性膨胀补偿端面间隙，使刀柄端面与主轴端面贴紧，从而增大其刚度。这种刀柄同样采用了过定位，因此必须严格控制其几何精度，其制造工艺难度比 HSK 刀柄还要高。这种改进型锥柄可与原 7∶24 锥柄互换使用，可应用于原主轴锥孔。

5）瑞典山特维克公司开发的 CAPTO 刀柄系统。CAPTO 刀柄系统与以上几种锥柄不同的是，其锥柄不是圆锥形而是呈锥形的三棱形（空心），棱为圆弧形，锥度为 1∶20。与 HSK 刀柄系统相同，其可实现工具柄锥面和止靠端面的接触定位，特点是通过三棱空心锥柄与三棱锥孔间的成形锁紧来实现工具柄的无间隙定位，无须采用键槽和驱动键等元件，就能传递较大的转矩。其特点是应力分散、分布合理、定心性好、精度高、适合高速旋转、无滑动的扭转传递、动平衡性能好、位置精度高；缺点是三棱体加工较难，制造成本相比以上几种锥柄均高。

导致刀柄不平衡的原因主要有如下几点。

1）质量不对准（刀柄结构上有切槽、开槽等）。

2）离心率（刀具的转心与重心之间的距离）。

3）其他因素（如刀具不平衡）。

4）刀具的主轴与接口之间的装配与公差。

在刀具行业，刀具的平衡通常根据 ISO 标准 1940/1 计算出的平衡性能等级（G-值）来衡量。不平衡 G-值 ISO 1940/1 的计算如图 3-5 所示。

$$U=mr$$

$$e=U/m$$

$$G=en/9549$$

其中，U 为不平衡量（g · mm），r 为角速度，m 为转子质量，e 为单位质量不平衡量（μm），n 为主轴转速（r/min）。

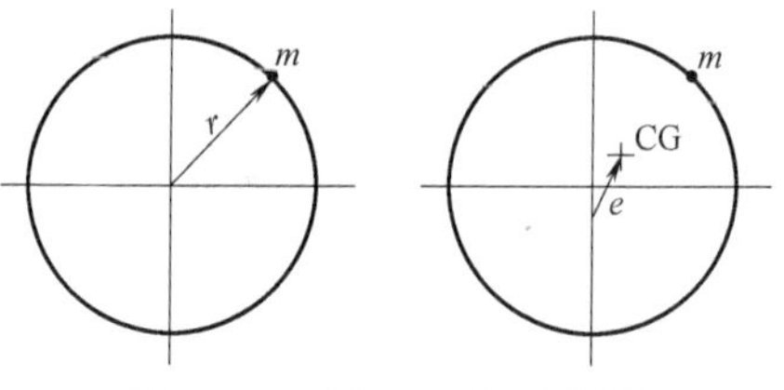

图 3-5　不平衡 G-值示意图

刀柄动平衡一般由刀柄制造厂家完成，现在 BT30 刀柄制造时，厂家较多采用“去试重法”，即通过仪器精确告知去重角度、深度，并钻孔去除刀柄上导致不平衡的金属，如图 3-6 所示。因此，常看到有的刀柄上分布有孔洞，这种刀柄一般是进行过动平衡处理的，如图 3-7 所示，当然有的刀柄制造精度高，或采用其他方法进行动平衡处理，刀柄上是没有

图 3-6　“去试重法”动平衡

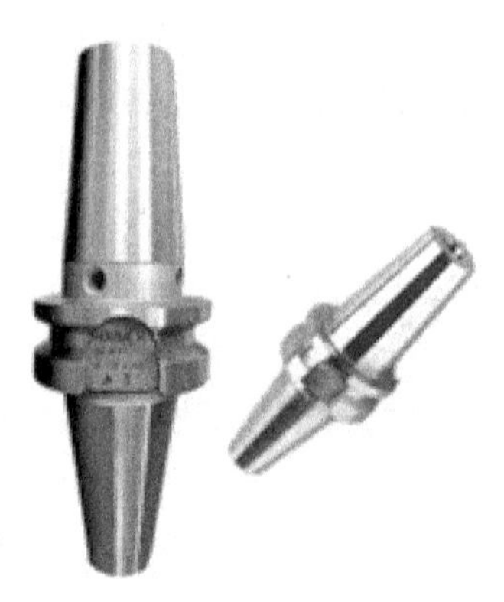

图 3-7　动平衡刀柄

孔洞的。刀柄上的孔洞可用于区别常规 BT 刀柄或高速 BT 刀柄。

3. 铣削加工计算公式

切削速度：

$$v_c = n\pi D_c$$

式中　v_c——切削速度（mm/min）；

n——主轴转速（r/min）；

D_c——刀具直径（mm）。

进给速度：

$$v_f = nf_z z$$

式中　v_f——进给速度（mm/min）；

f_z——每齿进给量（mm）；

z——刀齿数。

金属去除率：

$$Q = a_p a_e v_f / 1000$$

式中　Q——金属去除率（cm^3/min）；

a_p——背吃刀量（mm）；

a_e——侧吃刀量（mm）。

消耗功率：

$$P_c = a_p a_e v_f K / 60037$$

式中　P_c——切削功率（kW）；

K——单位切削力（N/mm^2）。

3.5　铝合金零件的平面加工工艺分析

本实训主要目的是比较两种平面加工工艺的特点，即常规加工工艺和高速加工工艺对铝合金材质进行平面加工的特点。比较两种加工工艺在效率、质量、噪声、温升、负载的大小及平稳性等方面的直观差别，展示两种加工工艺的特点。由于考虑到实验条件的限制，以及两种工艺比较的需要，有些工艺参数做了适当的处理。图 3-8 所示为在恒定金属去除率 $Q=$

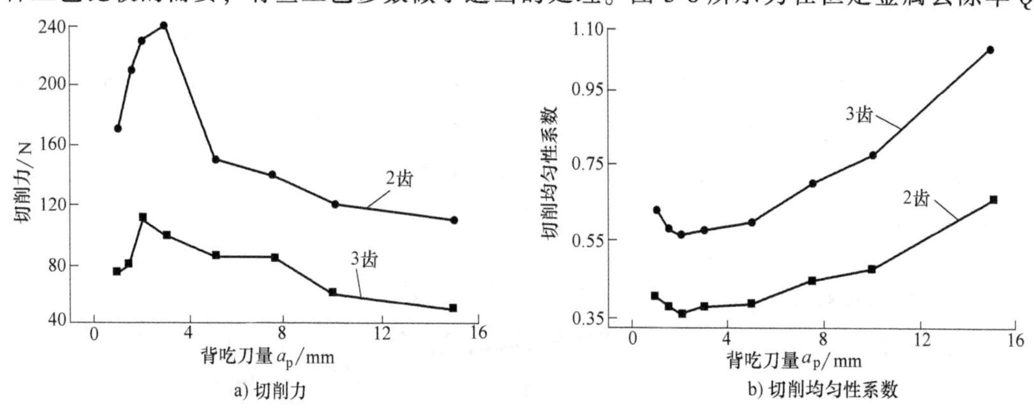

a) 切削力　　b) 切削均匀性系数

图 3-8　恒定金属去除率条件下不同齿数刀具的切削力及切削均匀性系数的对比曲线

$72cm^3/min$ 的条件下，不同齿数刀具的切削力和切削均匀性系数的对比曲线。由图 3-8 所示可知，2 齿铣刀的切削力明显高于 3 齿铣刀，而铣削均匀性系数低于 3 齿铣刀。随着背吃刀量的增大，2 齿铣刀和 3 齿铣刀的切削力曲线和切削均匀性系数曲线均呈现出相似的变化趋势，即切削力先升后降，切削均匀性系数先降后升。对于铝合金，合理设计其切削参数组合，是保证其平稳进行高速铣削加工的条件。

目前，加工薄壁、形状比较复杂的铝合金部件时，由于其刚度低，工艺性差，极易发生加工变形和切削振动，故要降低某些切削用量，但这将导致加工效率的下降。今后可通过铣削力识别实验和模态实验，进行高速铣削薄壁零件的稳定域分析和实验论证，为解决此问题提供理论依据。

1. 零件模型及工艺分析

参照图 3-9 所示零件模型，结合实训工艺展示及经济性要求，将工件毛坯设定为图 3-10 所示的尺寸，平面铣削加工余量为 2.1mm。

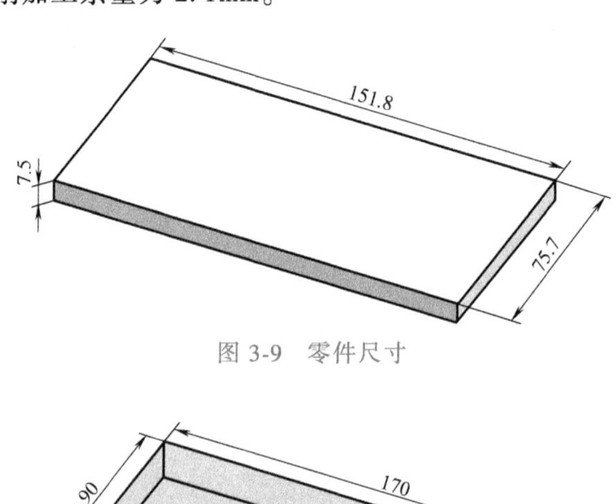

图 3-9　零件尺寸

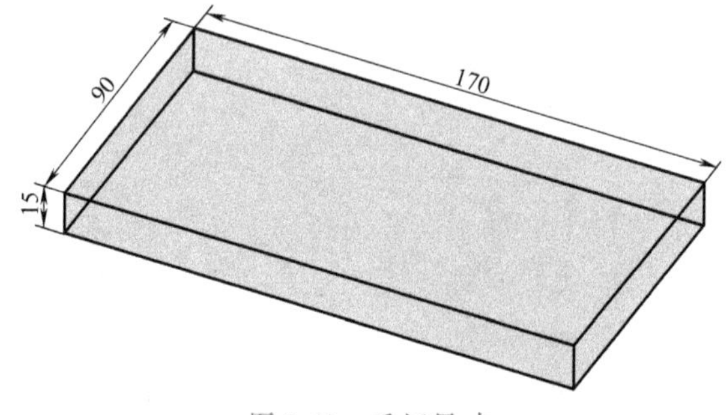

图 3-10　毛坯尺寸

该零件材料采用常规的 6061 铝合金材料，铝合金材料是十分适合采用高速加工工艺的材料之一。在加工过程中铝合金材料较易粘刀，应注意排屑处理。

该实验采用常规面铣刀，面铣刀较易提高其切削速度，非常适合在常规机床上实现高速加工工艺。另外，面铣刀排屑效果较好，为比较高速加工的发热状况，实验时建议不喷切削液。

2. 刀具轨迹的分析

常规铣削加工铝合金材料平面时，常选择面铣刀，分粗、精加工两次层切完成加工，刀具路径如图 3-11 所示。其中，粗加工背吃刀量为 2mm，精加工背吃刀量为 0.1mm。

高速加工时，采用“高切削速度、高进给速度、小吃刀量”的原则，选用 4 次层切完

成粗加工，采用与常规加工相同的每齿进给量及侧吃刀量，完成精加工，刀具路径如图 3-12 所示。其中，每次粗加工背吃刀量为 0.5mm，精加工背吃刀量为 0.1mm。为了更好展示两种工艺方式的特点，对粗加工次数做了适当处理。

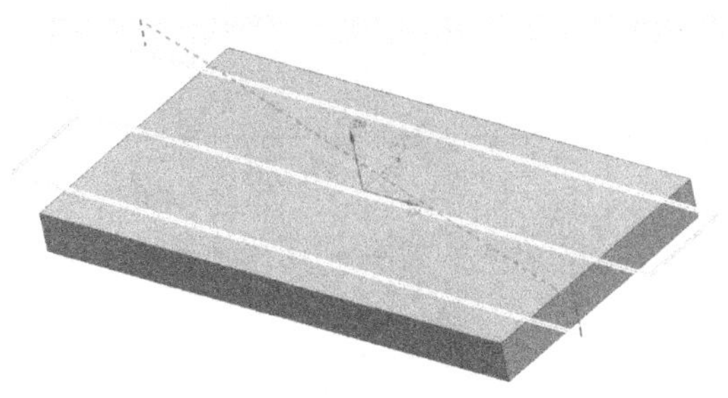

图 3-11 常规加工平面刀具路径

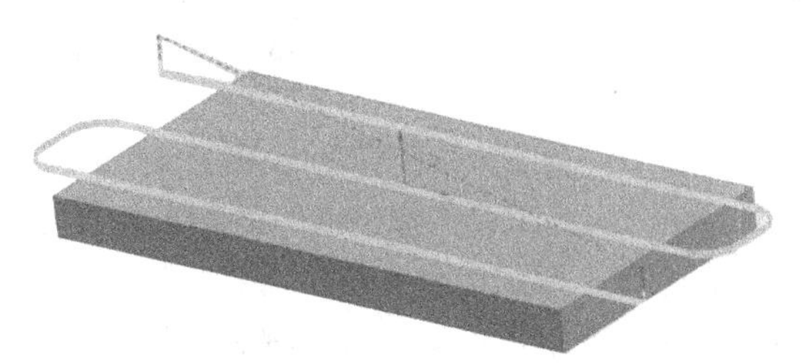

图 3-12 高速加工平面刀具路径

编制平面铣削刀具路径时，应使圆弧平滑换向，减少切入、切出次数，先面后孔，刀具中心偏离毛坯边缘或毛坯中心。

3. 切削参数的选择

常规加工中，各种常用工件材料铣削速度推荐范围见表 3-4，铝合金平面的切削参数见表 3-5。

表 3-4 各种常用工件材料铣削速度推荐范围 （单位：m/min）

加工材料	硬度 HB	铣削速度		加工材料	硬度 HB	铣削速度	
		硬质合金刀具	高速钢刀具			硬质合金刀具	高速钢刀具
低、中碳钢	<220	80~150	21~40	工具钢	220~250	45~83	12~23
	225~290	60~115	15~36	灰铸铁	100~140	110~115	24~36
	300~425	40~75	9~20		150~225	60~110	15~21
高碳钢	<220	60~130	18~36		230~290	45~90	9~18
	225~325	53~105	14~24		300~320	21~30	5~10
	325~375	36~48	9~12	可锻铸铁	110~160	100~200	42~50
	375~425	35~45	6~10		160~200	83~120	24~33
合金钢	<220	55~120	15~35		200~240	72~110	15~24
	225~325	40~80	10~24		240~280	40~60	9~21
	325~425	30~60	5~9	铝镁合金	95~100	360~600	180~300

表 3-5 常规加工铝合金平面的切削参数及程序单

加工类型	背吃刀量 a_p /mm	侧吃刀量 a_e /mm	切削速度 v_c/(m/min)	主轴转速 n/(r/min)	进给速度 v_f/(mm/min)	每齿进给量 f_z/mm	程序名
粗加工	2	30	376	3000	1000	0.083	O3A1
精加工	0.1	30	376	3000	1000	0.083	O3A2

在高速加工中，切削参数参照表 3-1（面铣刀切削参数推荐值），同时结合机床的实际情况，确定切削参数初值见表 3-6。

表 3-6　高速加工铝合金平面的切削参数及程序单

加工类型	背吃刀量 a_p /mm	侧吃刀量 a_e /mm	切削速度 v_c/(m/min)	主轴转速 n/(r/min)	进给速度 v_f/(mm/min)	每齿进给量 f_z/mm	程序名
粗加工	0.5	30	2260	18000	10000	0.139	O3A3
精加工	0.1	30	2260	18000	6000	0.083	O3A4

在工厂实际工作中，一般应在初值加工基础上，根据加工时的振动、负载、切屑颜色等，结合实际刀具寿命、加工效率等综合考虑后，进行适当调整，最终确认切削参数数值。

4. 加工程序的生成过程

（1）生成常规工艺的平面加工程序

1）确定加工类型：平面铣削模板。

2）确定刀具路径方式：往复。

3）确定刀具路径拐角处理方式：无。

4）确定切削参数：参照表 3-5。

5）生成平面加工刀具路径。

6）生成常规加工平面的数据程序。

（2）生成高速工艺的平面加工程序

1）确定加工类型：平面铣削模板。

2）确定刀具路径方式：往复。

3）确定刀具路径拐角处理方式：光顺。

4）确定切削参数：参照表 3-6。

5）生成平面加工刀具路径。

6）生成高速加工平面的数控程序。

5. 检测报告

分别在常规工艺和高速工艺加工平面全程，检测表 3-7 中的各项内容

表 3-7　平面加工检测项目表

序号	检测项目	检 测 方 法	检 测 仪 器
1	主轴负载	读取系统显示的主轴负载比率	数控机床系统
2	加工噪声	加工中保持同一测试位置的相对噪声值	噪声检测仪或内置噪声测量 APP 的移动电话
3	加工效率	读取系统显示的加工时间	数控机床系统
4	工件温度	零件加工结束 30~60s 后，测量两工件同一部位温度，注意记录环境温度	手持红外测温仪 AR300
5	表面质量	垂直与刀具路径，测量工件 3 个不同部位的表面粗糙度值	表面粗糙度仪 TR200

检测完成后，将检测数据填入表 3-8。

表 3-8 平面加工检测项记录表

<table>
<tr><th>序号</th><th>检测项目</th><th>工艺方式</th><th colspan="6">检测记录内容</th></tr>
<tr><td rowspan="3">1</td><td rowspan="3">主轴负载</td><td></td><td colspan="3">没切削时比率值</td><td colspan="3">切削时最大比率值</td></tr>
<tr><td>常规</td><td colspan="3">7%</td><td colspan="3">34%</td></tr>
<tr><td>高速</td><td colspan="3">19%</td><td colspan="3">34%</td></tr>
<tr><td rowspan="3">2</td><td rowspan="3">加工噪声</td><td></td><td colspan="3">环境噪声/dB</td><td colspan="3">切削时噪声/dB</td></tr>
<tr><td>常规</td><td colspan="3">28.5/48(平均值/最大值)</td><td colspan="3">46.7/84.4(平均值/最大值)</td></tr>
<tr><td>高速</td><td colspan="3">27.4/48.5(平均值/最大值)</td><td colspan="3">37.7/63.9(平均值/最大值)</td></tr>
<tr><td rowspan="3">3</td><td rowspan="3">加工效率</td><td></td><td colspan="3">系统显示加工时间/s</td><td colspan="3"></td></tr>
<tr><td>常规</td><td colspan="6">87</td></tr>
<tr><td>高速</td><td colspan="6">34</td></tr>
<tr><td rowspan="3">4</td><td rowspan="3">工件温度</td><td></td><td colspan="2">环境温度(地面)/℃</td><td colspan="2">工件切削前温度/℃</td><td colspan="2">工件切削后温度/℃</td></tr>
<tr><td>常规</td><td colspan="2">15.7</td><td colspan="2">16.4</td><td colspan="2">16.7</td></tr>
<tr><td>高速</td><td colspan="2">16.1</td><td colspan="2">16.9</td><td colspan="2">17.3</td></tr>
<tr><td rowspan="3">5</td><td rowspan="3">表面质量</td><td></td><td colspan="3">表面粗糙度(取三部位)/μm</td><td colspan="3">平均表面粗糙度值/μm</td></tr>
<tr><td>常规</td><td colspan="3">0.394/0.332/0.387</td><td colspan="3">0.371</td></tr>
<tr><td>高速</td><td colspan="3">0.376/0.246/0.245</td><td colspan="3">0.289</td></tr>
</table>

6. 实训小结

根据实验数据，分别计算常规工艺和高速工艺下，平面粗加工效率提升情况。

（1）常规工艺粗加工金属去除率

$$Q = a_p a_e v_f / 1000 = 2\times30\times1000/1000\text{cm}^3/\text{min} = 60\text{cm}^3/\text{min}$$

（2）高速工艺粗加工金属去除率

$$Q = a_p a_e v_f / 1000 = 0.5\times30\times10000/1000\text{cm}^3/\text{min} = 150\text{cm}^3/\text{min}$$

（3）金属去除率提升比率

$$v_q = \frac{(150-60)}{60}\times100\% = 150\%$$

通过计算可知，采用高速加工方式进行铝合金材料平面粗加工时，金属去除率得到极大提升，直接提高单位时间内单片刀具的生产效能，充分使用高速加工，可有效提高生产厂家的经济效益。另外，高速加工工艺在保持负载平稳，降低机床振动，减少加工发热等方面也有明显效果，有利于延长主轴寿命，增加刀具加工时间，提高产品质量。因此，高速加工工艺的推广意义重大，现阶段在铝合金材料领域大有可为。

3.6 45钢零件的平面加工工艺分析

本实训采用常规加工工艺和高速加工工艺，对45钢材料进行平面加工，比较两种加工工艺在效率、质量、噪声、负载的大小及平稳性等方面的直观差别，展示两种加工工艺的特点。由于考虑到实验条件的限制，以及两种工艺比较的需要，有些工艺参数做了适当的处理。

1. 零件模型及工艺分析

参照图3-13所示零件模型，结合实训工艺展示及经济性要求，将工件毛坯设定为

图 3-14 所示的尺寸，平面铣削加工余量为 1.1mm。

该零件材料为 45 钢。因钢及铸铁在高速加工中，温度越过高温段后，温度下降特性表现不明显，故高速加工 45 钢时，切削温度较高，刀尖较易磨损，选用整体硬质合金的圆角立铣刀。加工时要求充分冷却。

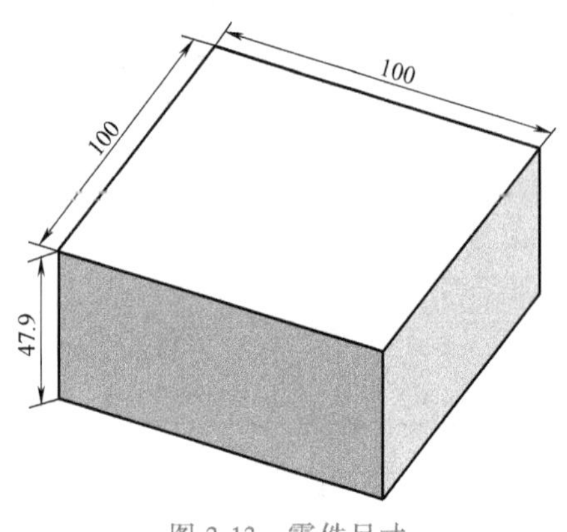

图 3-13　零件尺寸

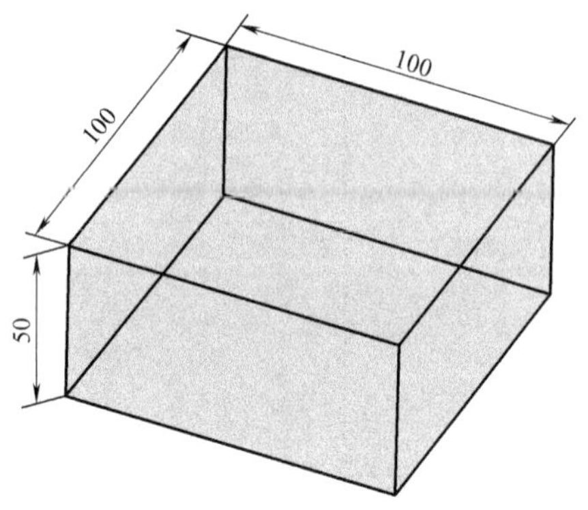

图 3-14　毛坯尺寸

2. 刀具轨迹分析

常规铣削加工 45 钢的平面时，选择整体硬质合金的圆角立铣刀，分粗、精加工两次层切完成加工，刀具路径如图 3-15 所示。其中，粗加工背吃刀量为 1mm，精加工背吃刀量为 0.1mm。

高速加工时，采用“高切削速度、高进给速度、小吃刀量”的原则，选用 2 次层切完成粗加工，采用与常规加工相同的每齿进给量及侧吃刀量，完成精加工，刀具路径如图 3-16 所示。其中，每次粗加工背吃刀量为 0.5mm，精加工背吃刀量为 0.1mm。

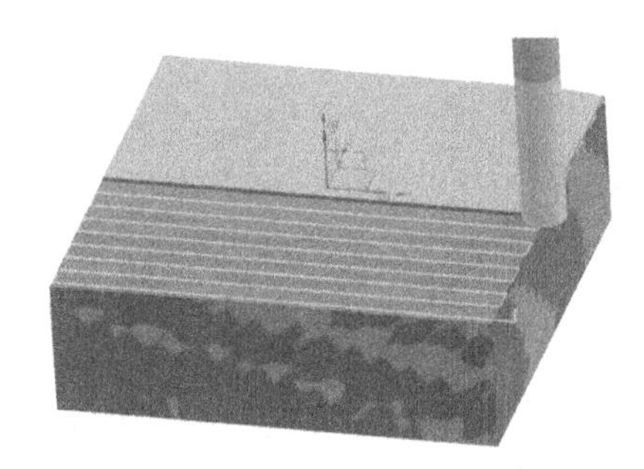

图 3-15　常规加工平面刀具路径

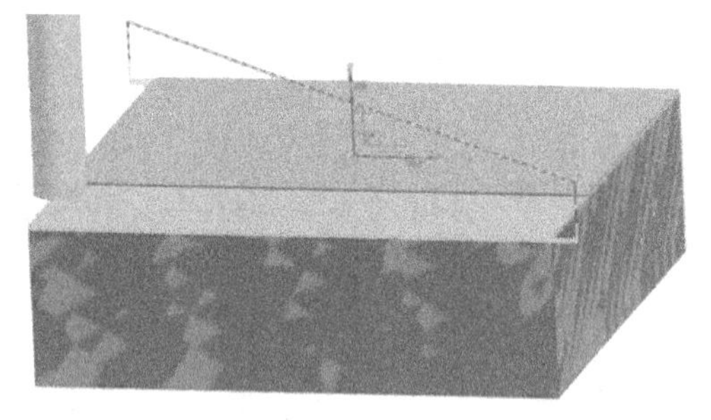

图 3-16　高速加工平面刀具路径

3. 切削参数选择

常规加工中，各种常用工件材料铣削速度推荐范围见表 3-4，45 钢平面的切削参数见表 3-9。

表 3-9　常规加工 45 钢平面的切削参数

加工类型	背吃刀量 a_p/mm	侧吃刀量 a_e/mm	切削速度 v_c/(m/min)	主轴转速 n/(r/min)	进给速度 v_f/(mm/min)	每齿进给量 f_z/mm	程序名
粗加工	1	6	62.8	2000	450	0.056	O3B1
精加工	0.1	6	62.8	2000	450	0.056	

高速加工中，切削参数参照表 3-2 和表 3-3（圆角立铣刀切削参数推荐值），同时结合机床的实际情况，选择第 4 组切削方案，最终确定切削参数初值见表 3-10。

表 3-10　高速加工 45 钢平面的切削参数

加工类型	背吃刀量 a_p/mm	侧吃刀量 a_e/mm	切削速度 v_c/(m/min)	主轴转速 n/(r/min)	进给速度 v_f/(mm/min)	每齿进给量 f_z/mm	程序名
粗加工	0.5	1.2	376.8	12000	6100	0.127	O3B2
精加工	0.1	6	376.8	12000	2700	0.056	

在工厂实际工作中，一般应在初值加工基础上，根据加工时的振动、负载、切屑颜色等，结合实际刀具寿命、加工效率等综合考虑后，进行适当调整，最终确认切削参数数值。

切削参数初值的确定原则：一般在刀具厂家推荐范围中，采用“偏低的切削速度，中等偏高的进给速度，偏小的吃刀量”，以适当保证切削安全性。本实训还适当考虑了工艺的展示性和实验条件。

4. 加工程序的生成过程

（1）生成常规工艺的平面加工程序

1）确定加工类型：平面铣削模板。

2）确定刀具路径方式：往复。

3）确定刀具路径拐角处理方式：无。

4）确定切削参数：参照表 3-9。

5）生成平面加工刀具路径。

6）生成常规加工平面的数控程序。

（2）生成高速工艺的平面加工程序

1）确定加工类型：平面铣削模板。

2）确定刀具路径方式：往复。

3）确定刀具路径拐角处理方式：光顺。

4）确定切削参数：参照表 3-10。

5）生成平面加工刀具路径。

6）生成高速加工平面的数控程序。

5. 检测报告

分别在常规工艺和高速工艺加工平面全程，检测表 3-11 中的各项内容。

表 3-11　平面加工检测项目表

序号	检测项目	检 测 方 法	检 测 仪 器
1	主轴负载	读取系统显示的主轴负载比率	数控机床系统
2	加工噪声	加工中保持同一测试位置的相对噪声值	噪声检测仪或内置噪声测量 APP 的移动电话
3	加工效率	读取系统显示的加工时间，同时秒表校核	数控机床系统/移动电话
4	表面质量	测量工件 3 个相同部位的表面粗糙度值	表面粗糙度仪 TR200

检测完成后，将检测数据填入表 3-12。

表 3-12　平面加工检测项记录表

序号	检测项目	工艺方式	检测记录内容	
1	主轴负载		没切削时比率值	切削时最大比率值
		常规	6%	16%
		高速	9%	18%
2	加工噪声		没切削时环境噪声/dB	切削时噪声/dB
		常规	29/49(平均值/最大值)	39/67(平均值/最大值)
		高速	27/49(平均值/最大值)	35/60(平均值/最大值)
3	加工效率		系统显示加工时间/s	
		常规	513	
		高速	226	
4	表面质量		表面粗糙度(取三部位)/μm	平均表面粗糙度值/μm
		常规	3.537/4.245/3.741	3.841
		高速	0.532/0.549/0.610	0.563

注：垂直刀路测量工件表面粗糙度。

6. 实训小结

根据实验数据，分别计算常规工艺和高速工艺下，平面粗加工效率提升情况。

(1) 常规工艺粗加工金属去除率

$$Q=a_p a_e v_f/1000=1\times6\times450/1000\text{cm}^3/\text{min}=2.7\text{cm}^3/\text{min}$$

(2) 高速工艺粗加工金属去除率

$$Q=a_p a_e v_f/1000=0.5\times1.2\times6100/1000\text{cm}^3/\text{min}=3.66\text{cm}^3/\text{min}$$

(3) 金属去除率提升比率

$$v_q=\frac{(3.66-2.7)}{2.7}\times100\%\approx35.6\%$$

通过计算可知，采用高速加工方式进行 45 钢材料平面粗加工时，高速加工不仅较大提升了金属去除率，直接提高单位时间内单片刀具的生产效能，还显著提高了平面的表面质量，充分使用高速加工，可有效提高生产厂家的经济效益。

另外，高速加工在保持负载平稳，降低机床振动等方面也有一定效果，这有利于延长主轴寿命，增加刀具加工时间。

3.7　型腔及薄壁类零件的加工工艺分析

本实训采用高速加工工艺，对铝合金材料的型腔、薄壁类零件进行加工，展示高速加工的工艺特点及适用条件。

1. 零件模型及工艺分析

该零件的毛坯尺寸为 100mm×100mm×50mm。

如图 3-17 所示，该零件由型腔、岛屿、小圆柱构成，其中型腔壁厚为 0.8mm，高度为 20mm，小圆柱直径为 1.5mm，高度为 20mm，该两处零件侧向刚性很差，极易产生震颤，导致侧壁破损或圆柱折断。对于该类型零件的加工，应尽量减少最后精加工时零件的侧面受

力。一般采取侧壁两侧同时层切加工（层优先原则）的工艺，在各层完成粗、精加工，并且达到壁厚尺寸要求。为了减小最后精加工一侧的侧面受力，每层背吃刀量不宜过大。

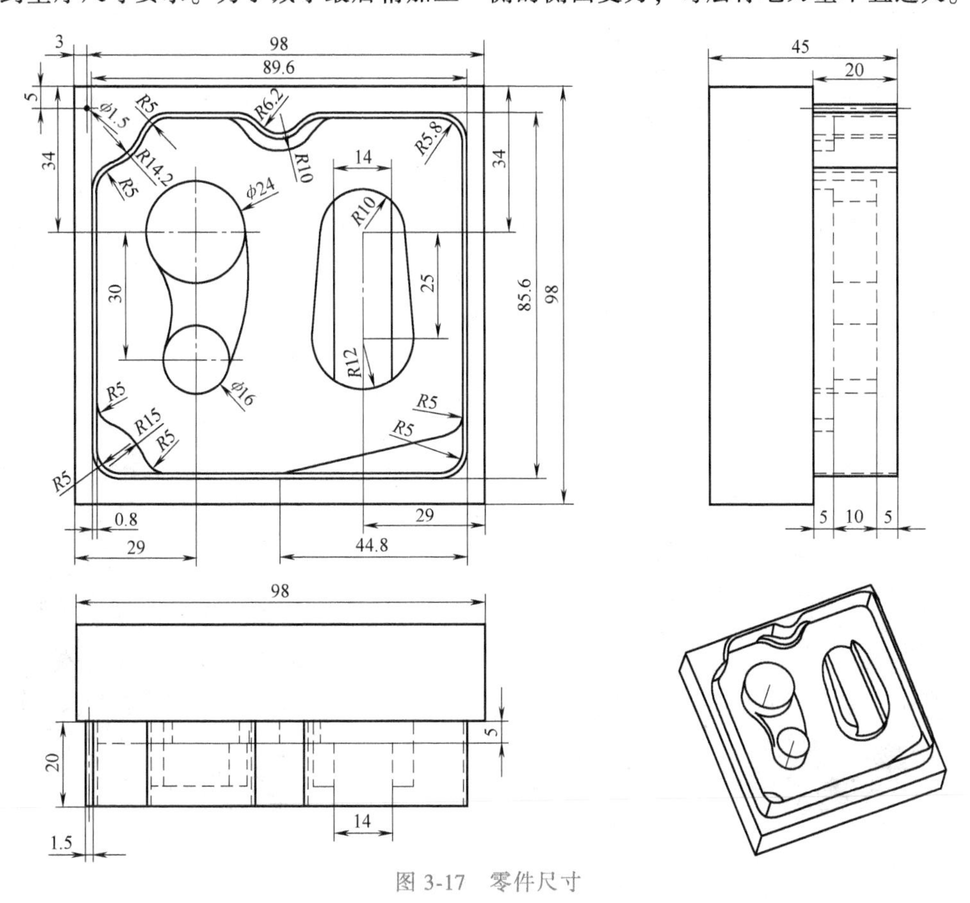

图 3-17　零件尺寸

由于该类型零件的加工工艺限制了层切深度，为了提高加工效率并保证零件质量，采用高速加工是非常适合的选择。另外，薄壳类零件的整体刚性也较差，也很适合选择偏小直径刀具（刀具直径小于零件拐角圆角尺寸，另小直径刀具可减小工件底面的震颤），高转速、小吃刀量、高进给速度的高速加工工艺。

型腔零件的加工有时受刀具、零件尺寸的影响，每次下刀的层切深度不宜太深，比较适合应用高速加工的工艺。另外，采用摆线铣削刀具路径，进行高速加工，还可减小第一刀加工和中间加工时的刀具受力差别。

2. 刀具及刀具轨迹分析

该零件型腔中的拐角圆弧最小半径为 5mm，为了减小刀具在拐角处的振动，应避免选择 ϕ10mm 的刀具，而采用 ϕ8mm 的立铣刀刀具。

加工型腔时，铣削加工工序见表 3-13。

表 3-13　型腔零件铣削加工工序

序号	工序名	加工子类型	加工区域
1	整体粗加工	型腔铣	全部区域加工
2	槽区域粗加工	实体轮廓	槽区域加工

（续）

序号	工序名	加工子类型	加工区域
3	岛屿外形精加工	实体轮廓	各岛屿(含槽宽)外形
4	薄壁外形精加工	实体轮廓	薄壁腔体外形
5	小圆柱外形精加工	实体轮廓	小圆柱外形

整体粗加工工艺分析：整体粗加工时，采用 1.5mm 的背吃刀量，并保证零件底部加工到尺寸要求，各岛屿径向保留 0.1mm 精加工余量，型腔薄壁内外均保留 1mm 单边径向加工余量（以保证薄壁精加工时的工件刚性），小圆柱保留 1mm 单边径向加工余量（以保证小圆柱精加工时的工件刚性）。刀具路径如图 3-18 所示。

槽区域粗加工工艺分析：槽区域粗加工，采用摆线铣削，层切加工，背吃刀量为 1.5mm，槽底部加工到尺寸要求，槽宽保留 0.1mm 精加工余量。刀具路径如图 3-19 所示。

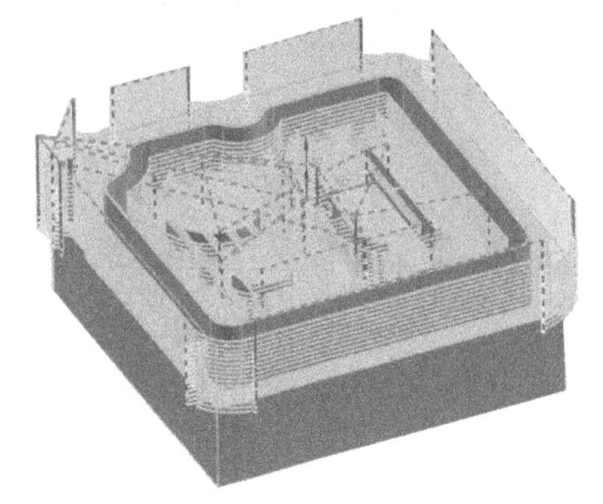

图 3-18 整体粗加工刀具路径

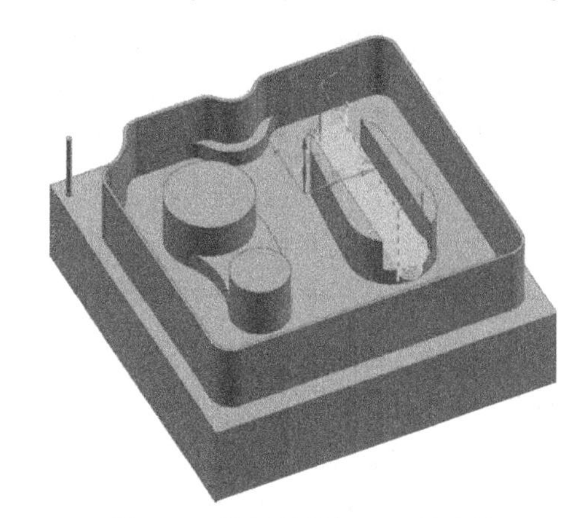

图 3-19 槽区域粗加工刀具路径

岛屿外形精加工工艺分析：岛屿外形精加工采用轮廓铣削，一次将岛屿周边（含槽宽）余量加工到尺寸要求。刀具路径如图 3-20 所示。

薄壁外形精加工工艺分析：0.8mm 薄壁外形采用层切铣削，每层包含内、外两侧加工，背吃刀量为 0.3mm。薄壁内侧或外侧加工均分粗、精两刀加工（层优先），第一刀粗加工后保留 0.1mm 精加工余量，第二刀精加工达到尺寸要求。刀具路径如图 3-21 所示。

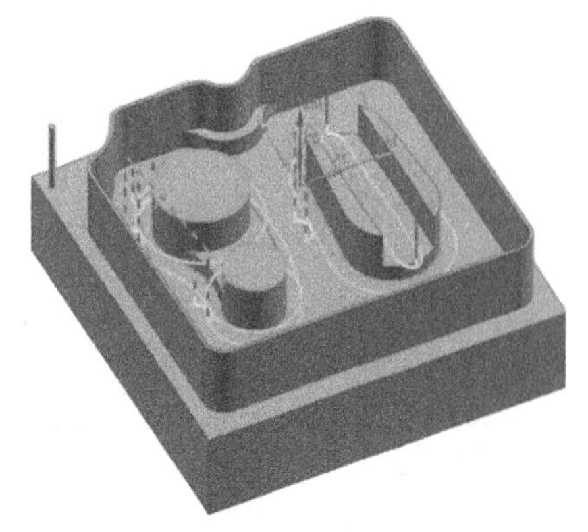

图 3-20 岛屿外形精加工刀具路径

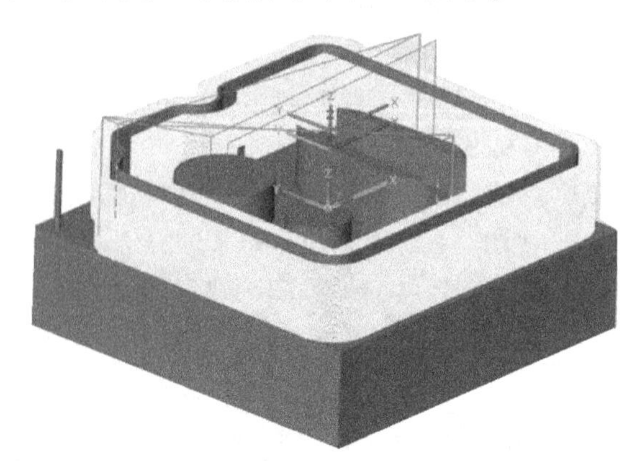

图 3-21 薄壁外形精加工刀具路径

小圆柱外形精加工工艺分析：采用层切加工，每层背吃刀量为 0.2mm，每层分粗、精两刀加工（层优先），第一刀粗加工后保留 0.1mm 精加工余量，第二刀精加工达到尺寸要求。刀具路径如图 3-22 所示。

3. 切削参数选择

整体硬质合金立铣刀加工有色金属的切削速度一般为 1000m/min，因此当前使用的 D8 立铣刀，其切削参数的选择主要受限于机床主轴转速及进给速度。为扩大实训的适用度，参照一般较低水平的高速加工机床，本实验确定主轴转速为 18000r/min（该速度下一般锋钢刀具也适用），粗加工进给速度为 6000mm/min，精加工进给速度考虑薄壁工件的刚性及零件表面质量的要求，可选为 2000～3000mm/min。若机床性能高，可适当提高切削速度和进给速度。加工该零件时，切削参数主要体现在程序中，表 3-14 为该零件加工时的切削参数和程序名。

图 3-22　圆柱外形精加工刀具路径

表 3-14　薄壁型腔零件切削参数

<table>
<tr><th>序号</th><th>加工区域</th><th>程序名</th><th>刀具直径</th><th>加工子类型</th><th>主轴转速
n/(r/min)</th><th>进给速度
v_f/(mm/min)</th><th>背吃刀量
a_p/mm</th><th>侧吃刀量
a_e/mm</th></tr>
<tr><td>1</td><td>全区域粗加工</td><td>OKC01. ptp</td><td rowspan="7">D8
（三刃立铣刀）</td><td>型腔铣</td><td rowspan="7">18000</td><td>6000</td><td>1.5</td><td>5.6</td></tr>
<tr><td>2</td><td>槽区域粗加工</td><td>OKC02. ptp</td><td>实体轮廓</td><td>6000</td><td>1.5</td><td>3</td></tr>
<tr><td>3</td><td>岛屿外形精加工</td><td>OJJ01. ptp</td><td>实体轮廓</td><td>2000</td><td>20</td><td>0.1</td></tr>
<tr><td rowspan="2">4</td><td>薄壁外形粗加工</td><td rowspan="2">OJJ02. ptp</td><td rowspan="2">实体轮廓</td><td rowspan="2">3000</td><td rowspan="2">0.3</td><td>0.9</td></tr>
<tr><td>薄壁外形精加工</td><td>0.1</td></tr>
<tr><td rowspan="2">5</td><td>圆柱外形粗加工</td><td rowspan="2">OJJ03. ptp</td><td rowspan="2">实体轮廓</td><td rowspan="2">2000</td><td rowspan="2">0.2</td><td>0.9</td></tr>
<tr><td>圆柱外形精加工</td><td>0.1</td></tr>
</table>

注：1. 工件零点在工件上表面中心。

2. 加工薄壁及圆柱时，若选用 CAM 软件可以分别设定粗、精加工速度，可以适当提高粗加工进给速度。

4. 检测报告

薄壁零件加工完成后，检测表 3-15 中的各项内容。

表 3-15　薄壁零件实验检测项目表

序号	检测内容	检测方法	检测仪器
1	薄壁厚度尺寸	测量薄壁 4 边，上、下 8 个部位尺寸值	游标卡尺
2	小圆柱直径尺寸	测量圆柱上下直径值及圆度	外径千分尺
3	槽宽尺寸	测槽宽度尺寸值	游标卡尺
4	型腔内、外尺寸	测量两个对边的内外距离值	游标卡尺
5	加工效率	各程序运行时间总和	数控机床系统
6	零件外观质量	目测	人工

检测完成后，将检测数据填入表 3-16。

表 3-16　薄壁零件检测项记录表

加工测试检测结果(薄壁零件)				
序号	检测内容	检测项目	检测结果	备注
1	薄壁厚度尺寸	0. 8mm	0. 72mm/0. 8mm;0. 7mm/0. 76mm;0. 74mm/0. 78mm;0. 7mm/0. 82mm	
2	小圆柱直径尺寸	1. 5mm	上部 1. 29mm/1. 41mm,下部 1. 35mm/1. 46mm	
3	槽宽尺寸	14mm	13. 96mm	
4	型腔外边尺寸	89. 6mm	89. 5mm	
5	加工效率		56	
6	零件外观质量		L 良好	
结论:零件基本合格				

检验员		记录员		检验时间	

5. 实训总结

高速加工是相对常规加工而言的。在常规加工中，有很多行之有效的经验，如“粗加工时选择切削用量的顺序是：首选吃刀量，其次进给速度，最后切削速度”“背吃刀量每增加 50%，刀片磨损增加 20%；进给量每增加 20%，刀片磨损增加 20%；切削速度每增加 20%，刀片磨损增加 50%”等。这些经验是广大从业者常年智慧的结晶，为机械加工制造行业的发展做出了巨大贡献，而且还会继续发挥作用。这些经验总结了过去常态下加工效率、刀具寿命、成本的相互关系。

随着机床及刀具等行业的发展，刀具更耐热、寿命更长、更耐冲击，机床精度更高，刀具轨迹可以更复杂等因素，使大家对效率、成本的关系有了新的认识。适时提出的“高切削速度、高进给速度、小吃刀量”高速加工方法，为效率提升、成本下降提供了一片新的思路。当然，现阶段高速加工仍有较多限制条件，但高速加工的优点也是显而易见的，有很多领域也是十分适合采用高速加工工艺的。推广使用高速加工工艺，有利于提升效率、降低成本下降、提高工件质量。

第四章

薄壁零件型腔的编程与加工

4.1 目的与要求

1）巩固边界创建的各种方法和技巧。

2）掌握创建高速加工的方法和技巧。

3）掌握高速刚性攻螺纹的方法和技巧。

4）掌握平行精加工的参数设置方法及应用场合。

4.2 仪器与设备

1）T-500 高速钻攻中心配 HNC-818A 数控系统。

2）材料为 45 钢，尺寸为 ϕ125mm×105mm×20mm。

4.3 相关知识概述

1. 影响薄壁零件加工变形的因素

机床、刀具、装夹、工件特性及其他因素都对薄壁结构件的加工变形有一定影响。工件的完成需要通过各阶段繁杂的工艺步骤，克服众多加工变形的影响因素，主要包括结构件自身特性、残余应力、切削力和切削热、工件装夹因素、加工方式和加工路径的影响等。根据影响工件变形的诸多因素，对工件的加工变形控制进行工艺分析和优化，包括工艺系统的综合优化分析、切削力的控制和其他要素等。控制变形量，即让刀量，应从两个方面加以考虑：一是从影响变形的原因考虑对工艺系统的全面统筹优化，提高工艺系统刚度；二是通过对切削参数和刀具的优化来减小切削力，如图 4-1 所示。

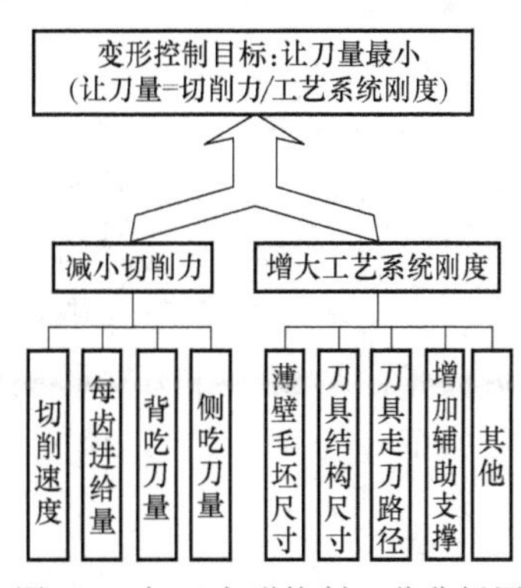

图 4-1　加工变形控制工艺分析图

由加工变形理论可知，切削要素及辅助支承等因素对工艺系统刚度有一定的影响。在薄壁结构件加工系统中，薄壁件的特性和结构是本质要素，刀具结构和走刀变化是改进的优先选择，夹具和机床的变化是工艺系统得到保障的两大要点，切削力的控制也不可或缺。只有协调一致，才能把薄壁结构件的变形量控制在理想范围内。

1）薄壁结构件优化。薄壁件刚度的优化关键是薄壁结构尺寸和残余刚度优化，优化分析的最终目标是使薄壁件在加工中最大变形处的刚度增大。在加工过程中减小振动，使其相对于优化前有一个较稳定的状态。薄壁结构件在加工中的瓶颈问题表现在两个方面：一是尺寸超差，即完结工序的尺寸和工件要求的尺寸有一定出入；二是壁厚不均匀，切削时经常在不同位置选用不同方法的加工，使得完整加工后的局部壁厚存在不匀称的现象。

为解决这一问题，可考虑优化原始结构尺寸，适当增加工件的初始厚度、优化加工余量以控制刀具变形，还可设计具备强化结构刚度的梁、肋等辅助构造。

2）刀路轨迹切入方式的选择分析。在开始切削进行时，选择适当的切入方式可有效控制工件变形。刀路轨迹切入方式直接关系到加工质量，这种变化在薄壁结构件的加工中变得尤为明显。直接切入法：以“全切深、满进给”方式的法向进刀方式，影响刀具寿命，如图 4-2a 所示；切向进刀式：平缓切入工件，平稳增加切削载荷，靠侧切削刃逐渐向下铣削而实现进刀，该切向进刀方式内含的斜线式和螺旋式刀具路径如图 4-2b 所示。经对比可知，切向切入优于法向切入。其优点表现为：对刀具的常规化保护；可进一步提高加工质量，切入、切出时不会残留驻刀痕迹；可掌控变形量并得到缩减。

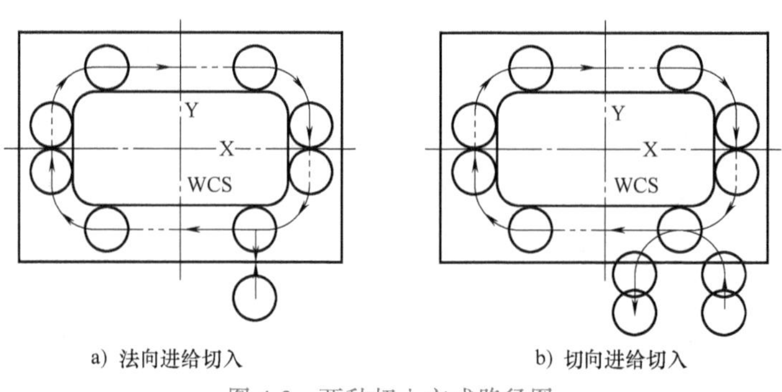

a）法向进给切入　　b）切向进给切入

图 4-2　两种切入方式路径图

采用步进进刀的方式是另一种不改变法向切入方式而达到控制变形的方法。通过控制全切深尺寸的变化，将原有工艺方案的一次下刀改变为 n 次下刀，每次的吃刀量为$\frac{1}{n}a_p$。此方法对刀具和加工表面质量具有保护成效，但加工效率大幅降低，并且多次加工致使加工精度有所差异。

3）数控刀具路径优化技术。薄壁结构件的刀具路径不同导致工件内残余应力不同，通过各种作用力耦合造成不同的变形情况。修正刀具路径可达到控制变形的目的。在设计好的刀具路径下，根据各工步变形分析和误差分析来确定数控偏移量，得到优化刀路后的加工程序，可有效减小变形量。图 4-3 为薄壁件刀具路径修正步骤。

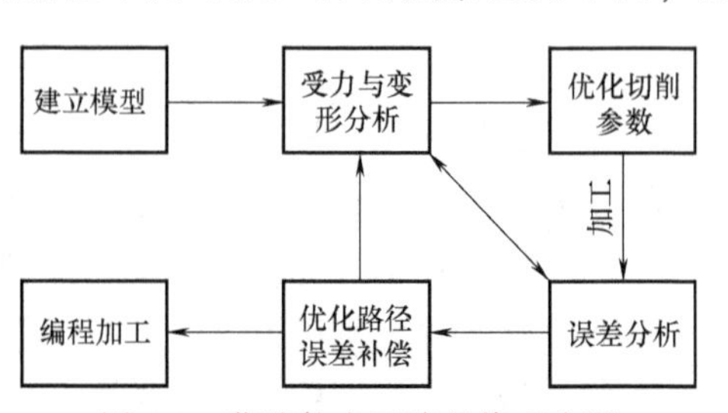

图 4-3　薄壁件走刀路径修正步骤

4）残余应力的消除与均匀化。在薄壁的切削

过程中，残余应力也随同变化。工件原有的应力随着切削余量不断减少得到释放和重新分布，新的残余应力随着工艺系统各种作用力的耦合而产生，并通过变形达到静态平衡。为了消除和均匀化残余应力，可通过多种渠道解决超型问题：化学成分的定量控制；时效回火和喷丸等处理，解除残余应力；机械拉伸板材件矫正变形，除去残余应力；通过深冷处理模锻件，内应力得到消除。

5）专用工装和机床的设计。薄壁零件常为刚度较小的合金类结构件。装夹不力是导致薄壁结构件加工变形的主要因素。装夹作用力和切削力在加工中有耦合作用，可利用变形达到静态平衡，证明工装的合理性应用直接关系到加工精度和加工质量。因此，复杂薄壁件的专用工装极为重要，新型装夹方式可更好地保证薄壁工件的装夹。

① 加固装夹方法。运用真空夹具或一些低熔点的相变材料可对整个工装进行加强支承，提高加工工艺系统刚度，达到减小变形、提高精度的效果。

② 电控永磁吸盘装夹。电控永磁吸盘是把强力稀土磁钢沿 X 轴和 Y 轴方向按 N 极和 S 极交替着以方格形式布置，可产生强大的磁力，保证吸盘的刚性及紧凑结构，具有稳定、精准和不易产生热变形等优点，主要应用于高速加工中。

同时机床的选择也很重要，选择定位精度和重复定位精度高的机床加工薄壁结构件，可更有效地控制加工变形。对于齿形面和不易控制的曲面，可由 5 轴加工中心替代 3 轴加工中心。与 3 轴加工中心相比，5 轴联动更利于减小切削力和控制变形量。

设计特殊机床也是方法之一，如可以设计双轴结构在结构件两端同步加工，同步抵消受力不均带来的变形。

6）切削力和切削热的影响。在同等壁厚不同切削力的环境下，刚性较差的工件加工后的变形量存在差异。因此采用必要的手段来减小切削力成为控制加工变形中不可忽略的重要部分。

① 加工参数的合理选择。选择合理的切削参数，一方面对于控制切削力过大、刀具的磨损、保证加工质量极为重要；另一方面则是要在优化过程中重视加工效率，但合理参数的选择往往是以激增工时和加工成本为代价的。实际加工中需要兼顾两者选择需要的部分。

② 刀具刚度的优化。刀具材料和角度的选择对加工变形都有一定的影响，但刀具刚度的影响更为明显。由加工变形理论可知，工艺系统的刚度和刀具刚度成正比关系。选择刀杆较细和每齿进给量较小的铣刀进行薄壁加工，可减小切削力，降低切削震颤，增加刀具刚度，对控制加工变形具有一定的效果。

③ 切削热的控制。切削热的产生不可避免，在固定工件、选择合理加工参数后，采用有效的冷却手段尤为重要。选取与加工要求相匹配的切削液，能够减小切削力，保证加工质量，抑制切削热。

7）其他。在控制复杂薄壁结构件的变形时，还可采用添加辅助支承的方法来增强刚性和保证工件加工定位时的稳定性，利用 Ansys、Nastran 等 CAE 软件进行多角度变形预测解析，合理安排加工的各个阶段，采用工序集中的原则，选择合理定位基准等措施都可对减小加工变形有一定的作用。

2. CAM 软件编程功能的比较

用于高速数控加工编程的 CAM 软件平台较多，常用的有 NX、Creo、Mastercam、Cimatron、Surfcam 和 PowerMILL 等软件。

在细节控制方面：NX 使用灵活，对于高速加工，采用螺旋铣削加工，或是在转角处配置圆弧过渡，在一定程度上支持高速加工。在支持变速切削的功能方面：NX 和 Cimatron 软件在高速加工转角处的降速处理上相对好一些；Cimatron 软件支持变速切削，Mastercam 软件只有一次降速功能。

在清根上的处理方面：NX 和 Cimatron 软件相对好一些，可实现多次清根。在 5 轴铣削刀具轴矢量控制方式方面：NX 软件非常灵活，其平台基本都能满足使用要求。

在后处理程序开发方面：Mastercam 软件采用文本形式，而 Cimatron 软件采用支持异构数控系统与 CAM 平台数控程序转换的 Imspost 进行后处理，Surfcam 与 Creo 软件可采用同一后处理 NCpost 或 Gpost。

在与 Vericut 软件之间的接口关系和仿真加工方面：各平台均可链接。

参数化驱动方面：NX 和 Creo 软件等支持参数化刀具轨迹编辑修改，相对其数控编程模板与参数化功能更强大。

3. 高速切削的编程

1）尽量避免加工方向的突然改变。应避免刀路轨迹中进给方向的突然变化，以免因局部过切而造成刀具或设备的损坏；进给速度要平稳，避免突然加速或减速；应采用光滑的转弯过渡，以保证高速加工的平稳。如图 4-4 所示，在尖角处刀路改成了圆弧过渡，这可由 CAM 软件中切削参数里面的“拐角”选项设定。进退刀方式可采用螺旋线、圆弧和斜线方式，如图 4-5 所示的圆弧切入、切出方式，可由 CAM 软件中的非切削参数选项设定。在曲面等高切削等涉及相邻两层切削刀路间的移刀情况出现时，最有效的方法是附加圆滑刀具转接。两层间的刀路圆弧转接既有效地解决了刀路平滑的要求，又符合螺旋下刀减少切削阻力的问题，如图 4-6 所示。

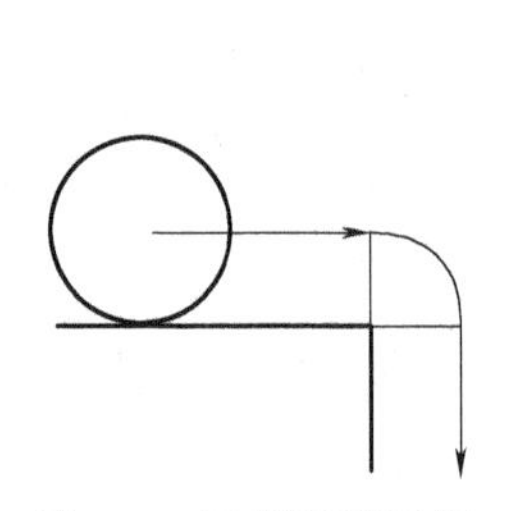

图 4-4　刀具圆滑过渡

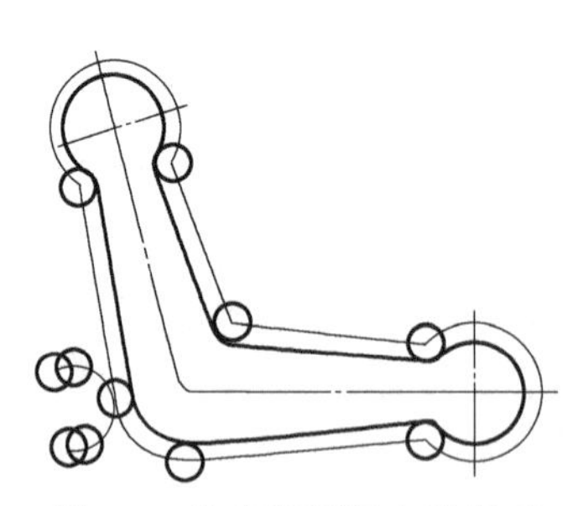

图 4-5　轮廓圆弧切向进退刀

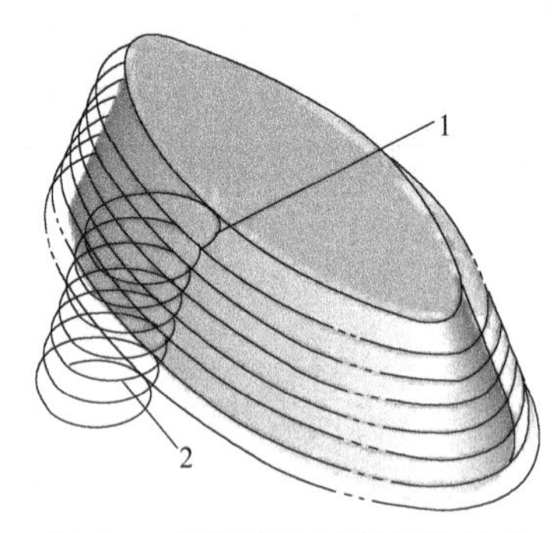

图 4-6　层间附加圆滑刀轨转接

2）尽量保持刀具负载不变。高速加工时，建议尽可能地保持一个稳定的切削参数，包括保持切削厚度、进给量和切削速度的一致性。如图 4-7 所示，分层切削要优于仿形加工。摆线式加工是一种专门针对高速加工的刀路轨迹策略。摆线，即圆上一固定点随着圆沿曲线滚动时生成的轨迹，由于切削过程中总是沿一条具有固定曲率的曲线运动，使得刀具运动总能保持一致的进给率。如图 4-8 所示，在曲面切槽加工中，当采用螺旋式下刀切入工件后，利用摆线切削摆动前切开一道或两道通槽，而不是直接直线进给方式切削通槽，在通槽切削出来后，再使用直线进给方式进行切削。这样就有效地避免了全刀宽切削，使得整个曲面切槽加工的每刀的切削负载更加平均。

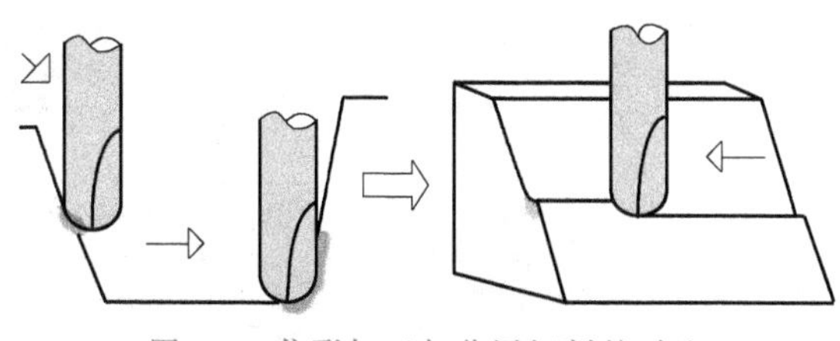

图 4-7　仿形加工与分层切削的对比

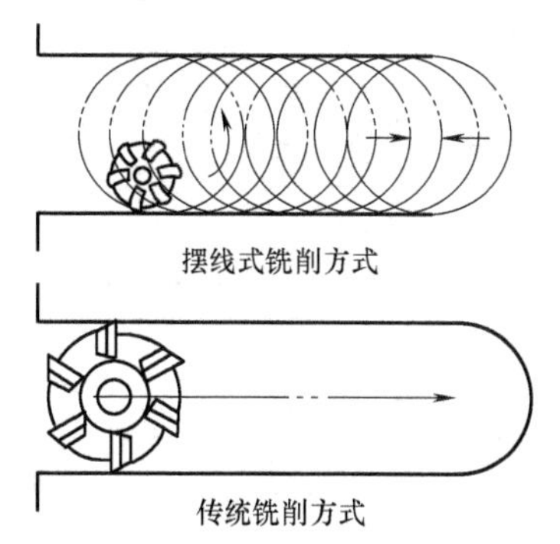

图 4-8　摆线式的走刀方式

3）高速加工刀具路径的优化。在高速加工过程中，应输出光滑、平顺的刀具轨迹，现有的 CAM 系统中的高速加工路径的生成，通常基于对传统加工路径的修正与改造。

① 刀具路径轨迹切削方式的修正。包括在相邻的两行切削刀具路径间附加圆滑刀具路径转接；在相邻的两层切削刀具路径间附加圆滑刀具路径转接；垂直进刀要尽量使用螺旋进给，应避免垂直下刀；程序中走刀不能拐硬弯，要尽可能地减少任何切削方向的突然变化，尽量减少切削速度的降低；尽量减少全刀宽切削，保持金属切除率的稳定性。

② 使用 NURBS 输出程序。在复杂形状零件的高速加工中，采用直线段逼近零件形状，为保证加工精度每段程序代码定义的位移较小，使得程序代码变得非常庞大。而且直线插补加工时为降低直线端的速度冲击，数控系统监控功能在直线端不断加、减速，而 NURBS 插补刀路轨迹在允许的加工方向变化范围内，无须加、减速。例如在 NX CAM 等软件中进行轮廓铣削加工时，在机床控制对话框中设置运动输出 Motion Out put 为 NURBS，则生成简化的数控程序，使机床以更高的进给率产生更光顺的曲面精加工效果。

4.4　实施内容

1. 结构分析

该零件材料为硬铝 2A12，切削性能良好，属于典型的薄壁盘类结构，周边及内部筋的厚度仅为 2mm，型腔深度为 10mm，如图 4-9 所示。图中未注尺寸的孔有 8 个，尺寸均为 ϕ8H8。图中所标注孔心距为 102mm 的两个孔有较高的中心距公差要求，公差范围仅为 0.025mm，且这两孔中心对底部 ϕ8mm 孔中心在水平方向有 0.035mm 的对称度要求。该零件的周边及内部筋的变形也做了相应规定，不允许有超差现象发生。该零件对内腔表面粗糙度值要求很小，表面粗糙度值为 Ra1.6μm 或以下（光面）。

2. 编程前的工艺分析

1）确定把手盖后模毛坯尺寸为 ϕ125mm×105mm×20mm。

2）由零件图可知，该薄壁零件存在公差要求，这就需要先确定加工顺序来保证精度。

3）由零件图分析了解到该零件具有内孔、圆弧、直线结构，形状相对简单。

4）最大背吃刀量为 20mm。

5）最小的凹圆角半径为 2mm。

6）不需要电火花加工。

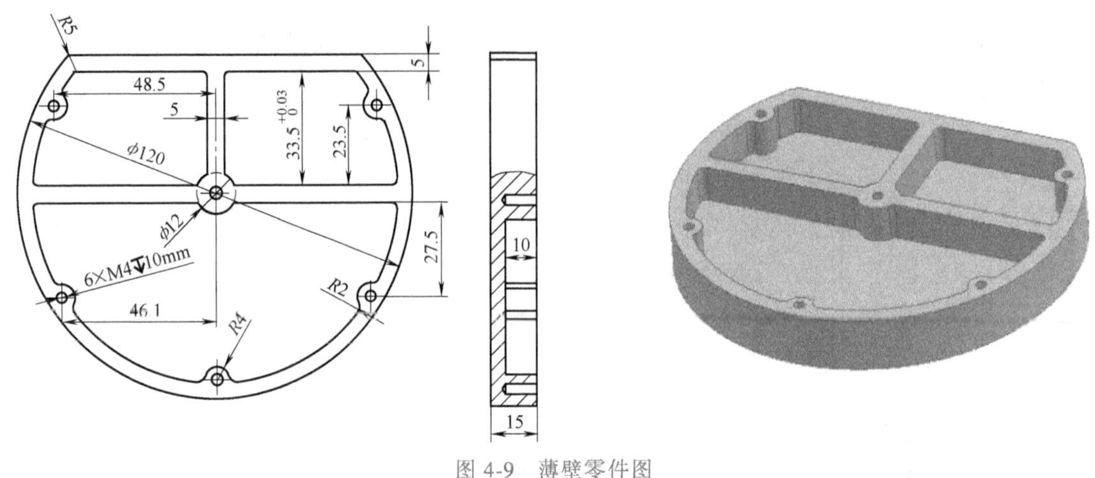

图 4-9　薄壁零件图

7）不需要线切割加工。

8）需要使用的加工方法：型腔铣开粗加工、平面轮廓铣削加工、底壁铣削加工和钻孔攻螺纹。

3. 高速铣削切削用量的确定

若要减少切削力，则应使高速加工的切削速度至少大于 300m/min。而半精加工时切削余量相对较大，因此在这一阶段必须以减少切削力为主要目标，即该阶段选择切削速度时主要考虑切削力。同时，要获得较好的表面质量，切削速度应大于 450m/min。精加工时，切削余量很小（约为 0.1mm），切削力的影响很小，因此在该阶段重点考虑表面粗糙度的要求。所以，为了能更好地控制表面质量，精加工时切削速度应大于 450m/min，而对应的每齿进给量应小于 0.05mm。

4. 高速铣削加工步骤及加工编程技巧

该薄壁零件型腔的铣削加工分两步进行，先底面后侧面。

（1）底面的高速铣削加工

1）下刀方式：采用螺旋下刀。

2）进给方式：选用平行环绕并清角方式，从内到外，3 个型腔分别加工。

3）加工时按顺铣方式，将底面 1.5mm 的加工余量分两次加工完成。第一刀背吃刀量为 1.35mm；精加工时，背吃刀量为 0.15mm，进给速度为 1500mm/min。特别注意：加工底面时，给侧面须预留 1.6mm 的加工余量，以免铣削侧面时吃刀量突然增大，影响加工质量。

（2）侧面的高速铣削加工

1）装刀时，应尽可能缩短刀具伸出长度，以保证高速加工时的刀具强度。

2）进退刀方式：以圆弧方式接近、离开工件，可以避免突然接触工件时产生的接刀痕。

3）进给方式：选用外形铣削方式。加工时，按 Z 轴分层并以顺铣的方式进行，侧面 1.5mm 的加工余量分两次加工完成。半精铣时的侧吃刀量为 1.4mm，此时转速为 16000r/min，进给速度为 2000mm/min，3 个型腔同时逐层向下铣，每次吃刀量为 2mm（高速切削中切屑形状不宜太大；否则会影响排屑，所以每次吃刀量要控制在合理范围，一般为 0.2~3mm）。

5. 编程思路及刀具的使用

1）根据型腔零件的形状和大小，选择 D25R5 的飞刀进行粗加工，去除大部分的余量。

2）开粗完成后，由于一些狭窄处还存在大量的余量，因此选择 D10R0 的飞刀进行二次开粗。

3）选择 D10R0 的飞刀进行薄壁件的外形精加工（外圆角）。

4）选择 D10R0 的飞刀进行腔体的半精加工（中刀）（为后面的精加工做准备）。

5）选择 D10R0 的飞刀进行底面的精加工（光刀）。

6）选择 Z3.3 的合金钻头进行螺纹底孔加工。

7）选择 D10 的合金平底刀进行腔体底面的精加工（光刀）。

8）选择 D4 的合金平底刀进行腔体侧面的精加工（光刀）。

9）选择 M4 的丝锥对螺纹孔进行加工。

6. 制订加工路线

在数控加工中，刀具刀位点相对于工件运动的轨迹称为加工路线。编程时，加工路线的确定原则主要有以下几点。

1）加工路线应保证被加工零件的精度且效率较高。

2）使数值计算简单，以减少编程工作量。

3）应使加工路线最短，这样既可减少程序段，又可减少加工时间。

7. 制订加工程式单

薄壁零件型腔高速加工程式单见表 4-1。

表 4-1　薄壁零件型腔高速加工程式单

序号	加工区域	程序名称	刀具名称	刀具长度/mm	加工子类型	加工方式
1	全部区域	HG1	D25R5	30	偏置区域清除模型	粗加工
2	全部区域 (开粗未加工到的部位)	HG2	D10R0	30	偏置区域清除模型	二次开粗加工
3	外圆角	HG3	D10R0	30	等高精加工	精加工
4	陡峭面	HG4	D10R0	30	等高精加工	半精加工(中刀)
5	平面	HG5	D10R0	30	偏置平坦面精加工	精加工(光刀)
6	内孔	HG6	Z3.3	30	偏置区域清除模型	粗加工
7	内孔	HG7	D10	30	等高精加工	精加工(光刀)
8	内孔	HG8	D4	30	等高精加工	精加工(光刀)
9	顶部平缓面	HG9	M4	30	等高精加工	精加工(光刀)

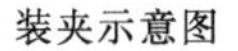

装夹示意图

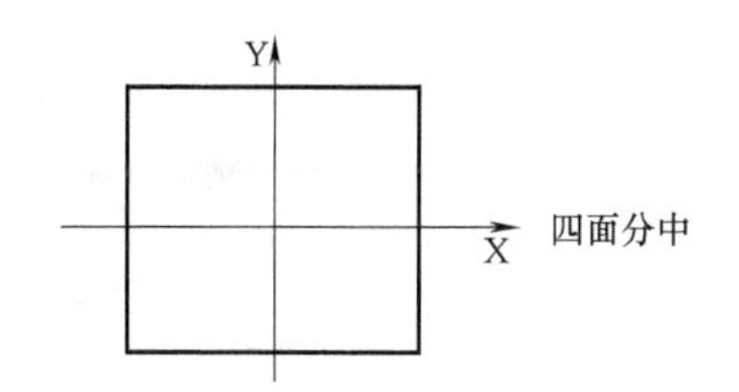

8. 高速加工工艺参数的选择

薄壁零件型腔高速加工工艺参数见表 4-2。

表 4-2 薄壁零件型腔高速加工工艺参数

加工步骤		切削参数					
序号	加工内容	刀具规格		主轴转速 n /(r/min)	进给速度 v_f /(mm/min)	刀具补偿	
		类型	材料			长度	半径
1	全部区域粗加工	D25R5	硬质合金刀	12000	5000		
2	全部区域(开粗未加工到的部位)	D10R0					
3	外圆角精加工	D10R0		12000	3000		
4	陡峭面半精加工	D10R0		13000	2500		
5	平面精加工	D10R0		12000	3500		
6	内孔粗加工	Z3.3		12000	200		
7	内孔精加工	D10		13000	1000		
8	内孔精加工	D4		14000	1000		
9	顶部平缓面精加工	M4		12000	100		

9. 利用 CAM 软件编制刀具路径

薄壁零件型腔高速加工的刀具路径编制过程见表 4-3。

表 4-3 薄壁零件型腔高速加工的刀具路径编制过程

软件操作步骤	操作过程图示
在 Windows 系统中选择“开始”→“所有程序”→“Siemens NX”→“NX12.0”命令,启动 NX 软件	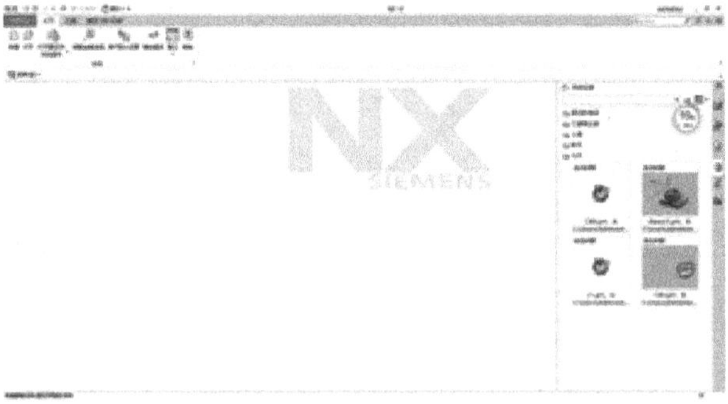
在“标准”工具栏中单击“打开”按钮,弹出“打开”对话框,选择“薄壁件.prt”文件,单击“OK”按钮打开文件	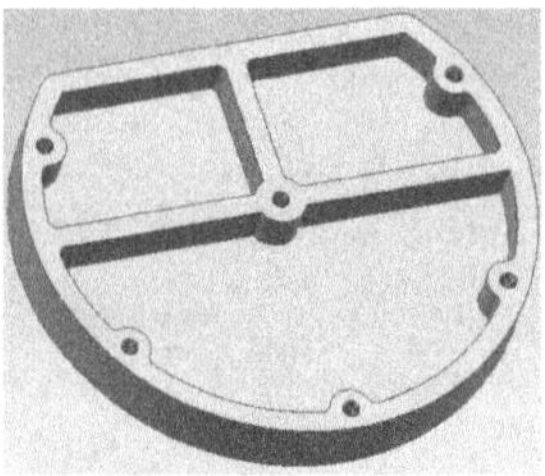

（续）

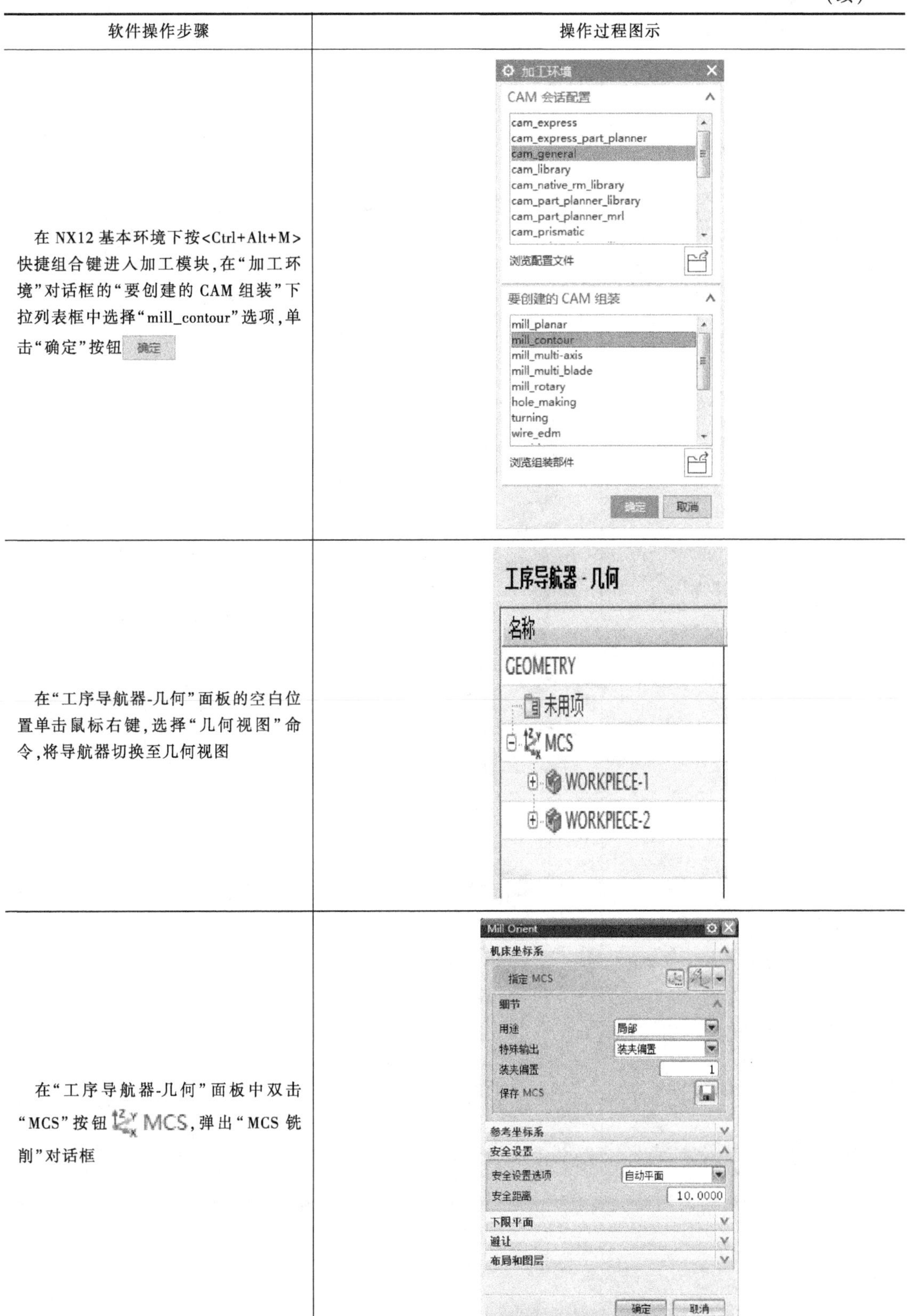

软件操作步骤	操作过程图示
在 NX12 基本环境下按<Ctrl+Alt+M>快捷组合键进入加工模块，在“加工环境”对话框的“要创建的 CAM 组装”下拉列表框中选择“mill_contour”选项，单击“确定”按钮 确定	
在“工序导航器-几何”面板的空白位置单击鼠标右键，选择“几何视图”命令，将导航器切换至几何视图	
在“工序导航器-几何”面板中双击“MCS”按钮 MCS，弹出“MCS 铣削”对话框	

（续）

软件操作步骤	操作过程图示 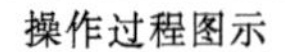
单击“机床坐标系”选项组中的“指定 MCS”按钮，弹出“坐标系”对话框，设置“类型”为“自动判断”，在图形窗口中单击圆孔中心作为坐标系放置位置，单击“确定”按钮完成加工坐标系的设置	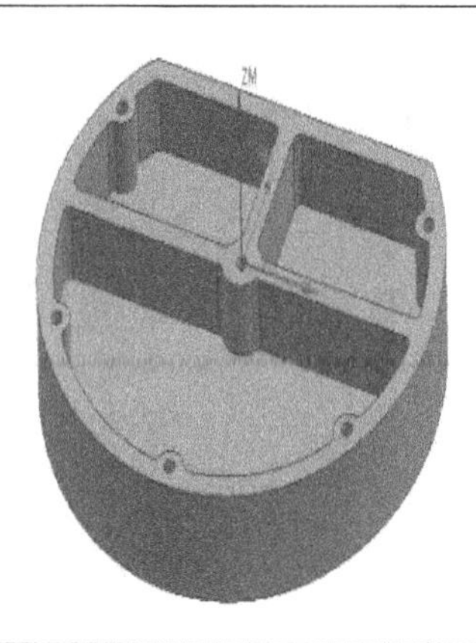
在“工件”对话框的“几何体”选项组中，设置“指定部件”为左边需要加工的零件，“指定毛坯”为“包容块”	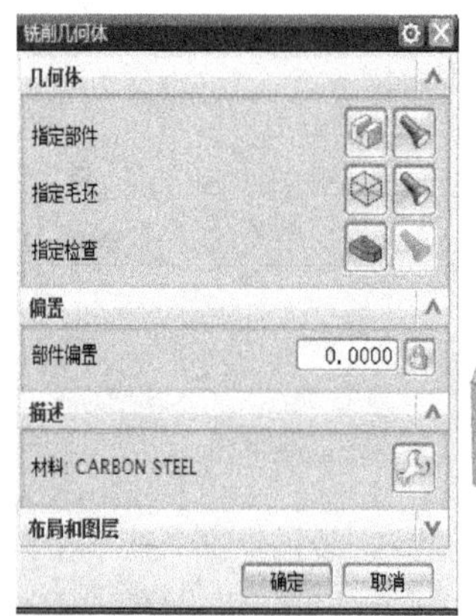 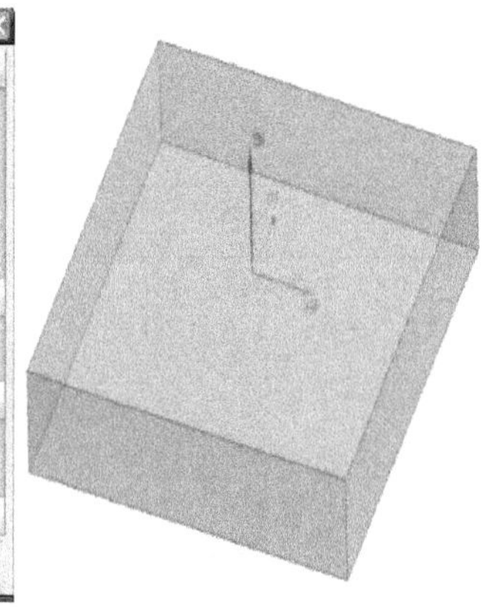
在“插入”工具栏中单击“创建刀具”按钮，弹出“创建刀具”对话框。设置“类型”为“mill_planar”，“刀具子类型”为“MILL”，“名称”为“D25”，单击“确定”按钮，弹出“铣刀-5 参数”对话框，从中设置“刀具直径”为“25”，单击“确定”按钮退出对话框	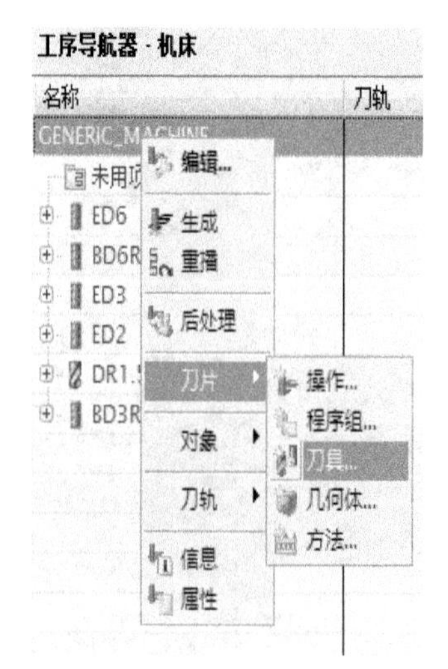

工序导航器 - 机床

名称	刀轨	描述	刀具号
GENERIC_MACHINE		通用机床	
未用项		mill_planar	
D25		铣刀-5 参数	1
D10		铣刀-5 参数	2
Z3.3		钻刀	3
D4		铣刀-5 参数	4

（续）

软件操作步骤	操作过程图示
在“插入”工具栏中单击“创建工序”按钮，在“类型”列表框中选择“mill_contour”选项，在“工序子类型”选项组中单击“型腔铣”按钮，设置“刀具”为“ED6”，“几何体”为“WORKPIECE”，在“名称”文本框中输入“HG1”，单击“确定”按钮 确定 进入“型腔铣”对话框	
在“型腔铣”对话框内设置“平面直径百分比”为“50”，“最大距离”为“0.8”	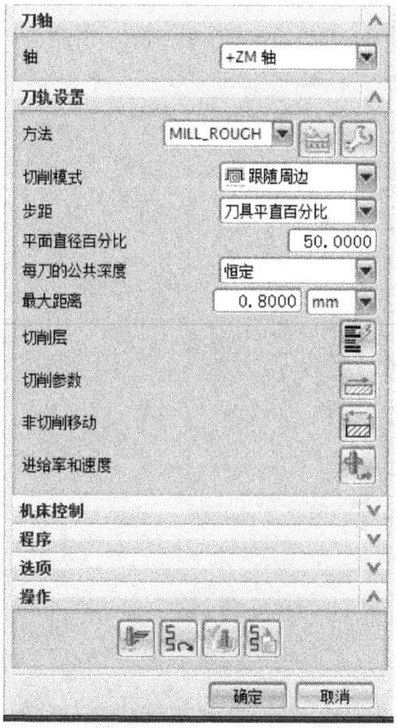
在“型腔铣”对话框内单击“切削参数”按钮，选择“余量”选项卡，相关参数设置如右图所示	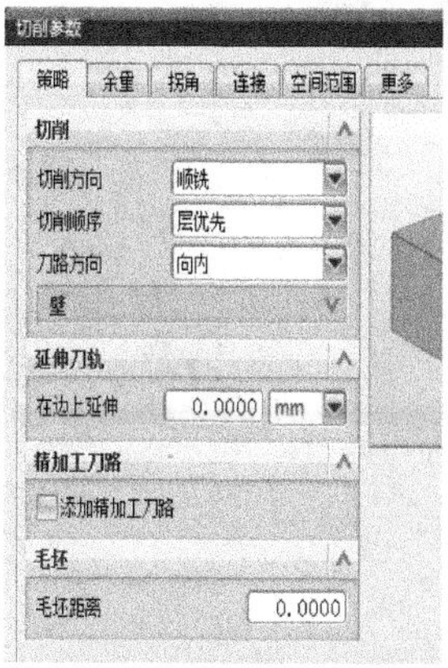 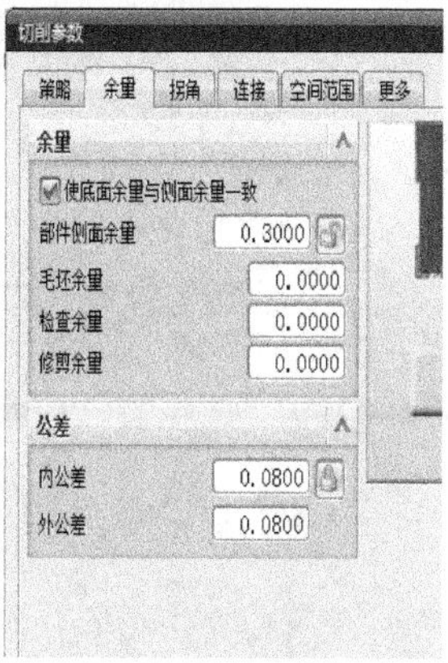

（续）

软件操作步骤	操作过程图示
在“型腔铣”对话框内单击“非切削移动”按钮，在“转移/快速”选项卡中设置参数如右图所示	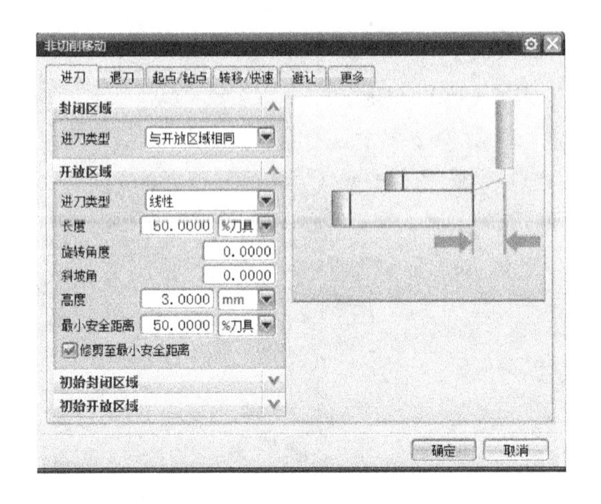
复制上一个程序，创建D10铣刀，在“切削参数”中，设置“参考刀具”为“D25”	
在“型腔铣”对话框单击“生成”按钮，生成刀具路径	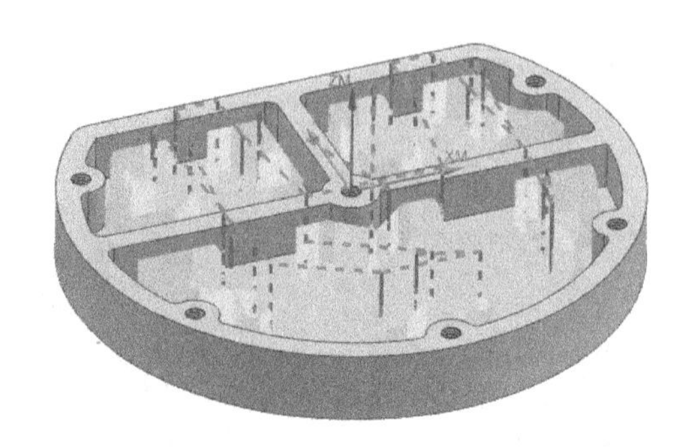

（续）

软件操作步骤	操作过程图示
在“深度轮廓铣”对话框选择 D10 铣刀，选择切削区域，设置“最大距离”为“1”，如右图所示	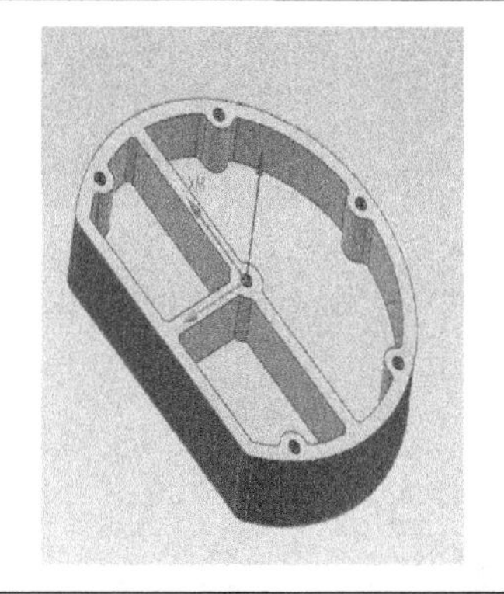 
在“深度轮廓铣”对话框单击“生成”按钮，生成刀具路径	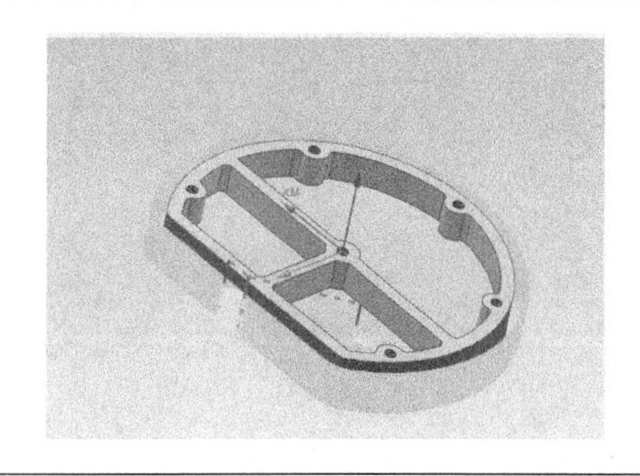
复制上一个程序，修改切削区域，其余参数不变	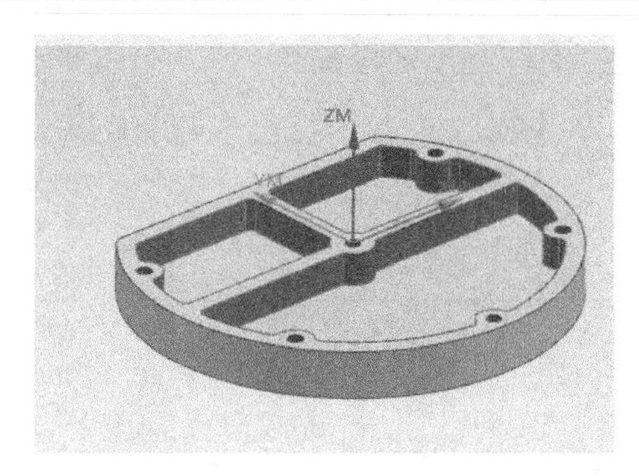
在“深度轮廓铣”对话框单击“生成”按钮，生成刀具路径	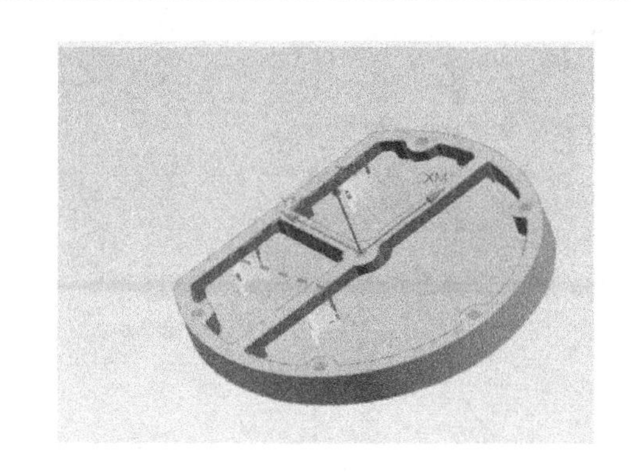

（续）

软件操作步骤	操作过程图示
在“工序子类型”选项组中单击“底壁铣”按钮 ，设置“区域空间范围”为“底面”，“切削模式”为“往复”，刀具为 D10 铣刀，如右图所示	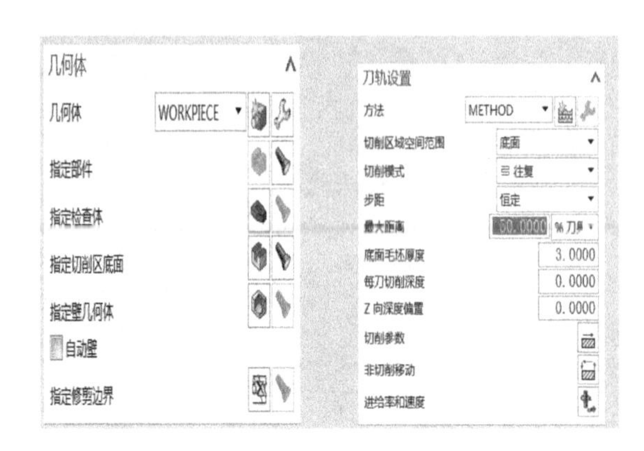
在“底壁铣”对话框单击“生成”按钮 ，生成刀具路径	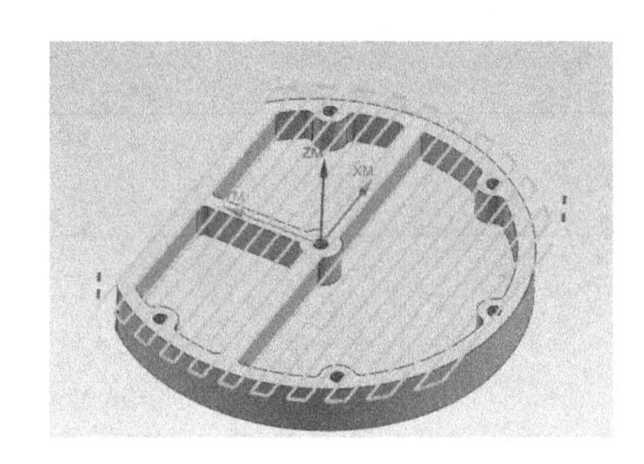
在“钻孔”对话框按右图所示设置参数	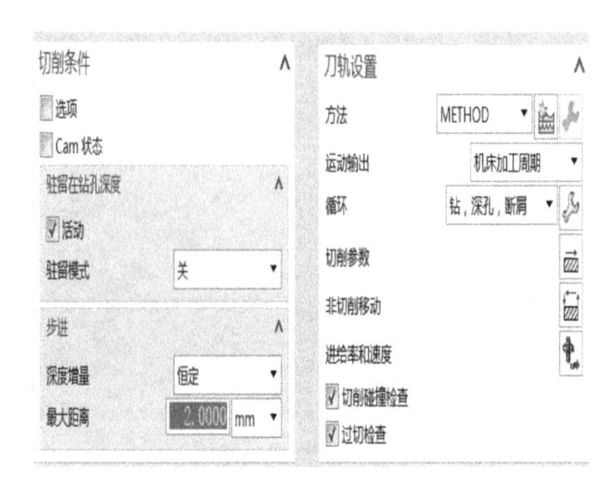

（续）

软件操作步骤	操作过程图示
在“钻孔”对话框单击“生成”按钮 ，生成刀具路径	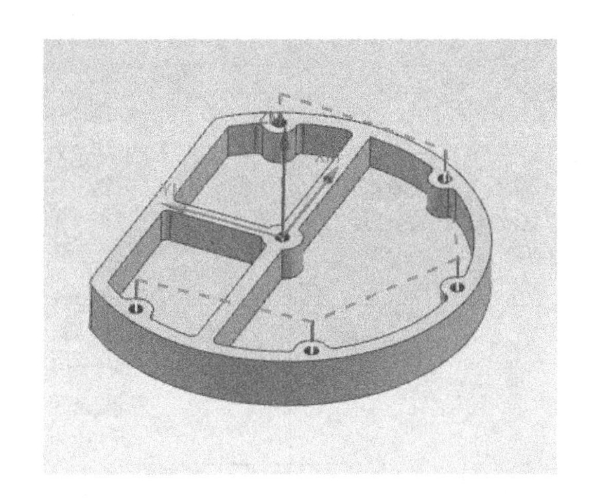
在“工序子类型”选项组中单击“底壁铣”按钮 ，设置“区域空间范围”为“底面”，“切削模式”为“跟随周边”，刀具为 D10 铣刀，如右图所示	
在【底壁铣】对话框单击“生成”按钮 ，生成刀具路径	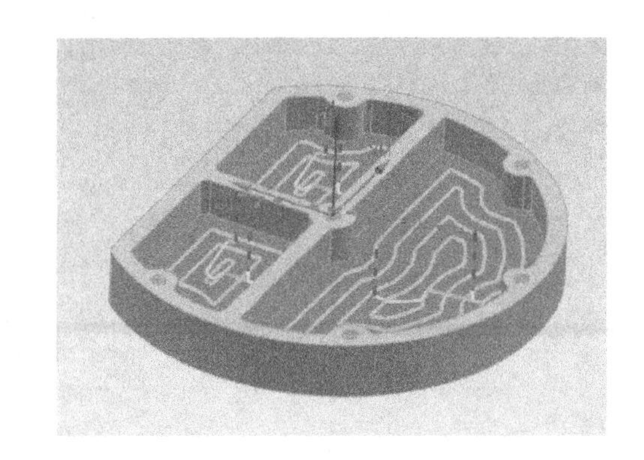

（续）

软件操作步骤	操作过程图示
在“深度轮廓铣”对话框选择 D4 铣刀，选择切削区域，设置“最大距离”为“1”，如右图所示	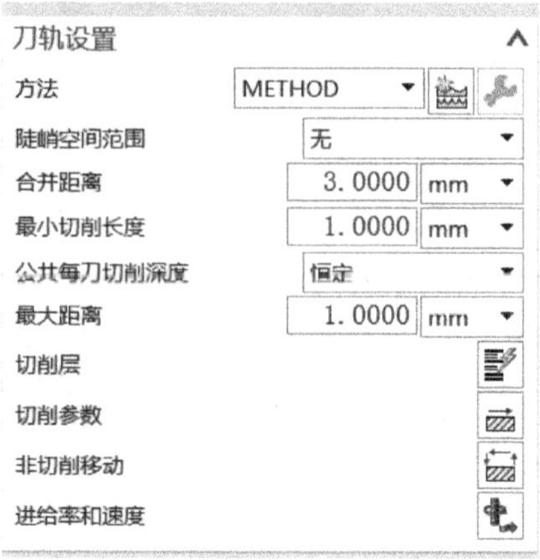 刀轨设置 方法 METHOD 陡峭空间范围 无 合并距离 3.0000 mm 最小切削长度 1.0000 mm 公共每刀切削深度 恒定 最大距离 1.0000 mm 切削层 切削参数 非切削移动 进给率和速度
在“深度轮廓铣”对话框单击“生成”按钮，生成刀具路径	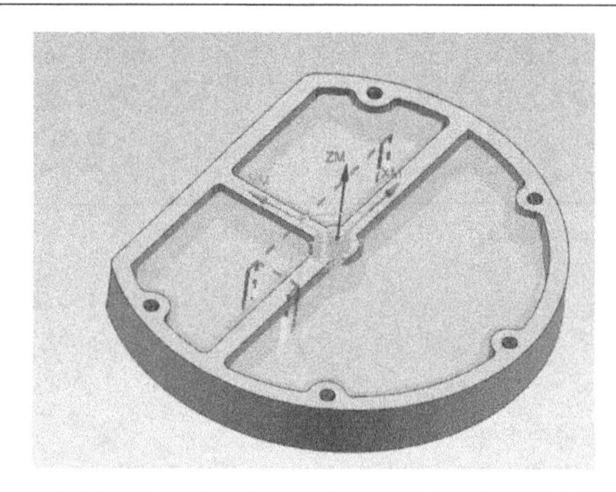
在“攻丝”对话框选择 M4（TAP）丝锥，设置加工类型，选择指定孔，如右图所示	

（续）

软件操作步骤	操作过程图示
在“攻丝”对话框单击“生成”按钮 ，生成刀具路径	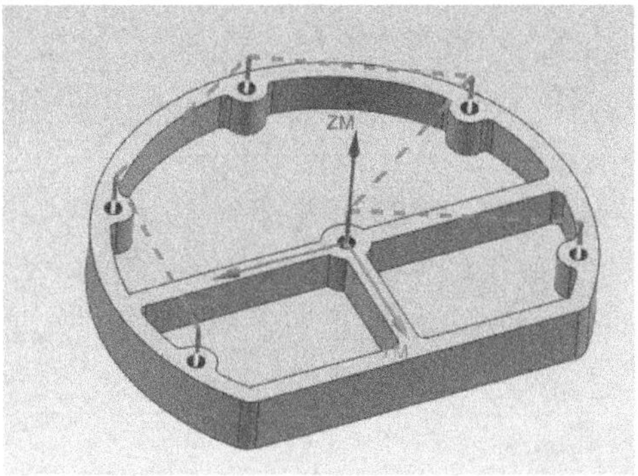
在“型腔铣”对话框单击“生成”按钮 ，生成刀具路径	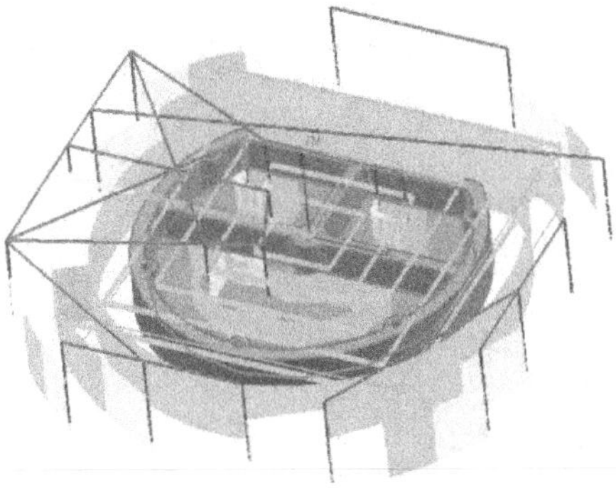

10. 总结

把薄壁腔体件的加工主要分为开粗加工、二次开粗加工、外圆角加工、陡峭面半精加工、底面精加工、内孔开粗加工、内孔侧面半精加工、内孔侧面精加工、顶面精加工、陡峭面精加工。为了提高加工效率，在正确的加工路线下要注意以下几点。

（1）判别进刀、退刀和横越（快进）

1）进刀。进刀的方式主要分为螺旋进刀、圆弧进刀、沿斜线进刀和直接进刀等，也分由内向外进刀和由外向内进刀。一般情况下，开放区域的加工多选择由外向内进刀，这样使切削变得容易且有效地保护了刀具；加工封闭区域时，只能选择由内向外的加工方式。

2）退刀。退刀就是刀具从最终切削位置到退刀点之间的运动，和进刀相反。

3）横越（快进）。横越就是刀具从一个加工区域向另一个加工区域做水平非切削的运动。横越（快进）的高度也直接影响加工效率。一般情况下，快进高度比加工区域高3~5mm即可。当区域与区域之间的一些短连接时，横越高度可更小些。

（2）判别抬刀次数　抬刀次数直接影响到加工效率，抬刀越多，加工效率越低，所以在保证加工安全的前提下应尽量减少抬刀。

一般情况下，加工复杂部件抬刀会比较多，而加工简单部件抬刀会比较少；另外，单向切削的抬刀会比较多，双向切削的抬刀会比较少。除了工作的复杂程度会影响抬刀的多少外，如刀具的使用、加工陡峭角度、加工顺序和进刀方式等都会影响抬刀次数。

（3）根据刀路轨迹判别是否过切　生成刀路轨迹后，首先需要检查刀路轨迹是否会造成过切现象。一般情况下，如果加工参数没有设置错误，是不容易出现过切现象。但如忘记设置快进高度等，则很容易出现过切。在数控加工中，造成过切的原因有多种，如机床精度不高、撞刀、弹刀、编程时选择小的刀具但实际加工时误用大的刀具等。另外，如果操作前的对刀不够准确，也可能会造成过切现象。

（4）根据刀路轨迹确定哪些部位加工不到　编程如要做到有的放矢，则必须能根据生成的刀路轨迹明确工件中哪些部位没有加工到，从而考虑是否需要进行二次开粗、多次开粗和半精加工等。如果不能做到这点，则容易造成漏加工。

思考与练习

1. 薄壁腔体件的加工工艺流程是什么？
2. 填写数控加工工艺卡、刀具卡等工艺文件。

第五章

具有模具特征试件的编程与加工

5.1 目的与要求

通过本任务能够制订具有模具特征试件的高速铣削加工工艺方案，针对零件的加工要求合理选择高速加工刀具的类型；针对加工刀具选择合适的高速切削参数；使用专业化软件编程，采用 3 轴高速铣削机床加工，加工效果达到镜面效果，可替换掉传统铣削加工后需打磨才能达到镜面效果的步骤。

5.2 仪器与设备

1）Z540B 数控机床华中系统高速铣削机床，如图 5-1 所示。

2）材料为 45 钢，零件尺寸为 135mm×115mm×31mm。

图 5-1　机床设备

5.3 高速铣削知识概述

1. 模具高速加工的工艺方案

（1）粗加工时采用的工艺方案　在模具加工过程中，模具粗加工时力求在最短时间之内将多余材料去除，在进行参数设置时不需要太过精细，切削层金属面积极易出现变化，导致刀具承受载荷也随之改变。在这种变化之下，会让刀具以不均匀的速度发生磨损，影响粗加工表面质量。为防止这种问题的出现，需要采用有效的加工策略。在进行模具加工前，要将恒定切削面积及材料去除率计算出来，并且在进行切削时，防止刀具路径轨迹突然发生变化。同时在下刀过程中，尽量避免垂直下刀，可以采用如攀爬式等切削方式。通过采用这些策略，能够实现加工质量的提升。

（2）精加工时采用的工艺方案　在进行模具精加工时，刀具和工件的接触点在高速加工中的作用十分关键。加工时，刀具的有效半径与工件表面斜率的变化，会影响刀具和工件接触点，只要接触点发生变化，就很难控制整个高速加工过程。因此，在模具精加工过程中，特别是在多曲面模具加工过程中，要最大限度地减少下刀、抬刀，最好在一个工序里连续对工件进行加工。除此之外，在精加工中还要重视工件表面斜率的变化情况。加工时如果只注意侧吃刀量，避免工件表面出现不均匀的步距，而忽视了工件表面斜率，则会严重影响模具的质量。

2. 模具高速加工刀具路径的要求

模具的高速加工需要其过渡更加平滑、承载的负荷更加稳定。因此在编制模具高速加工程序时，相关参数选项的设置应该比普通程序的参数设置更加精细。在进行模具的高速加工时，要提升其加工速度，在生成的刀具轨迹中不能有锐角轨迹出现，不能出现切削方向的突变情况。

在编制模具高速加工程序的过程中，要遵循“减小吃刀量，将侧向切削步距恒定在统一的数值上，高速进给”原则，再配合模具的细节处理，其中包括圆弧进刀和过渡、螺旋式进刀等，刀路轨迹尽量圆滑、平稳。这样可以避免机床出现突然性的升速或降速现象，保证刀具以给定的恒定数值的负载量切削，减轻刀具的磨损，延长刀具以及机床寿命，保证模具的表面加工质量。

3. 创建高速加工编程模板

（1）根据工艺特点建立模板　首先根据零件结构工艺的特点选定工具以及加工的方法，并结合专业的编程软件丰富加工策略，按照规则选定一个结构特点作为加工对象以及走刀方法，对所选择的刀具进行科学合理的刀具路径和机床参数设置，完成加工的工序建立。

（2）创建刀具路径模板　由于同一个类型的零件结构大体上是相似的，同一类型的零件的加工策略是可以通用的，因此可以建立典型零件的高速加工程序，即在零件的加工过程中包括很多工序，通过多个指定程序生成一个或多个刀具路径。在实际的生产过程中，可以逐步将每种结构特点相同或类似的加工工艺发展成程序模板，并为那些具有代表性的零件开发、建立刀具路径模板，使加工过程中的每一个部分规范化。

4. 高速加工编程模板的应用

使用高速加工编程模板时，可以采用比较普遍的程序编辑方法。在对新零件进行编程时，应参考现有类似零件的加工工艺，有效提升加工工艺的水平，以及编程的最终效果和质量。图 5-2 为某个模具的型腔零件刀具路径的示意。由图可见该零件处于毛坯状态，是立方体结构，对该零件毛坯采用在最短的时间内将多余的材料去除的粗加工、去除残留的多余毛坯的半精加工、去除模具型腔内部圆角余量的零件侧面的精加工以及零件底部的精加工的局部精加工方案。

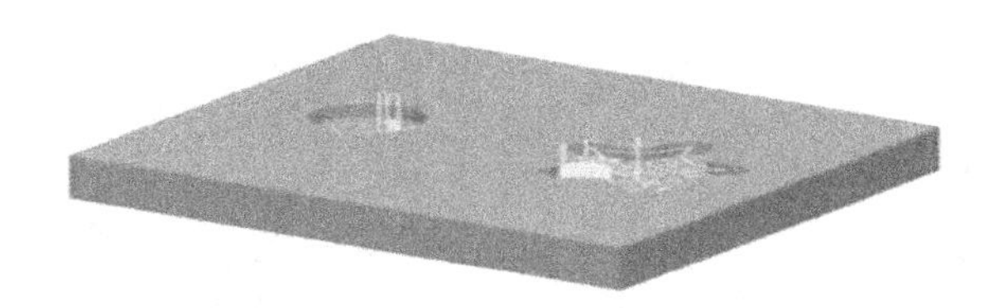

图 5-2　型腔零件刀具路径示意

根据零件加工工艺编程模板所设定的零件加工方案，使用模板数据库中的相关刀具轨迹编程模板对其进行命名，可命名为简单型腔零件加工。然后在模板编程管理器中建立一个新的刀具轨迹模板。操作人员在程序中新建的刀具轨迹模板中含有零件的粗加工、半精加工、零件侧面的精加工、零件底部的精加工的局部精加工以及清角加工等多种程序，而且新建的刀具轨迹模板的参数设置可以直接引用现有的模具高速加工编程模板中已经设置完成的参数。在示例的型腔零件中存在一个缺口，这是在简单型腔零件加工工艺模板中尚未包括的一个结构特点。因此，对于这个结构特点，可以直接使用零件缺口的底部加工工序的编程模板，可命名为零件底部尖角加工工序，由此建立一个新的加工程序。对该项刀具轨迹进行运算的全部程序，可生成一套完整的零件加工程序，主动检验所生成的零件加工程序，之后就可以进行切削模拟工作。

5. 模具高速加工工艺特性及优化

在高速加工过程中，切削方式、刀具路径、程序切削前检查以及切削参数等都是高速切削成功的关键因素。因加工过程是高速度的动态变化过程，切削期间刀具干涉、瞬间停止、尖角处理、切削方向的逆转和不稳定的刀具移动等各种因素都将直接影响切削的速度和加工质量。

（1）切削载荷须轻且恒定　高速切削中刀具轨迹必须保证光滑，通常采用较小的步距和浅吃刀量（刀具直径的 10%左右）；刀具要平滑地切入和切出工件，使用坡度、圆弧和螺旋方式进刀（图 5-3），在平面的轮廓加工过程中，通常采用圆弧的切向进刀和退刀方式，在曲面加工过程中多采用让刀，沿一定坡度或螺旋线方向切入和切出工件；大量采用等高分层加工代替仿形加工。另外，粗加工时刀具多以螺旋或圆弧方式切入工件材料，使进给率和机床主轴转速之比达到最佳；精加工应避免急剧变化的刀具运动，避免在外形轮廓上直接进刀和退刀。基于模具零件表面结构的复杂性，可能会导致编程时相邻的两条刀具路径难以光滑，而出现急剧变化的路径。遇到这样的情况，一般采用抬刀至一定高度过渡或辅助轨迹过渡的方式。行切的光滑移刀方式可以采用相切圆弧连接、内侧或外侧圆弧连接。环切的光滑移刀多采用环间圆弧式、空间螺旋式切出与切入。合理的切入和切出方式、横向与拐角路径的平滑过渡（图 5-4、图 5-5）以及等高分层加工规划与合理的进给量，始终是为了确保高速加工时切削载荷轻而恒定。

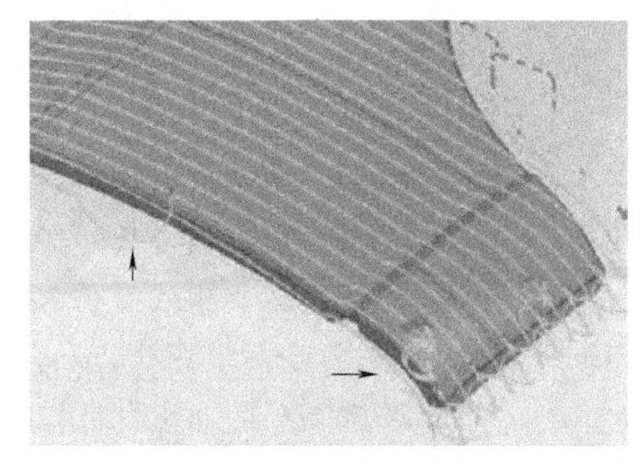

图 5-3　圆弧和螺旋方式进刀

（2）选择合理的刀具参数　适合高速加工的刀具包括金刚石刀具、立方氮化硼刀具、陶瓷刀

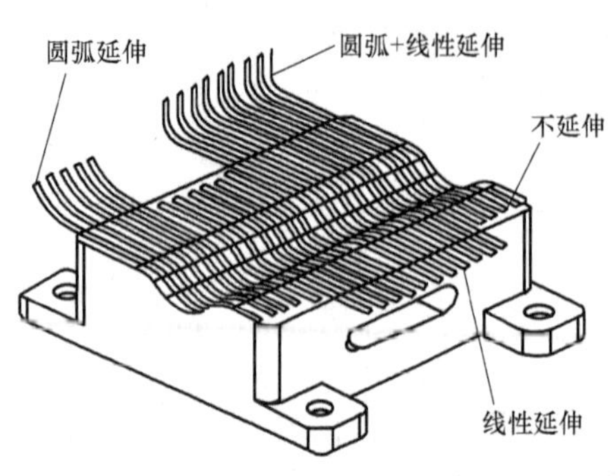

图 5-4　刀具轨迹横向平滑过渡方式

图 5-5　拐角圆弧平滑过渡方式

具、涂层刀具、TiC（N）基硬质合金、超细晶粒硬质合金刀具等。不同材质的刀具除了应适用于不同的模具材料和工况外，还有不同的切削参数的选择。一般认为，高速切削的切削速度是常规切削速度的 5~10 倍。遇陡峭、拐角等位置，为防止高速加工设备缺少前馈功能，须给予合理的降速，即编程时在陡峭、拐角位置设置调整比例，合理地优化切削参数，以保持高速机床合理的负载并减少质量事故。

（3）选择先进的 CAM 软件　采用高速加工设备后，对编程人员的要求也有所增加。近年来 CAM 系统的操作越来越简单和方便。当前，模具行业常用的 CAM 软件，如美国 NX/CAM、以色列 Cimatron/CAM、法国 CATIA/CAM、美国 I-DEAS/CAM、美国 Mastercam/CAM、英国 Delcam PowerMILL/CAM 等辅助制造软件都对高速加工模块进行了工艺创新。

6. 高速铣削切削用量的确定

相关资料表明，要使得切削力逐渐减少，高速切削的线速度应至少大于 300m/min。由于半精加工时加工余量相对较大，因此在这一阶段必须以减少切削力为主要目标，即该阶段选择切削速度时主要考虑切削力。同时要使得切削的表面粗糙度达到要求，切削速度应大于 450m/min。精加工时，加工余量很小（约为 0.1mm），切削力的影响较小，因此在该阶段重点考虑表面粗糙度的要求。为了能更好地控制表面质量，精加工时切削速度应大于 450m/min，而对应的每齿进给量设置应小于 0.05mm。

5.4　模具试件高速铣削加工工艺

1. 加工方式

1）下刀方式：斜降下刀。

2）外形下刀方式：直线进刀。

3）进给方式：型腔铣开粗，从外到内。

4）加工时按顺铣方式，将底面 0.2mm 的加工余量分两次加工完成。第一刀背吃刀量为 0.1mm，精加工时，背吃刀量为 0.1mm，进给速度为 800mm/min。需要特别注意的是，加工底面时，给侧面须预留 0.2mm 的加工余量，以免铣削侧面时吃刀量突然增大而影响加工质量。

2. 加工注意事项

1）装刀时，应尽可能缩短刀具伸出长度，以保证高速加工时的刀具强度。

2）进退刀方式：以尖角处直线方式接近、离开工件，可以避免突然接触工件时产生的接刀痕。

3. 加工的试件

模具试件图样、模型和加工完成的情况如图 5-6~图 5-9 所示。

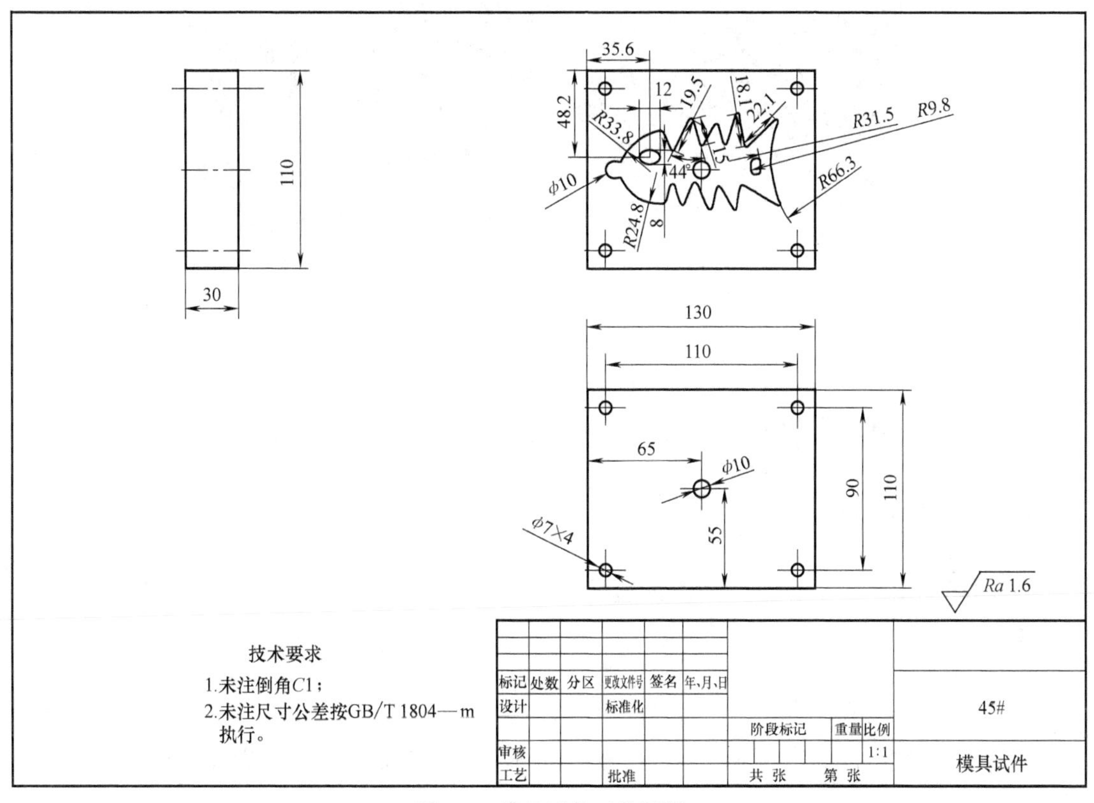

图 5-6　模具试件工装图样

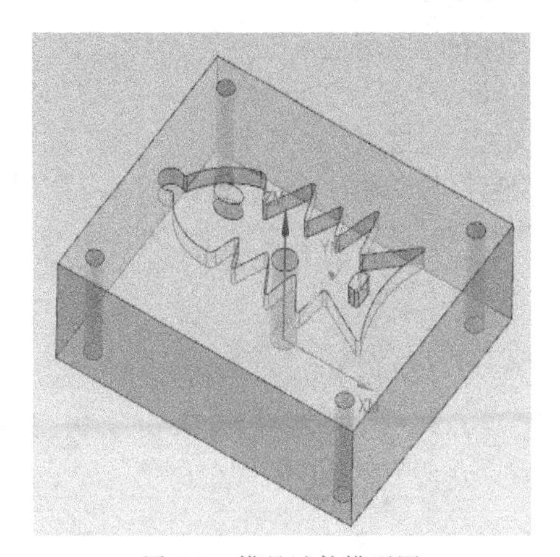

图 5-7　模具试件模型图

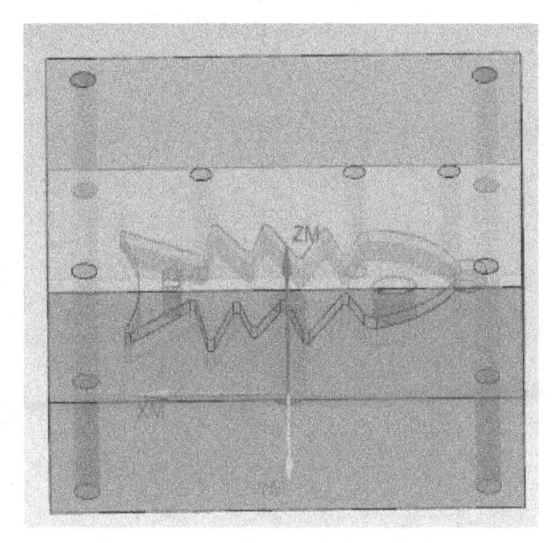

图 5-8　型芯、型腔模型图

图 5-9　加工完成的零件

4. 编程前的工艺分析

1）毛坯尺寸为 135mm×115mm×31mm。

2）最大切削深度为 7mm。

3）最小的凹圆角半径 5mm。

4）不需要电火花加工。

5）不需要线切割加工。

6）需要使用的加工方法：型腔开粗加工、外形轮廓加工、钻孔加工、平面轮廓加工、底壁加工。

5. 编程思路及刀具的使用

（1）正面加工

1）根据型腔零件的形状和大小，选择 D10 的钨钢立铣刀进行型腔铣开粗加工，去除大部分的加工余量。

2）选择 D10 的钨钢立铣刀对零件进行外形粗加工（整体外形）。

3）选择 D10 的钨钢立铣刀对零件进行外形精加工（整体外形）。

4）选择 D10 的钨钢立铣刀对零件表面进行精加工（光刀）。

5）选择 D6 的钨钢立铣刀对型腔残留进行二次开粗。（开粗）。

6）选择 D2 的钨钢立铣刀对型腔残留进行三次开粗。（最终粗）

7）选择 D2 的钨钢立铣刀对型腔的底壁进行精加工（光刀）。

8）选择 ϕ10mm 钻头钻模具注射口位置（注射口）。

9）选择 ϕ6mm 钻头钻模具导柱孔（导柱孔）。

（2）反面加工

1）选择 D10 的钨钢立铣刀对零件表面进行粗加工（开粗）。

2）选择 D10 的钨钢立铣刀对零件表面进行精加工（精加工）。

6. 制订加工程式单

模具试件高速加工程式单见表 5-1。

表 5-1　模具试件高速加工程式单

正面加工						
序号	加工区域	程序名称	刀具名称	刀具长度/mm	加工子类型	加工方式
1	全部区域	A01	D10	35	型腔铣	粗加工
2	模具表面	A02	D10	35	平面轮廓铣	精加工(光刀)
3	模具的外形	A03	D10	35	实体轮廓	粗加工
4	型腔残留二次开粗	A04	D6	35	型腔铣	半粗加工
5	型腔残留三次开粗	A05	D2	35	型腔铣	半粗加工
6	型腔表面、轮廓	A06	D2	35	底壁加工	精加工(光刀)
7	注射口钻孔	A07	ZT10	40	啄钻	钻孔
8	导柱孔	A08	ZT6	40	啄钻	钻孔
反面加工						
序号	加工区域	程序名称	刀具名称	刀具长度/mm	加工子类型	加工方式
1	模具表面	A09	D10	35	平面轮廓铣	粗加工
2	模具表面	A10	D10	35	平面轮廓铣	精加工(光刀)
装夹示意图						

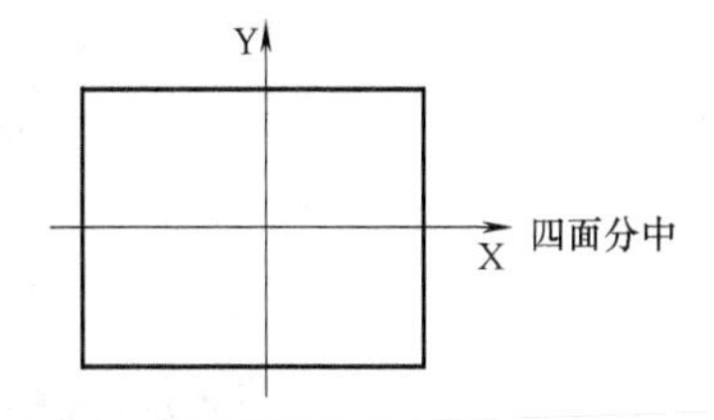

7. 高速加工工艺参数的选择

模具试件高速加工工艺参数见表 5-2。

表 5-2　模具试件高速加工工艺参数

加工步骤		刀具切削参数					
序号	加工内容	刀具规格		主轴转 n /(r/min)	进给速度 v_f /(mm/min)	刀具补偿	
		类型	材料			长度	半径
1	全部区域	D10	合金涂层刀具	2500	2000		
2	零件表面	D10		8000	1000		
3	零件的外形	D10		6000	800		
4	腔体二次开粗	D6		4000	1500		
5	腔体三次开粗	D2		6000	600		
6	腔体表面	D2		10000	700		
7	注射口钻孔	ZT10		1200	150		
8	导柱孔	ZT6		1200	150		

8. 利用 CAM 软件编制刀具路径

模具试件高速加工的刀具路径编制过程见表 5-3。

表 5-3 模具试件高速加工的刀具路径编制过程

软件操作步骤	操作过程图示
在 Windows 系统中选择“开始”→“所有程序”→“Siemens NX 12”→“NX”命令，启动 NX12 软件	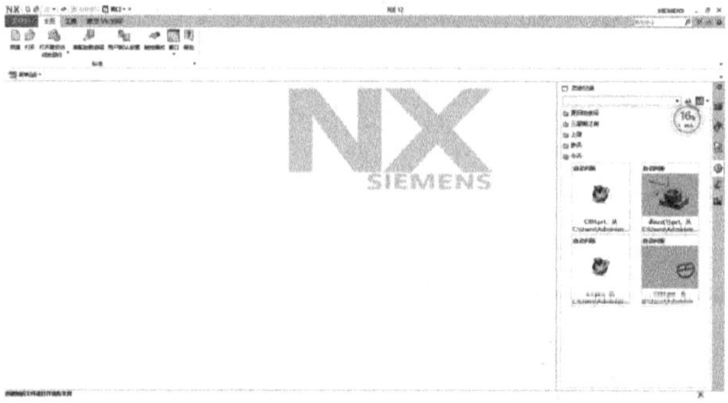 NX SIEMENS
在“标准”工具栏中单击“打开”按钮，弹出“打开”对话框，选择“零件.prt”文件，单击“OK”按钮打开文件 	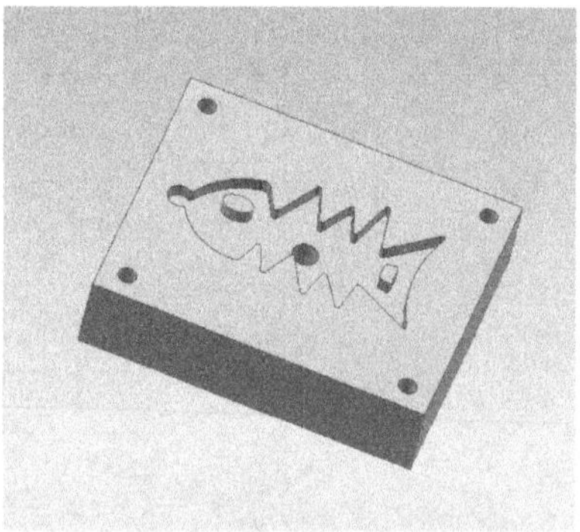
在 NX12 基本环境下按<Ctrl+Alt+M>快捷组合键进入加工模块，在“加工环境”对话框的“要创建的 CAM 组装”下拉列表框中选择“mill_contour”选项，单击“确定”按钮 确定	 加工环境 CAM 会话配置 cam_express cam_express_part_planner cam_general cam_library cam_native_rm_library cam_part_planner_library cam_part_planner_mrl cam_prismatic 浏览配置文件 要创建的 CAM 组装 mill_planar mill_contour mill_multi-axis mill_multi_blade mill_rotary hole_making turning wire_edm 浏览组装部件 确定 取消
在“工序导航器-几何”面板的空白位置单击鼠标右键，选择“几何视图”命令，将导航器切换至几何视图	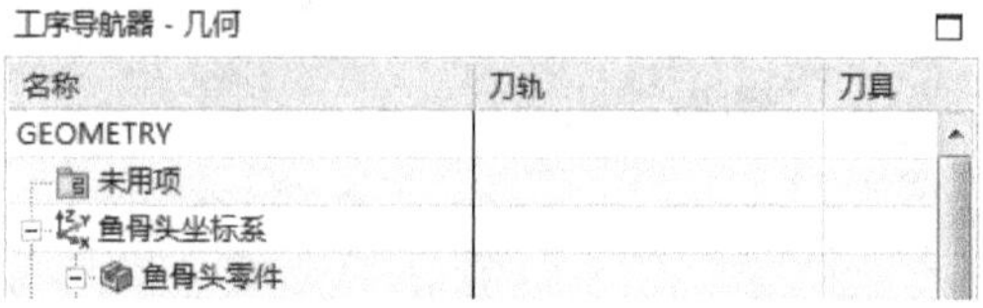 工序导航器 - 几何 名称 刀轨 刀具 GEOMETRY 未用项 鱼骨头坐标系 鱼骨头零件

（续）

软件操作步骤	操作过程图示
在“工序导航器-几何”面板中双击“MCS”按钮 MCS，弹出“MCS 铣削”对话框	
单击“机床坐标系”选项组中的“指定 MCS”按钮，弹出“坐标系”对话框，设置“类型”为“自动判断”，在图形窗口中单击对角线中心作为坐标系放置位置，单击“确定”按钮 确定 完成加工坐标系的设置	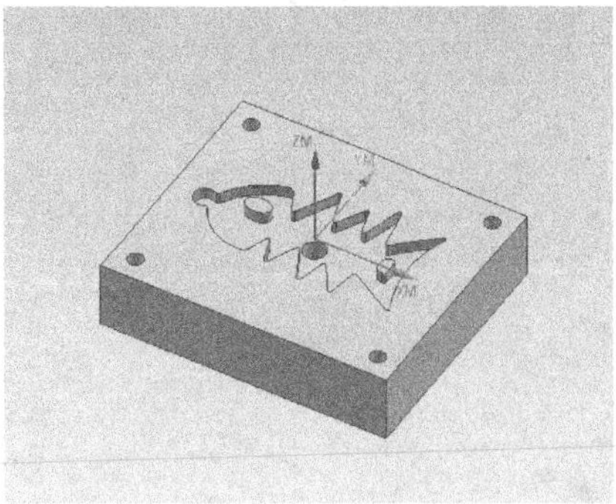
在“工件”对话框的“几何体”选项组中，设置“指定部件”为右边需要加工的零件，“指定毛坯”为“包容块”	 
在“插入”工具栏中单击“创建刀具”按钮，弹出“创建刀具”对话框。设置“类型”为“mill_planar”，“刀具子类型”为“MILL”，“名称”为“D25”，单击“确定”按钮 确定，弹出“铣刀-5 参数”对话框，从中设置“刀具直径”为10mm，单击“确定”按钮 确定 退出对话框	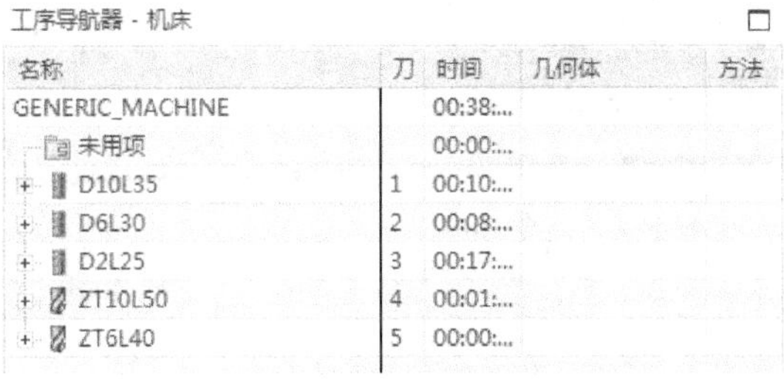

（续）

<table>
<tr><th>软件操作步骤</th><th>操作过程图示</th></tr>
<tr><td>在“插入”工具栏中单击“创建工序”按钮，在“类型”列表框中选择“mill_contour”选项，在“工序子类型”选项组中单击“型腔铣”按钮，设置“刀具”为“D10”，“几何体”为“WORKPIECE_1”，在“名称”文本框中输入“A01”，单击“确定”按钮进入“型腔铣”对话框</td><td>
</td></tr>
<tr><td>在“型腔铣”对话框内设置“平面直径百分比”为“50”，“最大距离”为“6”</td><td>刀轨设置
方法 C
切削模式 跟随周边
步距 刀具平直百分比
平面直径百分比 50.0000
公共每刀切削深度 恒定
最大距离 6.0000 mm
切削层
切削参数
非切削移动
进给率和速度</td></tr>
<tr><td>在“型腔铣”对话框内单击“切削参数”按钮，选择“余量”选项卡，相关参数设置如右图所示</td><td>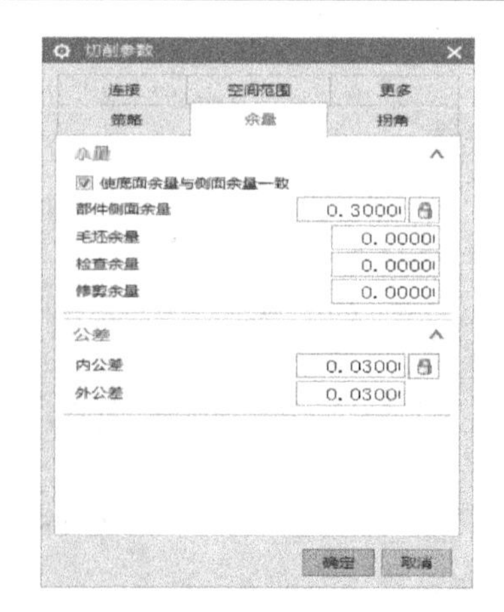
</td></tr>
</table>

（续）

软件操作步骤	操作过程图示
在“型腔铣”对话框内单击“非切削移动”按钮，在“转移/快速”选项卡中设置参数如右图所示	
在“型腔铣”对话框单击“生成”按钮，生成刀具路径	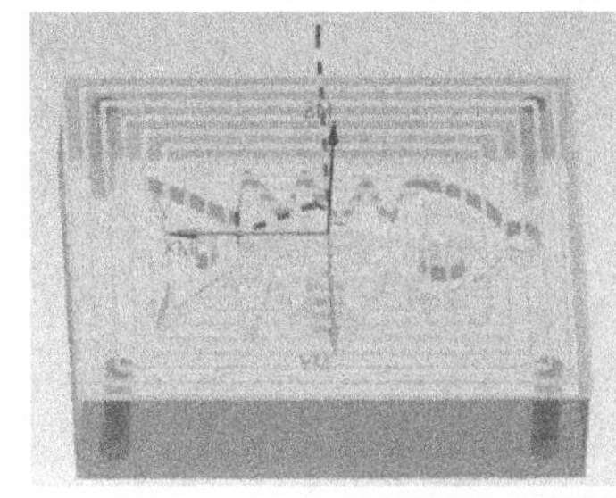
使用 ϕ10mm 的刀具，对模具表面进行精加工以达到镜面效果。在“创建工序”对话框的“工序子类型”选项组中单击“底壁加工”按钮，在“几何体”选项组中单击“选择或编辑部件边界”按钮，选择指定切削底面，设置“切削模式”为“往复”	几何体 几何体　鱼骨头零件 指定部件 指定检查体 指定切削区底面 指定壁几何体 自动壁 指定修剪边界 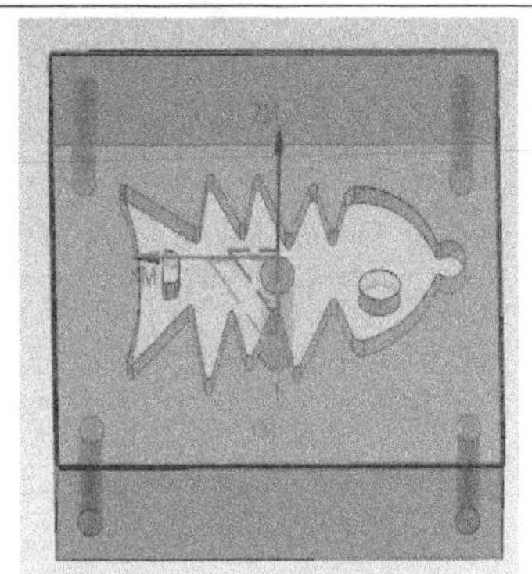
加工端面采用 ϕ10mm 刀具，在“创建工序”对话框的“工序子类型”选项组中单击“平面铣”按钮，在“几何体”选项组中单击“选择或编辑部件边界”按钮，指定部件边界，设置“类型”为“封闭”的。在窗形窗口选择加工线条，在加工主页单击“指定底面”按钮，如右图所示	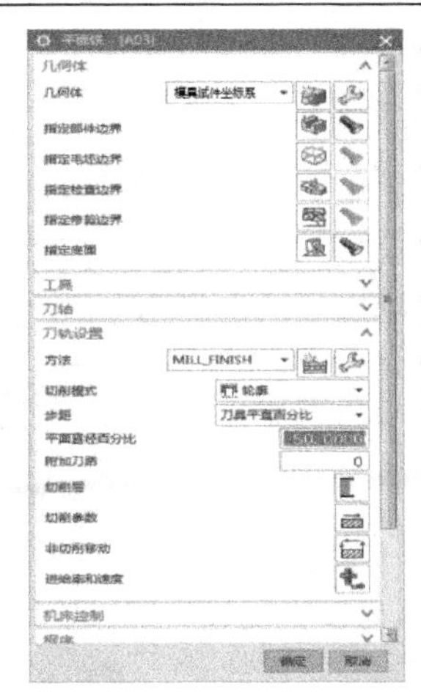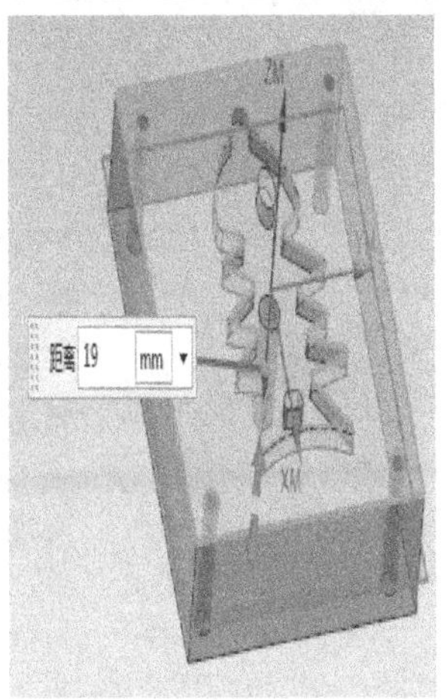

（续）

软件操作步骤	操作过程图示
设置“切削模式”为“轮廓”，“进刀类型”为“线性”“长度”为70%，“旋转角度”为90°	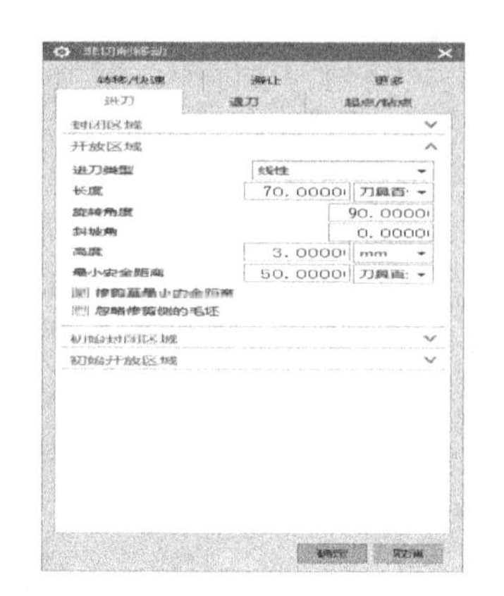 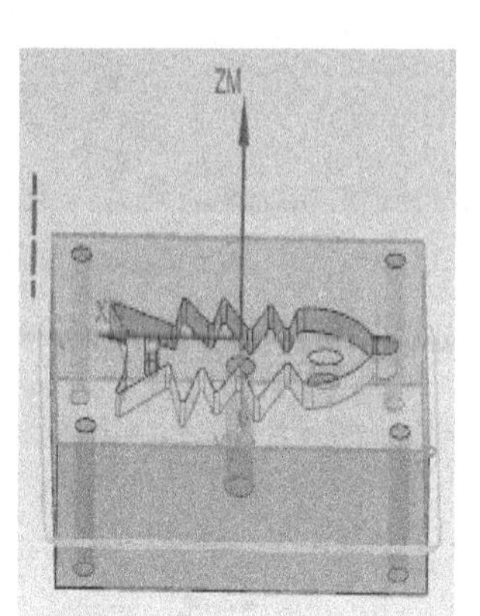
型腔二次加工模具试件，在“创建工序”对话框的“工序子类型”选项组中单击“固定轮廓铣”按钮，在“切削参数”对话框的“空间范围”选项卡中设置“参考刀具”为“D10L35(铣刀-5)”	 
在“型腔铣”对话框中单击“生成”按钮，生成刀具路径	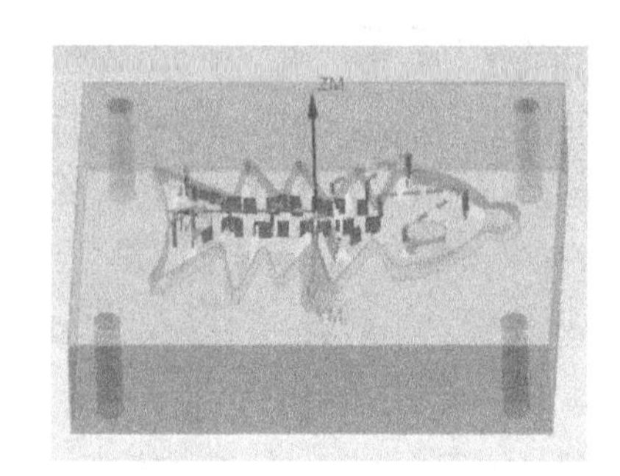

（续）

软件操作步骤	操作过程图示
型腔三次加工模具试件，在“创建工序”对话框的“工序子类型”选项组中单击“固定轮廓铣”按钮，在“切削参数”对话框的“空间范围”选项卡中设置“参考刀具”为“D2L30(铣刀-5)”	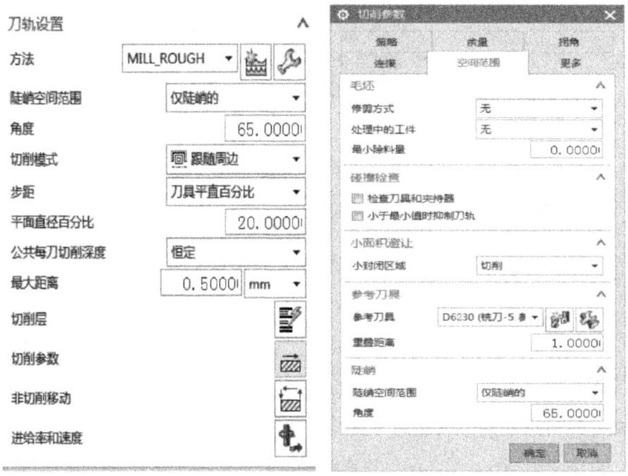 
在“型腔铣”对话框中单击“生成”按钮，生成刀具路径	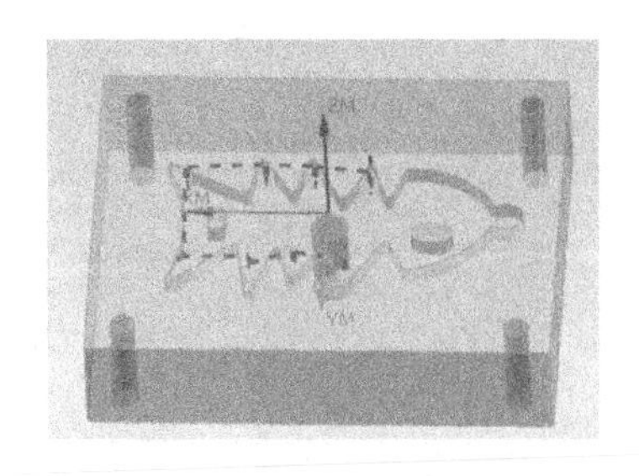
型腔底壁精加工模具试件，在“创建工序”对话框的“工序子类型”选项组中单击“底壁铣”按钮，在“几何体”选项组中单击“选择或编辑部件边界”按钮，选择指定切削底面，设置“切削模式”为“往复”	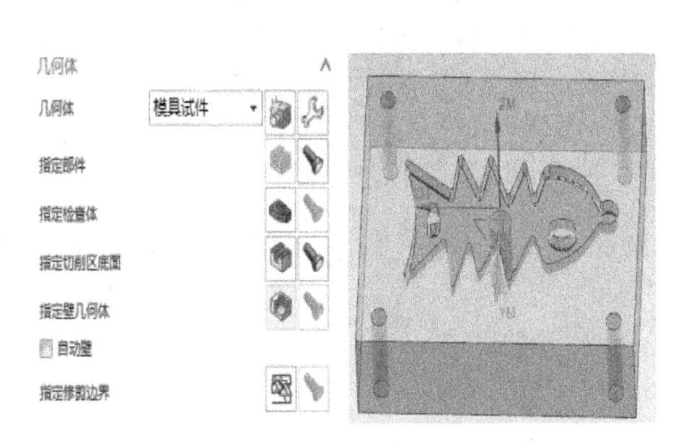
在“底壁铣”对话框中单击“生成”按钮，生成刀具路径	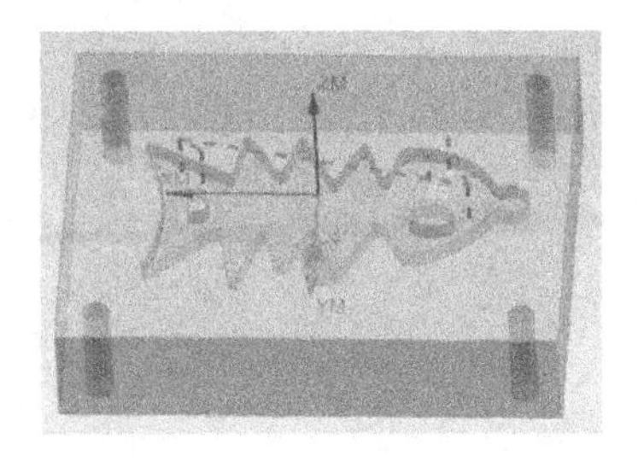

（续）

软件操作步骤	操作过程图示
注射口钻孔，在“创建工序”对话框的“工序子类型”选项组中单击“啄钻”按钮，在“几何体”选项组中单击“指定孔”按钮，选择指定切孔，单击“指定顶面”按钮指定顶面，单击“指定底部”按钮指定底部，单击“循环类型设置”按钮，设置相关参数，如右图所示	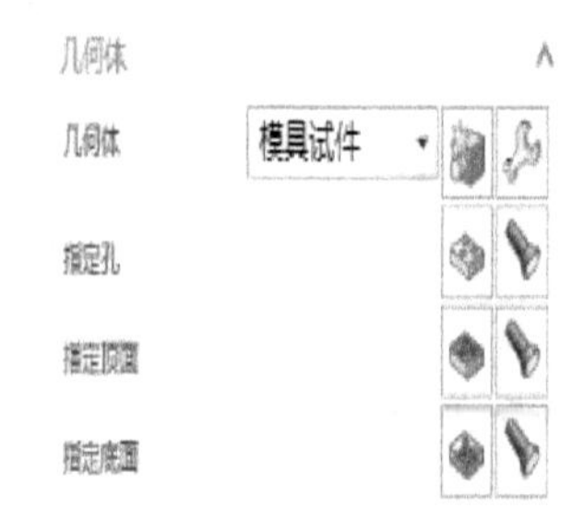 
注射口钻孔，在“创建工序”对话框的“工序子类型”选项组中单击“啄钻”按钮，并且进行“指定切孔”“指定顶面”，“指定底部”的操作，单击“循环类型设置”按钮，设置相关参数，如右图所示	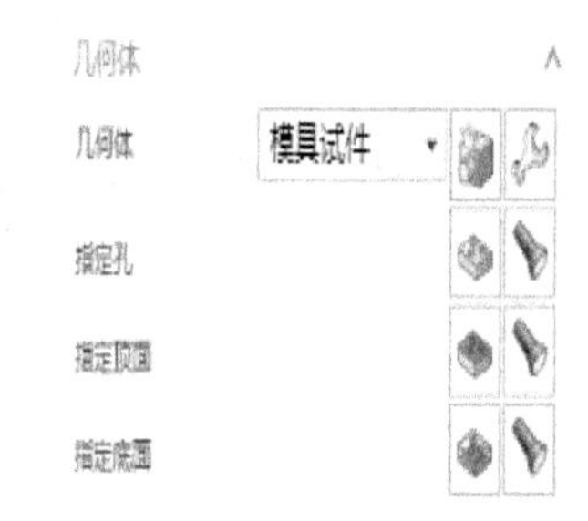 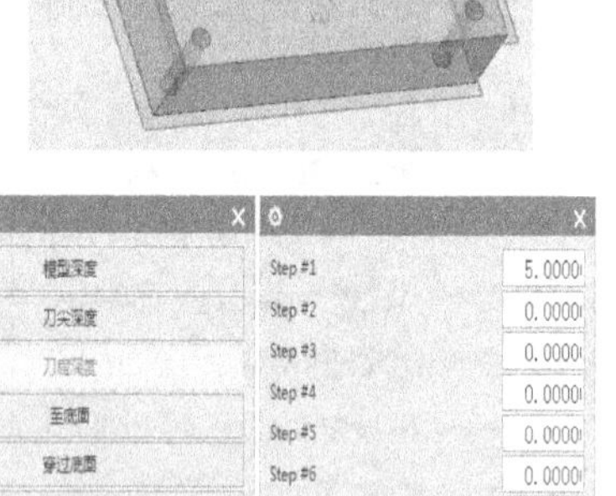
加工过程和完工照片如右图所示	 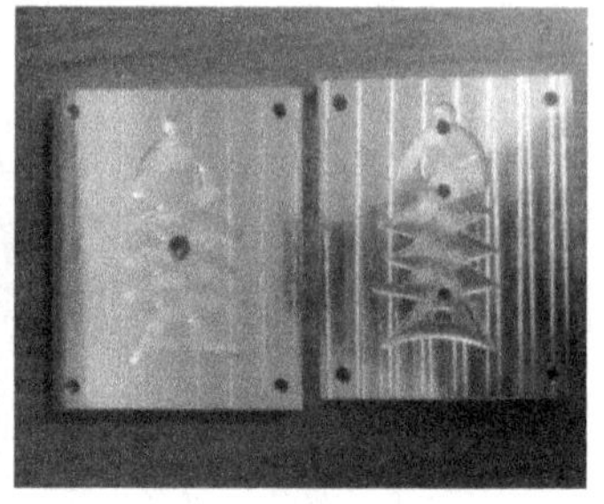

9. 总结

二次开粗时，一定要注意侧面余量的设置要稍大于开粗时的侧面余量设置。要看懂刀具路径，明确模型中容易加工不到位的部分、易发生过切或断刀等现象的部位，从而合理使用刀具和设置加工参数。

思考与练习

1. 模具试件的高速加工过程中有哪些注意事项？
2. 填写数控加工工艺卡、刀具卡等工艺文件。
3. 一般在什么情况下会造成过切现象？应如何避免？

第六章

智能飞行器电动机底座的编程与加工

6.1 目的与要求

1）理解和掌握电动机底座零件的加工工艺方法。

2）掌握电动机底座零件加工中的工装设计与加工。

3）掌握5轴定轴加工方法。

4）掌握型腔铣开粗检查面的技巧。

5）掌握边界创建的各种方法和技巧。

6.2 仪器与设备

1）高速五轴钻攻中心配 HNC-848D 数控系统。

2）零件名称为电动机底座。

3）材料为铝 2A12。

4）毛坯尺寸为 119mm×80mm×29.2mm。

6.3 相关知识概述

当采用5轴加工时，必须考虑尽可能用最短的切削刀具完成整个模具的加工，从而获得良好的表面质量，避免返工。同时减少焊条的使用量，缩短 EDM（放电加工）的加工时间。成功的5轴加工应用不仅仅是配备五轴加工中心和某些五轴 CAM 软件，还要求加工中心必须能加工复杂的模具型腔。类似地，要求 CAM 软件不仅要具有五轴功能，而且必须具有适合模具加工的功能。

使用短的切削刀具是5轴加工的主要特征。尽可能用最短的切削工具完成整个工件的加工，也包括减少编程、装夹和加工时间却能得到更加完美的表面质量。

相比3轴加工，5轴加工有以下几方面优点。

1. 减少装夹次数，提高加工效率

5轴加工的一个主要优点是仅需经过一次装夹即可完成复杂形状零件的加工，如倾斜孔加工、曲面加工等。由于无须多次装夹，5轴联动加工技术不仅缩短了加工周期，而且避免

了因多次装夹造成的人工或机械误差，大大提高了加工精度，如图 6-1 所示。

图 6-1　一次装夹多面加工

2. 保持最佳的切削姿态

由于具备 5 个轴向的自由度，根据曲面的法矢量，转动旋转轴，使刀具总是保持最佳的切削姿态，提高切削效率，如图 6-2 所示。

3. 有效避免加工干涉

对于复杂的曲面零件，如叶轮和叶片，某些加工区域由于 3 轴机床本身的缺陷会引起刀具干涉，无法满足加工要求。5 轴机床通过改变刀具的切削方向，有效解决了加工干涉问题，如图 6-3 所示。

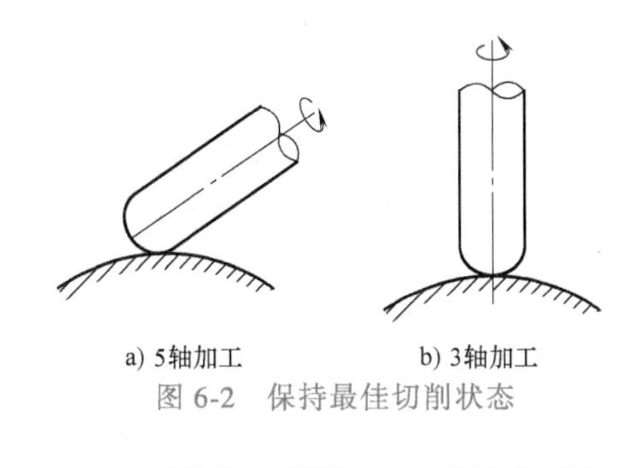

图 6-2　保持最佳切削状态

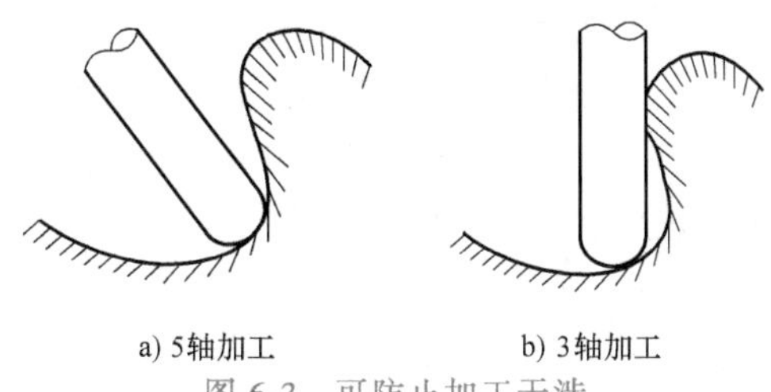

图 6-3　可防止加工干涉

4. 侧铣加工提高加工效率和质量

在航空航天等领域有曲面侧壁轮廓加工需求，将刀具倾斜一定的角度，通过刀具侧刃进行铣削，能够缩短加工时间和提高加工质量，如图 6-4 所示。

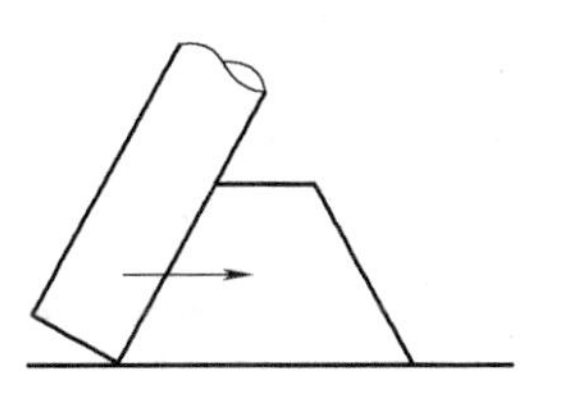

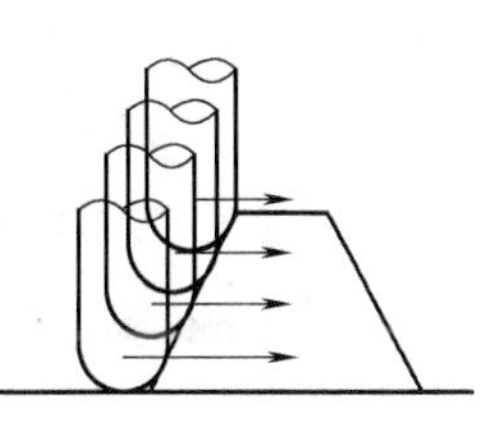

a) 5轴　　b) 3轴

图 6-4　使用侧刃铣削工件

5. 扩大了加工的范围

一些曲面由于本身扭曲和各曲面间相互位置限制，如整体叶轮，在加工时不得不转动刀具轴线，因此只能采用 5 轴联动数控机床；否则很难甚至无法达到加工要求。另外，在模具加工中，有时只能用 5 轴联动数控机床才能避免刀具与工件的干涉。

总之，5 轴加工主要的优点是能完成对复杂曲面零件的加工，一次装夹完成全部工序，调整刀具到最佳切削姿态，合理的避开干涉位置，得到更好的加工品质以及降低成本。图 6-5、图 6-6 所示为加工方向视图。

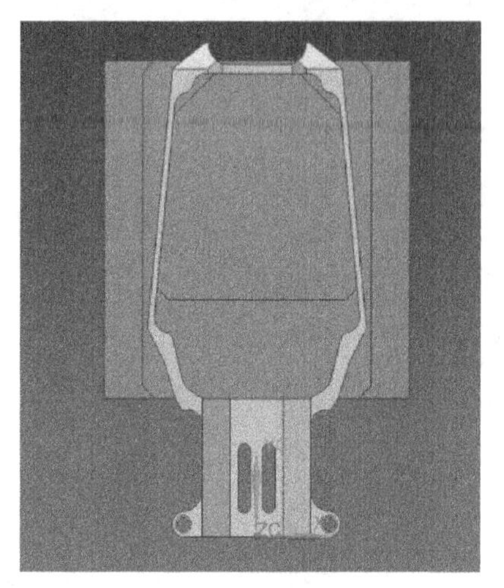

图 6-5　俯向加工视图

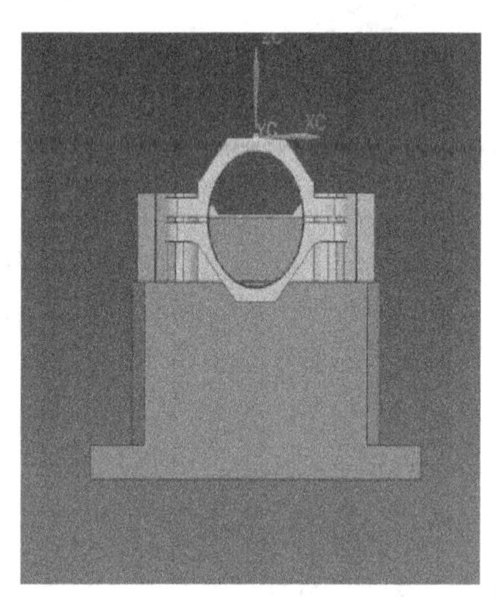

图 6-6　正向加工视图

6.4　电动机底座高速铣削加工工艺

1. 结构分析

电动机底座的材料为铝 2Al2，切削性能良好，属于外形结构件，周边及内部筋的厚度仅为 1.5mm，型腔深度为 10mm。电动机底座零件图如图 6-7 所示。图中未注尺寸的孔有 6 个。图中所标注总长为 112±0.02mm，有公差要求。该零件的周边及内部筋的变形也做了相应规定，不允许有超差现象发生，并且该零件对内腔表面质量要求很高，表面粗糙度值为 *Ra*3.2μm。所以，该工件在加工时，要防止工件振动，选择的背吃刀量尽量要小。

2. 编程前的工艺分析

1）毛坯尺寸为 119mm×80mm×29.2mm。

2）由零件图可知该底座零件有公差要求，这就需要了解加工顺序以保证加工精度。

3）该零件具有内孔、圆弧、直线，形状相对简单。

4）最大吃刀量为 29mm。

5）最小的凹圆角半径为 3mm。

6）不需要电火花加工。

7）不需要线切割加工。

8）需要使用的加工方法：型腔铣开粗、平面铣、底壁铣和钻孔攻螺纹。

9）刀具的选用。为在加工过程中减少零件变形量，在保证加工效率的前提下，尽量选用直径小的刀具。

10）零件工装图如图 6-8 所示，工装三维图如图 6-9 所示。

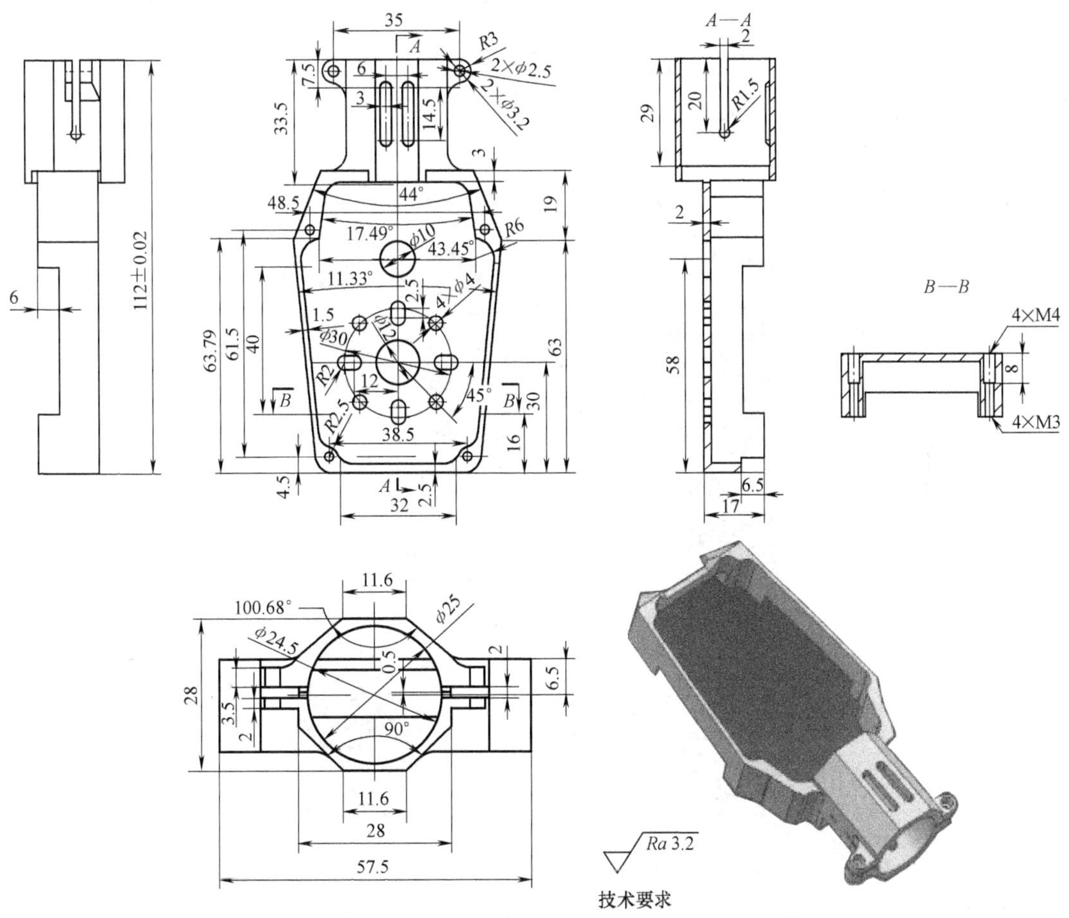

技术要求

1.未注尺寸公差按GB/T 1804—m执行。

2.零件加工表面不应有刮痕、擦伤等损伤零件表面的缺陷。

3.去除毛刺。

图 6-7　电动机底座零件图

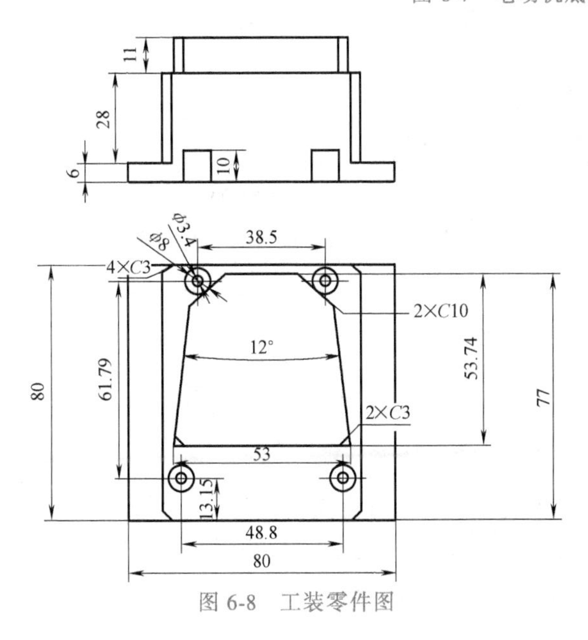

图 6-8　工装零件图

图 6-9　工装三维图

3. 加工步骤及加工编程技巧

电动机底座零件型腔的高速铣削加工分为两步，先正面使用压板装夹，后使用夹具装夹加工反面，最后窄槽用线切割加工。

（1）电动机底座正面的高速铣削加工

1）零件装夹如图 6-10 所示，分中方式为：毛坯四面分中，Z 方向顶为零。

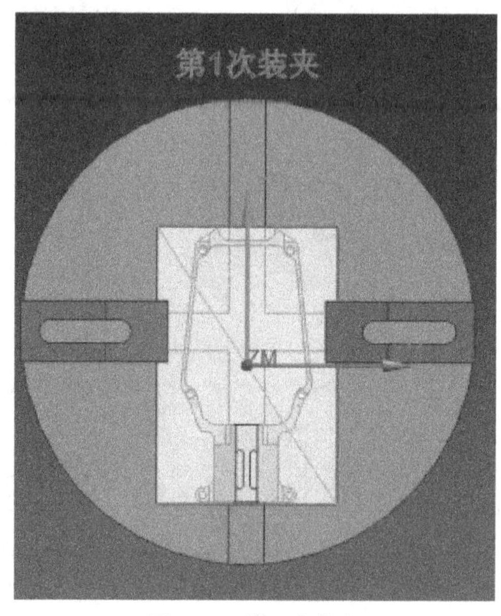

图 6-10　第一次装夹

2）刀具路径的编程。刀具大小与切削参数如图 6-11 所示。

名称	刀...	刀具	刀具号	时间	MCS	余量	底面余量	切削深度	进给	速度
NC_PROGRAM				01:19:38						
未用项				00:00:00						
装夹1				00:47:39						
CAVITY_MILL	✔	D10	5	00:34:44	装夹1	0.3000	0.1000	1 mm	3000 mmpm	8000 rpm
PLANAR_MILL...	✔	D6	3	00:02:23	装夹1	0.0000	0.0000	1.0000	3000 mmpm	8000 rpm
PLANAR_MILL...	✔	D6	3	00:01:11	装夹1	0.0000	0.0000	1.0000	3000 mmpm	8000 rpm
FLOOR_WALL_...	✔	D6	3	00:00:10	装夹1	0.0000	0.0000	0.0000	1000 mmpm	8000 rpm
FLOOR_WALL_...	✔	D6	3	00:00:39	装夹1	0.1000	0.0000	0.0000	1000 mmpm	8000 rpm
FLOOR_WALL_...	✔	D6	3	00:00:16	装夹1	0.1000	0.0000	0.0000	1000 mmpm	8000 rpm
FLOOR_WALL_...	✔	D6	3	00:00:20	装夹1	0.0000	0.0000	0.0000	1000 mmpm	8000 rpm
FLOOR_WALL_...	✔	D6	3	00:00:07	装夹1	0.1000	0.0000	0.0000	1000 mmpm	8000 rpm
FLOOR_WALL_...	✔	D6	3	00:00:10	装夹1	0.0000	0.0000	0.0000	1000 mmpm	8000 rpm
PLANAR_MILL...	✔	D10	5	00:01:29	装夹1	0.0000	-3.0000	0.0000	3000 mmpm	8000 rpm
PLANAR_MILL...	✔	D10	5	00:01:15	装夹1	-0.2500	3.8000	0.0000	3000 mmpm	8000 rpm
PLANAR_MILL...	↳	D2	2	00:00:30	装夹1	-0.0200	0.0000	0.0000	3000 mmpm	8000 rpm
PLANAR_MILL...	✔	D2	2	00:00:30	装夹1	-0.0200	0.0000	0.0000	3000 mmpm	8000 rpm
SPOT_DRILLING	✔	点孔	6	00:00:17	装夹1				50 mmpm	600 rpm
SPOT_DRILLIN...	✔	Z2.5	8	00:02:27	装夹1				50 mmpm	600 rpm

图 6-11　工艺参数

3）根据型腔零件的形状和大小，选择 D10 的立铣刀进行粗加工，去除大部分的加工余量，如图 6-12 所示。需要注意的是，选取检查面对压板进行避让，最终底面留 1mm 的加工余量。

4）选择 D6 的立铣刀对底座零件的外形进行精加工（内轮廓），如图 6-13 所示。此面在下一步要与夹具装配，因此必须保证精度，每层吃刀量控制在 1mm。

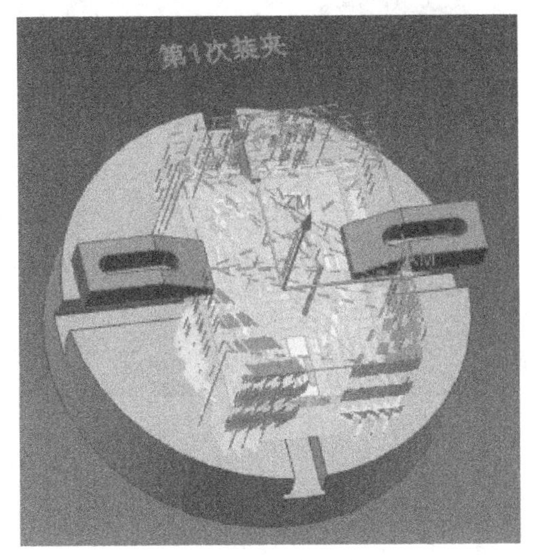

图 6-12　型腔铣粗加工

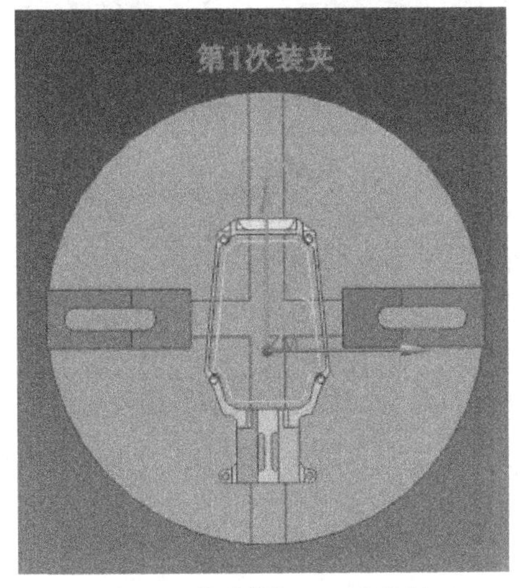

图 6-13　外形精加工（内轮廓）

5）选择 D6 立铣刀对前端面进行精加工，如图 6-14 所示。此面在反面加工时，是作为 Y 方向的分中边，也相当于 Y 方向的基准边，因此在加工时须保证精度。

6）选择 D6 的立铣刀对所有底面进行精加工（光刀）。此面精加工，有的刀路是 5 轴定轴加工，如图 6-15 所示。加工时，应避免刀柄与工件、夹具发生碰撞。

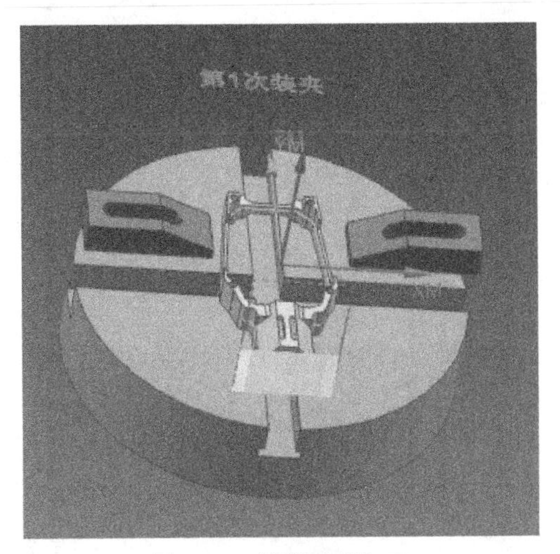

图 6-14　前端面精加工

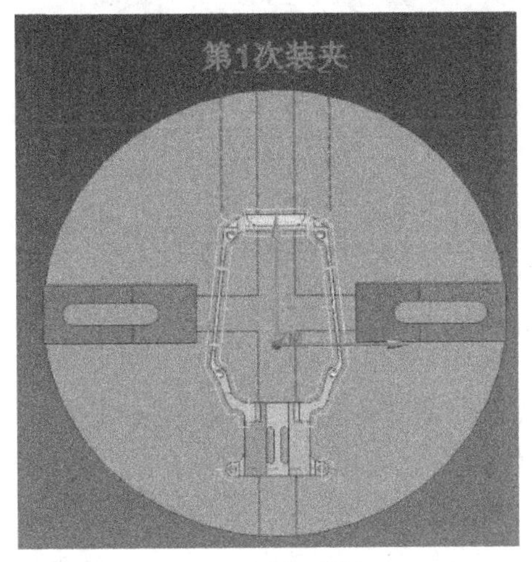

图 6-15　底平面精加工

7）选择 D6 的立铣刀对端面孔进行精加工。此孔是留给反面作为 X 方向分中基准，加工时注意保证精度，如图 6-16 所示。加工此面需要工作台立起来，避免刀柄发生碰撞。

8）选择 D2 的立铣刀进行腰槽加工和 Z2.5 螺纹底孔加工，如图 6-17 所示。

9）进行刀路轨迹模拟，检查是否有过切与碰撞发生，如图 6-18 所示。

10）对刀路轨迹进行后处理，生成 G 代码，如图 6-19 所示。

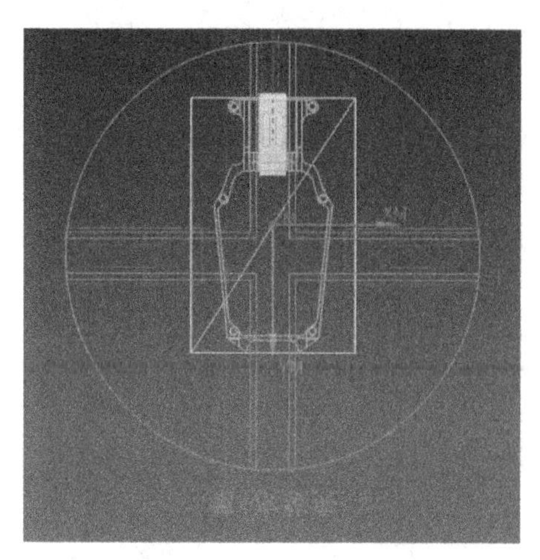

图 6-16　孔精加工

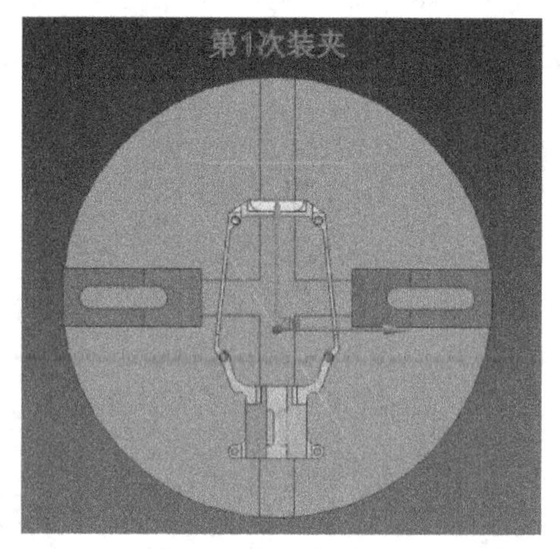

图 6-17　螺纹底孔加工

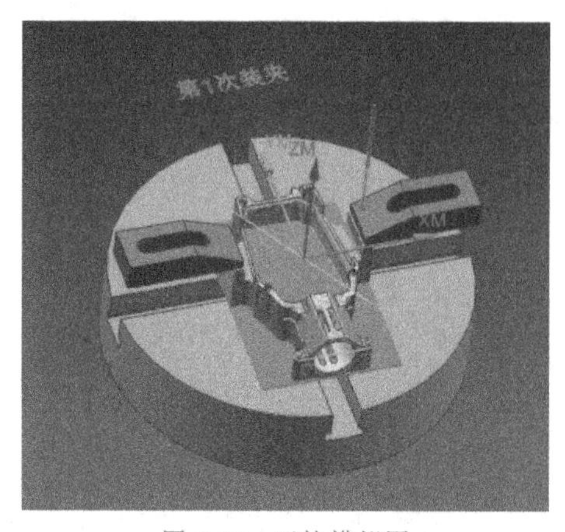

图 6-18　刀轨模拟图

信息列表创建者	Administrator
日期	08-Oct-2019 10:05:42
当前工作部件	C:\Users\Administrator\Desktop\飞行器样图.prt
节点名	pc-201904131428

```
(Gloden_QQ:446573314)
(CREATE DATA: Tue Oct  8 10:05:30 2019)
O666(飞行器样图.nc)
G40 G49 G01 G90 G54 F6666.
/M141
/M146
/M8
(ToolName=D10 D=10.00 R=0.00)
(S=8000 F=3000 STOCK=0.300)
G1 G91 G28 Z0 F6666.
T05 M06
(D10)
G49 G01 G54 F6666.
G1 G91 G28 Z0 F6666.
G1 G91 G28 Y0 F6666.
G90 G54
G05.1Q2
A0.0 C0.0
G43.4 H05
X-14.435 Y69.497 Z45.8 A0.0 C0.0 S8000 M03 M08
Z2.028 A0.0 C0.0
X-14.435 Y69.497 Z-.972 A0.0 C0.0 F1000.
X-7.591 Y64.497 Z-.972 A0.0 C0.0
X-4.869 Y62.387 Z-.972 A0.0 C0.0 F3000.
```

图 6-19　G 代码生成图

（2）电动机底座反面的高速铣削加工

1）零件装夹图如图 6-20 所示，分中方法为：X 方向以前端面圆心孔分中，Y 方向靠单边，Z 方向以精加工顶面为 0。有余量时，注意进行偏置。（X 方向分中方法：将工作台用手摇方式，将 A 轴转成 90°；将分中棒伸向孔内，取两端进行分中，取中心值。分完中后，将机床 A 轴回零，让机床工作台呈水平状态。）

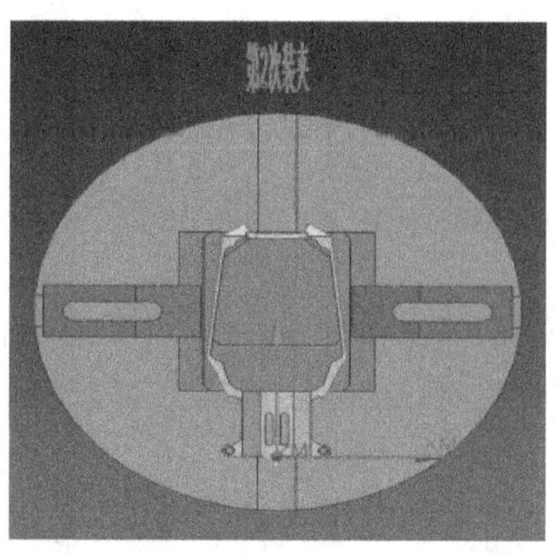

图 6-20　第二次零件装夹图

2）刀具路径的编程。刀具大小与切削参数如图 6-21 所示。

3）选择 D10 的合金平底刀对顶面 1mm 的加

名称	刀...	刀具	刀具号	时间	MCS	余量	底面余量	切削深度	进给	速度
未用项				00:00:00						
装夹1				00:47:39						
装夹2				00:31:58						
骗刀程序	✔	点孔	6	00:00:18	装夹2				50 mmpm	600 rpm
FLOOR_WALL_...	✔	D10	5	00:03:07	装夹2	0.3000	0.0000	0.5000	1000 mmpm	8000 rpm
PLANAR_MILL	✔	D6	3	00:03:29	装夹2	0.0000	0.0000	1.0000	3000 mmpm	8000 rpm
FLOOR_WALL_...	✔	D6	3	00:15:49	装夹2	0.0300	0.0000	0.5000	1000 mmpm	8000 rpm
FLOOR_WALL	✔	D6	3	00:00:38	装夹2	0.3000	0.0000	0.5000	1000 mmpm	8000 rpm
FLOOR_WALL_...	✔	D6	3	00:00:06	装夹2	0.3000	0.0000	1.0000	1000 mmpm	8000 rpm
FLOOR_WALL_...	✔	D6	3	00:00:06	装夹2	0.3000	0.0000	1.0000	1000 mmpm	8000 rpm
FLOOR_WALL_...	✔	D6	3	00:00:42	装夹2	0.3000	0.0000	1.0000	1000 mmpm	8000 rpm
PLANAR_MILL...	✔	D6	3	00:01:28	装夹2	0.0000	0.0000	1.0000	3000 mmpm	8000 rpm
PLANAR_MILL...	✔	D6	3	00:01:10	装夹2	0.0000	0.0000	1.0000	3000 mmpm	8000 rpm
PLANAR_MILL...	✔	D6	3	00:00:34	装夹2	0.0000	0.0000	1.0000	3000 mmpm	8000 rpm
PLANAR_MILL_1	✔	D2	2	00:00:30	装夹2	-0.0200	-1.0000	0.0000	3000 mmpm	8000 rpm
PLANAR_MILL...	↪	D2	2	00:00:30	装夹2	-0.0200	-1.0000	0.0000	3000 mmpm	8000 rpm
SPOT_DRILLIN...	✔	点孔	6	00:00:18	装夹2				50 mmpm	600 rpm
SPOT_DRILLIN...	✔	Z2.5	8	00:01:13	装夹2				50 mmpm	600 rpm
SPOT_DRILLIN...	✔	Z4.2	0	00:00:37	装夹2				50 mmpm	600 rpm

图 6-21　工艺参数

工余量进行切除，如图 6-22 所示。

4）选择 D6 的合金平底刀对外形轮廓进行精加工，如图 6-23 所示。需要注意的是，外形左右两处会有大块余量掉下来。此时，工件比较薄，吃刀量不可过大。

5）选择 D6 的合金平底刀对底面进行精加工（光刀），如图 6-24 所示。其中有些 5 轴定轴加工，应避免刀柄与工件、夹具发生碰撞。

6）选择 D6 的立铣刀对零件端面进行精加工，如图 6-25 所示。定轴加工，应避免发生碰撞。

图 6-22　平面精加工

7）选择 D2 的立铣刀对腰圆进行精加工，如图 6-26 所示。

8）进行孔加工，如图 6-27 所示。

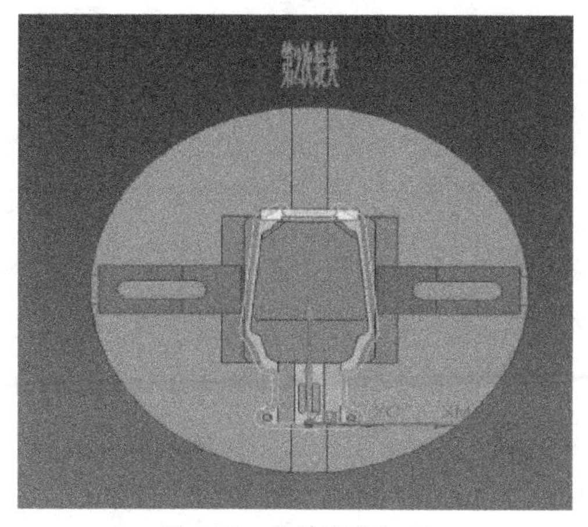

图 6-23　外轮廓精加工

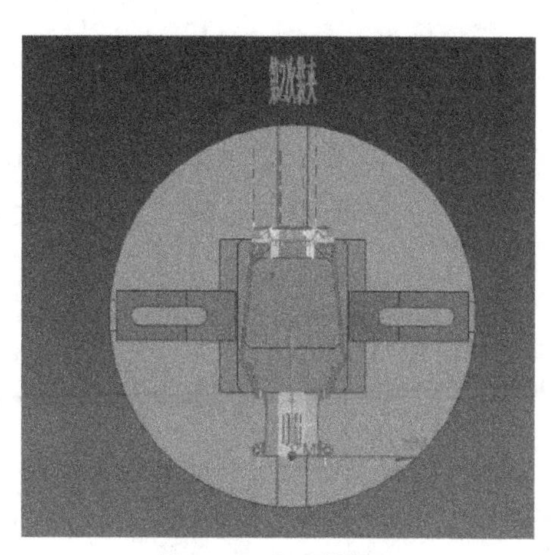

图 6-24　底面精加工

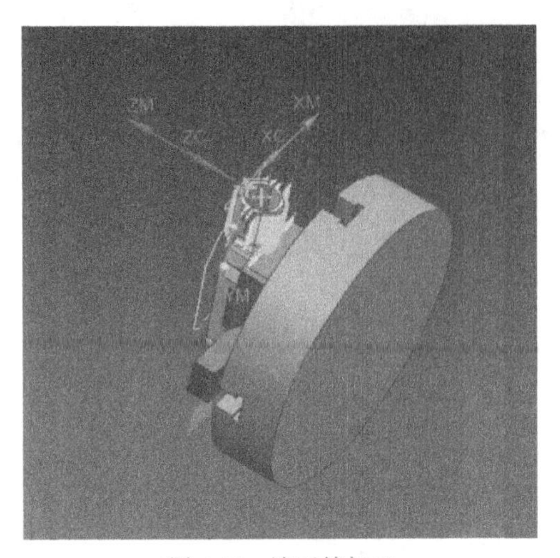

图 6-25　端面精加工

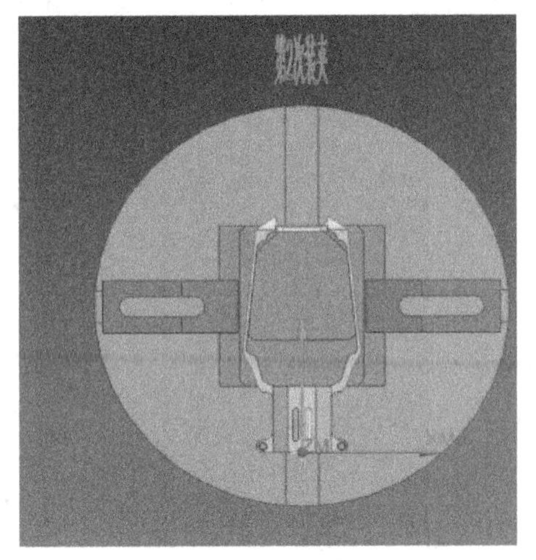

图 6-26　腰圆精加工

9）进行刀路轨迹模拟，检查是否有过切与碰撞，如图 6-28 所示。

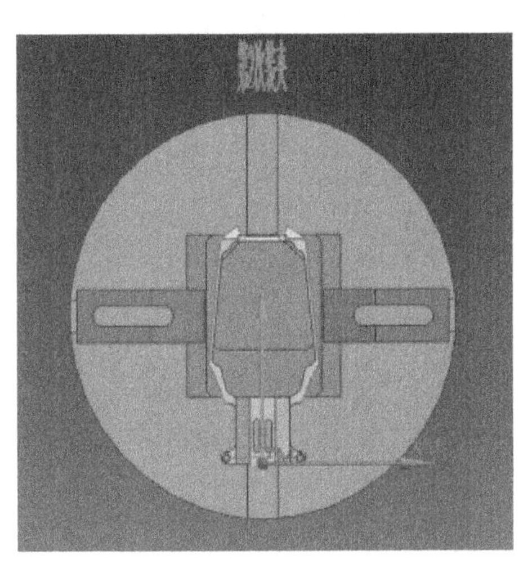

图 6-27　孔加工

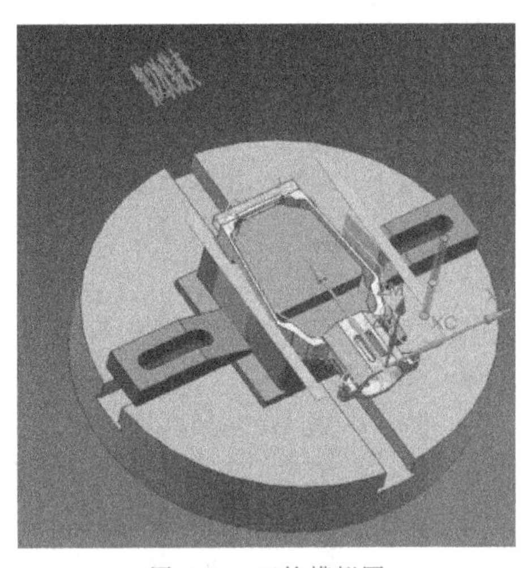

图 6-28　刀轨模拟图

10）对刀路轨迹进行后处理，生成 G 代码如图 6-29 所示。

4. 总结

（1）不规则的底座零件的加工工艺方法

1）毛坯的大小，是粗料，还是精框精料？为什么？请思考。

2）第一面装夹时，压板的位置一定要根据图中的位置严格装夹；否则有碰撞的危险。

3）开粗编程时对压板要进行规避处理。

4）加工正面时，要将反面的基准加工出来，也就是对刀分中面。

5）夹具的设计与制作。

（2）刀具的选用　为在加工过程中减少零件变形量，在保证加工效率的前提下，尽量选用直径小的刀具，刀具直径越小，加工过程中的切削力就越小，产生的应力也越小。对电动机底座进行精加工时，选用 ϕ 6mm 立铣刀。为减少切削力，按“高转速、高进给、小吃

信息列表创建者	Administrator
日期	08-Oct-2019 13:32:12
当前工作部件	E:\UG12-work\飞行器2222.prt
节点名	pc-201904131428

```
(Gloden_QQ:446573314)
(CREATE DATA: Tue Oct  8 13:32:17 2019)
O666(飞行器2222.nc)
G40 G49 G01 G90 G54 F6666.
/M141
/M146
/M8
(ToolName=D10 D=10.00 R=0.00)
(S=8000 F=1000 STOCK=0.300)
G1 G91 G28 Z0 F6666.
T05 M06
(D10)
G49 G01 G54 F6666.
G1 G91 G28 Z0 F6666.
G1 G91 G28 Y0 F6666.
G90 G54
G05.1Q2
A0.0 C0.0
G43.4 H05
X-.175 Y-8.297 Z30. A0.0 C0.0 S8000 M03 M08
Z3.5 A0.0 C0.0
X-.175 Y-8.297 Z.5 A0.0 C0.0 F1000.
X-.175 Y-.297 Z.5 A0.0 C0.0
X-29.03 Y-.297 Z.5 A0.0 C0.0
X-29.03 Y117.292 Z.5 A0.0 C0.0
X29.03 Y117.292 Z.5 A0.0 C0.0
```

图 6-29　G 代码生成图

刀量”的原则选择切削用量。根据加工现场机床的刚性和最高工作转速，选择主轴转速为8000r/min，进给速度为1000mm/min，背吃刀量尽可能小。

（3）顺铣和逆铣　为了得到较好的表面质量和较小的切削振动，一般选择顺铣。

思考与练习

1. 电动机底座的加工工艺流程是什么？
2. 填写数控加工工艺卡、刀具卡等工艺文件。
3. 简述 5 轴机床的特点。

第七章

手机壳零件的编程与加工

7.1　目的与要求

通过本任务能够制订手机壳零件的高速铣削加工工艺方案，针对零件的加工要求合理选择刀具的类型；针对加工刀具选择合适的切削参数；对 3 轴高速铣削加工进行编程，加工效果达到镜面效果，可替换掉传统铣削加工后须打磨才能达到镜面效果。

7.2　仪器与设备

1）Z540B 数控机床华中系统高速铣削机床。

2）材料为铝 6061，零件尺寸为 153mm×72mm×7mm，工装尺寸为 170mm×90mm×20mm。

7.3　高速铣削加工知识概述

1. 改善和提高工具系统稳定性的措施

1）在不影响加工的情况下，刀具的悬伸量不宜过长，随着刀具的悬伸量增加，高速加工工具系统的稳定性下降很明显。

2）在一些需要加长刀具悬伸量的情况下，比如深腔零件加工，为了提高系统的稳定性，可以通过增加刀具夹持量的方法实现。

3）在不影响加工表面质量的前提下，可以通过适当降低主轴转速提高高速加工工具系统的稳定性。

2. 使用 CAM 软件编程时的注意事项

（1）高速加工的刀具路径　高速加工的刀具路径必须考虑以下重要因素：加工刀具不能和零件产生碰撞；切削负载必须在刀具的极限负载之内；工件残留材料不能大于指定的极限范围；避免吃刀量突然变化；切削速度和加速度要在机床允许的能力范围内；加工路径方向要保持恒定，避免切削方向突然变化；尽量减少空行程，提高切削效率。

在实际零件的高速加工中，往往难以完全满足上述要求。加工复杂形状的零件时，只能尽量满足这些要求，并首先要满足较为重要的要求。例如，由于零件形状的限制而改变切削条件，结果在加工后的零件表面留下可见的刀痕，虽然通过抛光的方法可以消除，但对高速

精加工而言，此做法不妥。较好的方法是进行粗加工和半精加工后，可使用 CAM 软件修改零件的形状，利用其后的精加工消除前面加工留下的刀痕。

（2）高速加工的进刀和退刀方式　在高速加工时应尽量采用轮廓的切向进刀和退刀方式，以保证刀具轨迹的平滑。进行曲面加工时，刀具可以是 Z 向垂直进刀和退刀，曲面法向的进刀和退刀，曲面正向与反向的进刀和退刀，斜向或螺旋式进刀和退刀等。实际加工中，可以采用曲面的切向进刀，最好采用螺旋式进刀。采用螺旋式进刀切入材料时，如果加工区域是上大下小，螺旋加工半径会随之减小以进刀到指定深度，有些 CAM 系统具有基于知识的加工，在检查刀具信息后发现刀具有盲区时，螺旋加工半径不会无限制减小，以避免撞刀。这为程序的安全性提供了保障。

（3）高速加工的移刀方式　高速加工的移刀方式是指行切中的行间移刀、环切中的环间移刀以及等高加工的层间移刀等。普通 CAM 软件中的移刀大多不适合高速加工的要求。如在行切移刀时，刀具多是直接垂直于原来行切方向的法向移刀，导致刀具路径中存在尖角；在环切的情况下，环间移刀也是从原来轨迹的法向直接移刀，也使刀具轨迹存在不平滑情况；在等高线加工中的层间移刀时，也存在移刀尖角。这些移刀方式会影响高速加工中心的进给速度与加工效率。高速加工中，采用的切削用量较小［侧向切削用量（侧吃刀量）和深度切削用量（背吃刀量）很小］，移刀运动量也会急剧增加，这就要求刀具轨迹的移刀要平滑。

1）行切光滑移刀。

① 行切的移刀直接采用切圆弧连接。该方法在行切切削用量（行间距）较大的情况下处理得很好，在行切切削用量（行间距）较小的情况下会由于圆弧半径过小而导致圆弧接近一点，即近似为行间的直接直线移刀，从而也导致机床预览减速，影响加工效率，对加工中心不利。

② 行切的移刀采用内侧或外侧圆弧过渡移刀。该方法在一定程度上会弥补采用切圆弧移刀的不足。但在使用非常小的刀具直径进行精加工时，由于刀具轨迹间距非常小，使得该方法也不够理想。这时可以考虑采用更高级的移刀方式。

2）环切的光滑移刀。

① 环切的移刀采用环间的圆弧切出与切入连接。该方法的弊端是在加工三维复杂零件时，由于移刀轨迹直接在两个刀具轨迹之间生成圆弧，在间距较大的情况下，会产生过切。该方法一般多用于 2.5 轴的加工，使所有的加工都在一个平面内。

② 环切的移刀采用空间螺旋式移刀。该方法在空间完成移刀，弥补了环间圆弧切出与切入方法的不足。

7.4　手机壳正面工装高速铣削加工

1. 加工方式

1）下刀方式：斜降下刀。

2）外形下刀方式：圆弧进刀。

3）进给方式：型腔铣开粗，从外到内。

4）加工时按顺铣方式，将底面 1.5mm 的加工余量分两次加工完成。第一刀背吃刀量为

1.35mm，精加工时，背吃刀量为0.15mm，进给速度为600mm/min。需要特别注意的是，加工底面时，给侧面须预留0.3mm的加工余量，以免铣削侧面时吃刀量突然增大而影响加工质量。

2. 加工注意事项

1）装刀时，应尽可能缩短刀具伸出长度，以保证高速加工时的刀具强度。

2）进退刀方式：以圆弧方式接近、离开工件，可以避免突然接触工件时产生的接刀痕。

3）进给方式：选用外形铣削方式。加工时，按 Z 轴分层并以顺铣的方式进行，侧面1.5mm的加工余量分两次加工完成。半精铣时的侧吃刀量为1.4mm，此时主轴转速为16000r/min，进给速度为2000mm/min，三个型腔同时逐层向下铣，每次的背吃刀量为2mm（高速切削中切屑形状不宜太大，否则会影响排屑，所以每次背吃刀量要控制在合理范围，一般为0.2~3mm）。

3. 加工内容

手机壳正面造型和加工完成的情况如图7-1和图7-2所示。

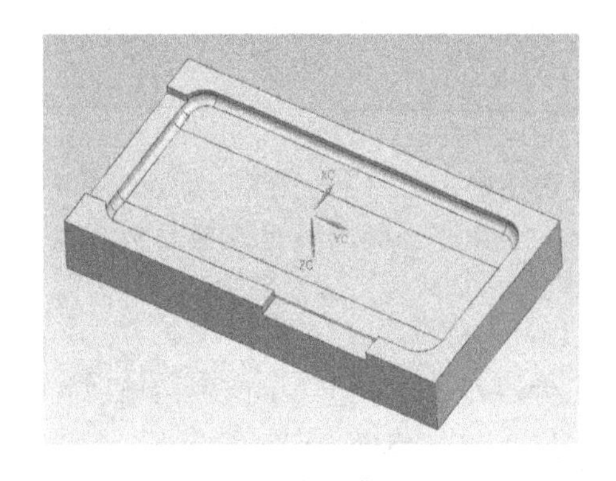

图7-1 实际模型图

图7-2 工装加工完成

4. 编程前的工艺分析

1）手机壳零件工装尺寸为170mm×90mm×20mm。

2）最大吃刀量为7mm。

3）最小的凹圆角半径为4mm

4）不需要电火花加工。

5）不需要线切割加工。

6）需要使用的加工方法：型腔开粗加工、外形轮廓铣削加工、固定轮廓铣削加工、平面铣削加工底壁铣削加工。

5. 编程思路及刀具的使用

1）根据型腔零件的形状和大小，选择D10的钨钢立铣刀进行型腔铣开粗加工，去除大部分的加工余量。

2）选择D10的钨钢立铣刀进行零件的外形开粗加工（整体外形）。

3）选择D10的钨钢立铣刀进行零件的外形精加工（整体外形）。

4）选择 D10 的钨钢立铣刀进行腔体外形的精加工（光刀）。

5）选择 D10 的钨钢立铣刀进行零件表面的粗加工（为后面的精加工做准备）。

6）选择 D10 的钨钢立铣刀进行零件表面的精加工（光刀）。

7）选择 D10 的钨钢立铣刀进行零件旁边两边开放槽表面和侧面的精加工（光刀）。

8）选择 B6 的钨钢球头铣刀进行腔体底面和圆角的半精加工（为后面精加工做准备）。

9）选择 B6 的钨钢球头铣刀进行腔体底面和圆角的精加工（光刀）。

6. 制订加工程式单

手机壳正面工装高速加工程式单见表 7-1。

表 7-1　手机壳正面工装高速加工程式单

序号	加工区域	程序名称	刀具名称	刀具长度/mm	加工子类型	加工方式
1	全部区域	G1	D10	35	型腔铣	粗加工
2	零件的外形	G2	D10	35	实体轮廓铣	外形开粗加工
3	零件的外形	G3	D10	35	实体轮廓铣	外形精加工
4	腔体外形	G4	D10	35	实体轮廓铣	精加工(光刀)
5	零件表面	G5	D10	35	平面轮廓铣	粗加工
6	零件表面	G6	D10	35	平面轮廓铣	精加工(光刀)
7	零件旁边两边开放槽表面和侧面	G7	D10	35	底壁加工	精加工(光刀)
8	腔体底面和圆角	G8	B6	30	固定轮廓铣	半精加工
9	腔体底面和圆角	G9	B6	30	固定轮廓铣	精加工(光刀)
装夹示意图						

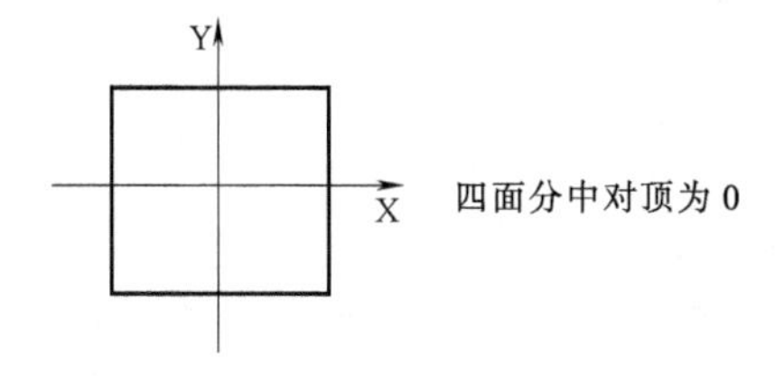

7. 高速加工工艺参数的选择

手机壳正面工装高速加工工艺参数见表 7-2。

表 7-2　手机壳正面工装高速加工工艺参数

加工步骤		切削参数					
序号	加工内容	刀具规格		主轴转速 n/(r/min)	进给速度 v_f/(mm/min)	刀具补偿	
		类型	材料			长度	半径
1	全部区域粗加工	D10	整体钨钢刀具	10000	6000		
2	零件的外形粗加工	D10		12000	3000		
3	零件的外形精加工	D10		12000	3000		
4	腔体外形精加工	D10		10000	600		
5	零件表面粗加工	D10		12000	3000		
6	零件表面粗加工	D10		10000	600		
7	零件旁边两边开放槽表面和侧面精加工	D10		10000	600		
8	腔体底面和圆角粗加工	B6		13000	6000		
9	腔体底面和圆角精加工	B6		15000	2500		

8. 利用 CAM 软件编制刀具路径

(1) 手机壳正面高速加工 NX 加工环境设置（表 7-3）

表 7-3　手机壳正面高速加工 NX 加工环境设置

软件操作步骤	操作过程图示
启动 NX12 软件后，单击“标准”工具栏上的“打开”按钮，打开“打开部件文件”对话框，选择“工装零件”文件，单击“OK”按钮，文件打开后如右图所示	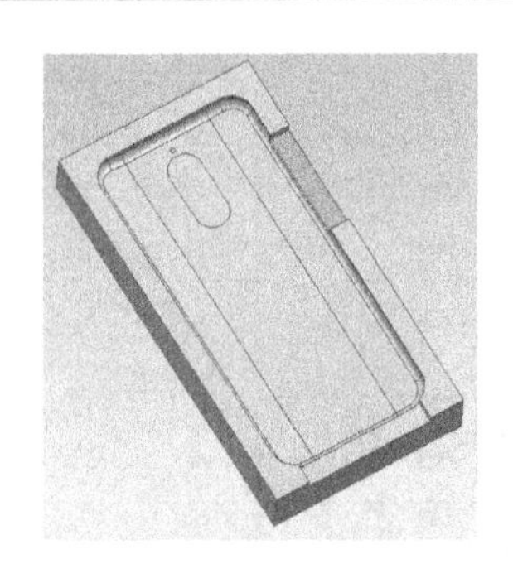
在工具栏上选择“文件”命令，进入启动项选择加工模块，系统弹出“加工环境”对话框。在“CAM 会话配置”下拉列表框中选择“cam_general”选项，在“要创建的 CAM 组装”下拉列表框中选择“mill_contour”选项，单击“确定”按钮，初始化加工环境	

（续）

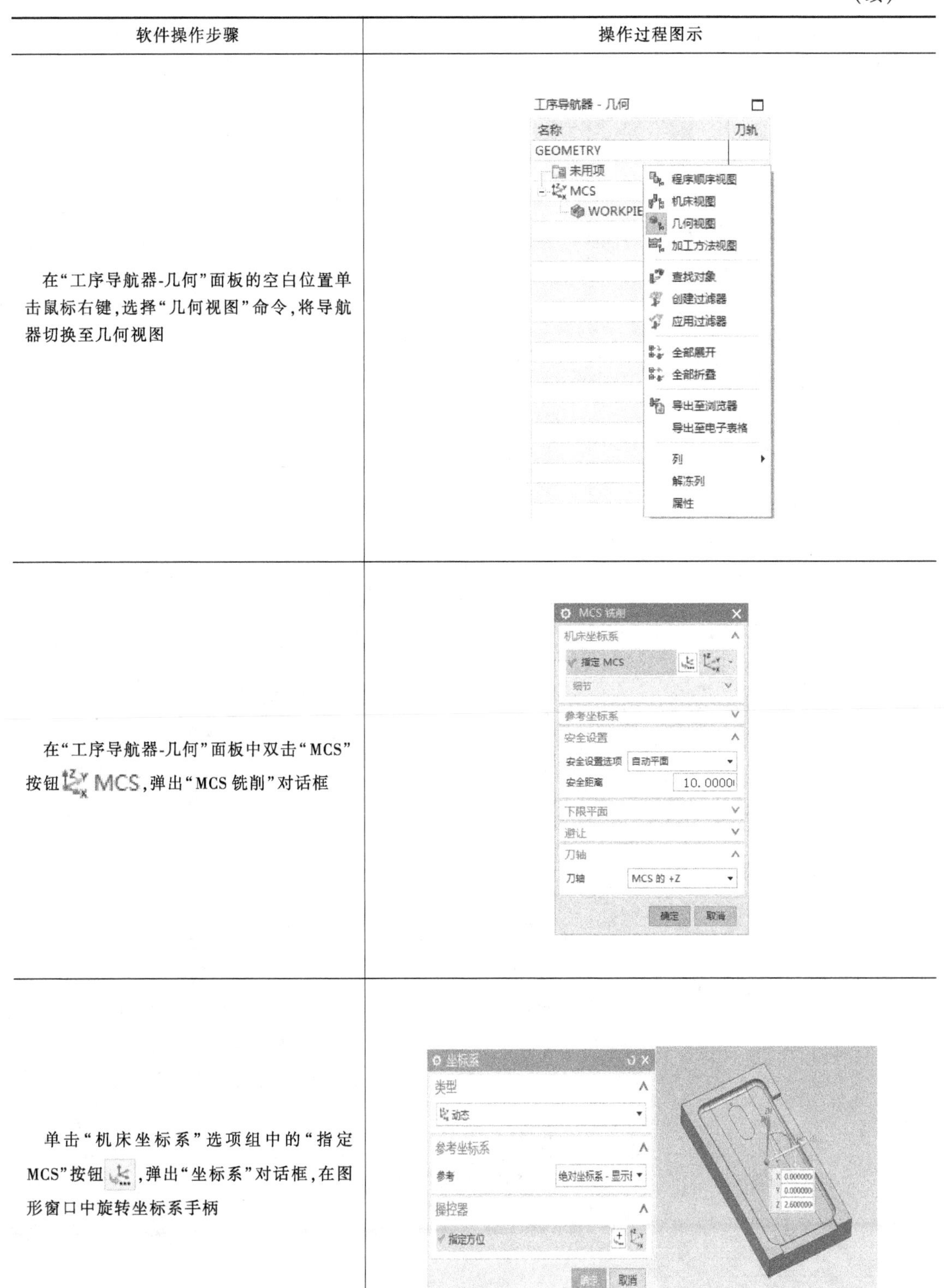

软件操作步骤	操作过程图示
在“工序导航器-几何”面板的空白位置单击鼠标右键，选择“几何视图”命令，将导航器切换至几何视图	
在“工序导航器-几何”面板中双击“MCS”按钮 MCS，弹出“MCS 铣削”对话框	
单击“机床坐标系”选项组中的“指定 MCS”按钮 ，弹出“坐标系”对话框，在图形窗口中旋转坐标系手柄	

（续）

<table>
<tr><th>软件操作步骤</th><th>操作过程图示</th></tr>
<tr><td>在“工件”对话框的“几何体”选项组中，设置“指定部件”为左边需要加工的零件，“指定毛坯”为“包容块”</td><td>

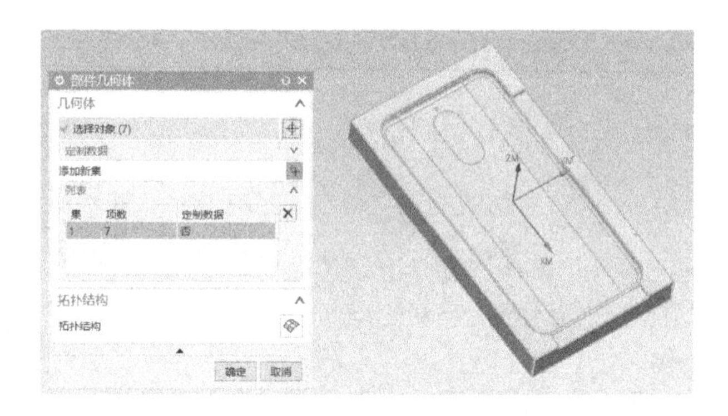

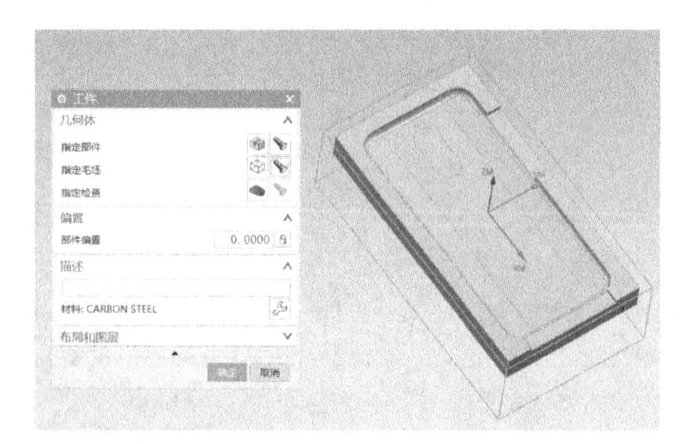

</td></tr>
</table>

（续）

<table>
<tr><th>软件操作步骤</th><th>操作过程图示</th></tr>
<tr><td>在“插入”工具条中单击“创建刀具”按钮，弹出“创建刀具”对话框。设置“类型”为“mill_planar”，“刀具子类型”为“MILL”，“名称”为“D10”，单击“确定”按钮 确定 ，弹出“铣刀-5 参数”对话框，从中设置刀具“直径”为 10mm，单击“确定”按钮 确定 退出对话框</td><td>
</td></tr>
<tr><td>参考上一步操作分别创建加工刀具球头铣刀 B6</td><td></td></tr>
<tr><td>双击“工序导航器”面板中的“MILL_FINISH”按钮，弹出“铣削精加工”对话框。在“部件余量”文本框中输入“0”，在“内公差”和“外公差”文本框中均输入“0.03”，单击“确定”按钮，完成精加工方法设定</td><td>
</td></tr>
</table>

（2）手机壳正面工装型腔粗加工（表 7-4）

表 7-4　手机壳正面工装型腔粗加工

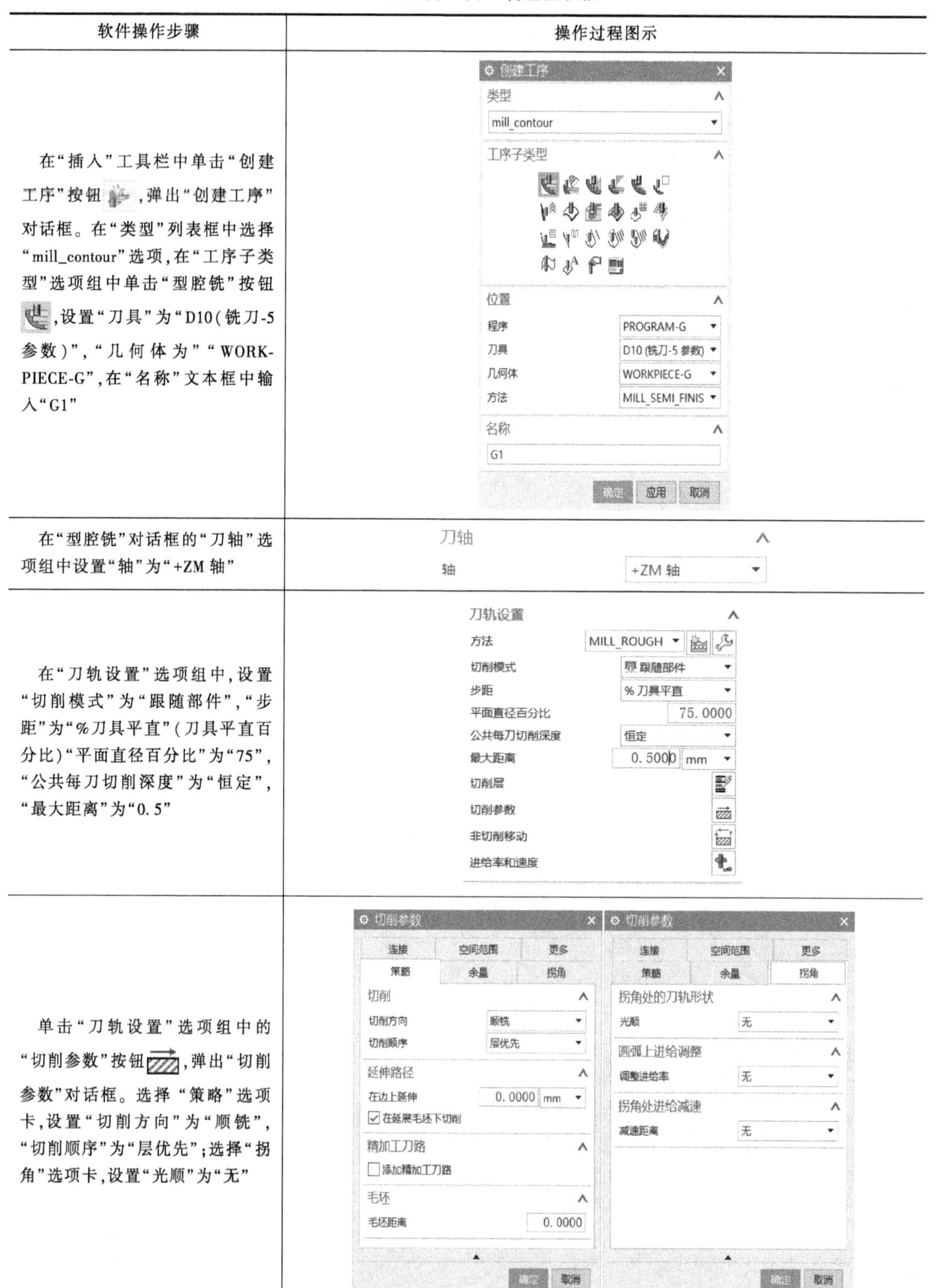

软件操作步骤	操作过程图示
在“插入”工具栏中单击“创建工序”按钮，弹出“创建工序”对话框。在“类型”列表框中选择“mill_contour”选项，在“工序子类型”选项组中单击“型腔铣”按钮，设置“刀具”为“D10(铣刀-5参数)”，“几何体为”“WORKPIECE-G”，在“名称”文本框中输入“G1”	
在“型腔铣”对话框的“刀轴”选项组中设置“轴”为“+ZM 轴”	
在“刀轨设置”选项组中，设置“切削模式”为“跟随部件”，“步距”为“%刀具平直”(刀具平直百分比)“平面直径百分比”为“75”，“公共每刀切削深度”为“恒定”，“最大距离”为“0.5”	
单击“刀轨设置”选项组中的“切削参数”按钮，弹出“切削参数”对话框。选择“策略”选项卡，设置“切削方向”为“顺铣”，“切削顺序”为“层优先”；选择“拐角”选项卡，设置“光顺”为“无”	

（续）

软件操作步骤	操作过程图示
单击“刀轨设置”选项组中的“进给率和速度”按钮，弹出“进给率和速度”对话框。设置“主轴速度”为“10000”，“切削”（速度）为“6000”，单位为“mmpm”（mm/min）	
在“操作”对话框中完成参数设置后，单击该对话框底部“操作”选项组中的“生成”按钮，可生成该操作的刀具路径	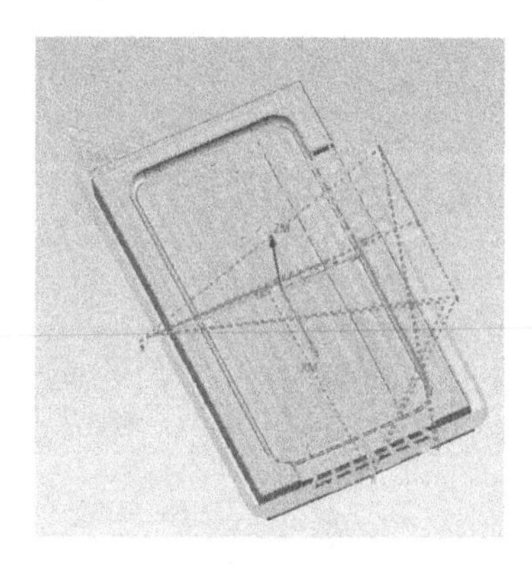
单击“操作”对话框底部“操作”选项组中的“确认”按钮，弹出“导轨可视化”对话框。选择“3D动态”选项卡，单击“播放”按钮，可进行3D动态刀具切削过程模拟	

（3）手机壳正面工装外形开粗加工（表7-5）

表 7-5　手机壳正面工装外形开粗加工

软件操作步骤	操作过程图示
单击“插入”工具栏上的“创建工序”按钮，弹出“创建工序”对话框。在“创建工序”对话框中的“类型”列表框中选择“mill_planar”选项，在“工序子类型”选项组中单击“平面轮廓铣”按钮，在“位置”选项组中，设置“程序”为“PROGRAM-G”，“刀具”为“D10（铣刀-5 参数）”，“几何体”为“WORKPIECE-G”，方法为“MILL_ROUGH”，在“名称”文本框中输入“G2”	
在“几何体”选项组中单击“选择或编辑部件边界”按钮，弹出“部件边界”对话框。选择右图所示曲线作为边界，单击“确定”按钮，返回“平面轮廓铣”对话框	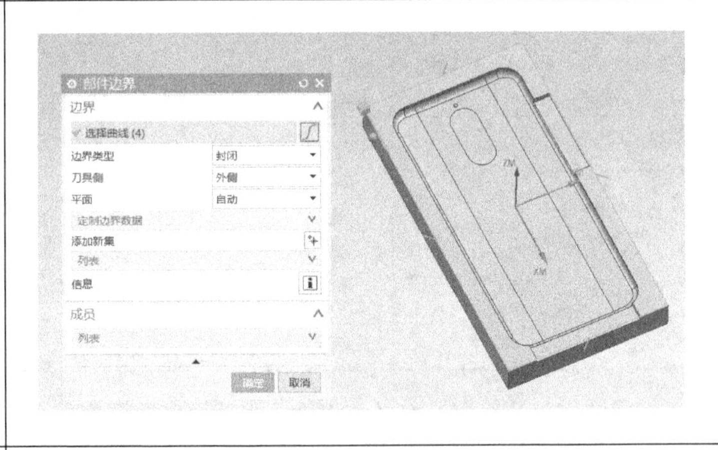
在“平面轮廓铣”对话框的“刀轴”选项组中设置“轴”为“+ZM 轴”	刀轴 轴　+ZM 轴
在“刀轨设置”选项组中设置“部件余量”为“0.1”，“切削进给”为“3000”，“切削深度”为“恒定”，“公共”为“2”	刀轨设置 方法　MILL_ROUGH 部件余量　0. 1000 切削进给　3000. 000　mmpm 切削深度　恒定 公共　2. 0000 切削参数 非切削移动 进给率和速度

（续）

<table>
<tr><th>软件操作步骤</th><th>操作过程图示</th></tr>
<tr><td>单击“刀轨设置”选项组中的“切削参数”按钮，弹出“切削参数”对话框。选择“策略”选项卡，设置“切削方向”为“顺铣”，“切削顺序”为“深度优先”；选择“拐角”选项卡，设置“光顺”为“无”</td><td>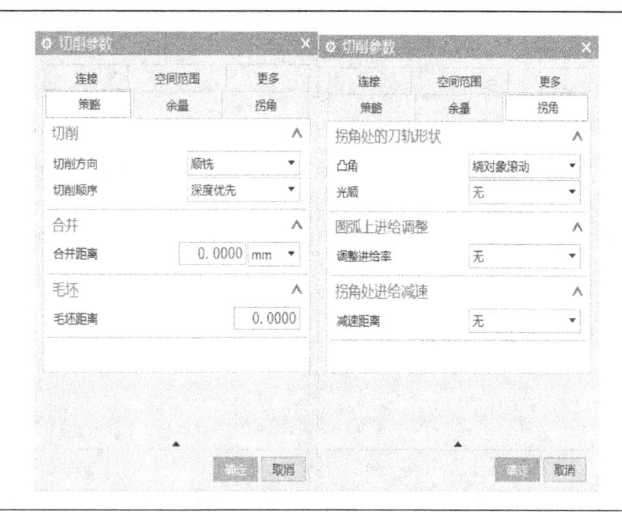
</td></tr>
<tr><td>单击“刀轨设置”选项组中的“非切削移动”按钮，弹出“非切削移动”对话框。选择“进刀”选项卡，在“封闭区域”选项组中设置“进刀类型”为“沿形状斜进刀”；选择“退刀”选项卡，在“退刀”选项组中设置“退刀类型”为“与进刀相同”。单击“非切削参数”对话框中的“确定”按钮，完成非切削参数设置</td><td></td></tr>
<tr><td>单击“刀轨设置”选项组中的“进给率和速度”按钮，弹出“进给率和速度”对话框。设置“主轴速度”为“12000”，“切削”（速度）为“3000”，单位为“mmpm”（mm/min）</td><td>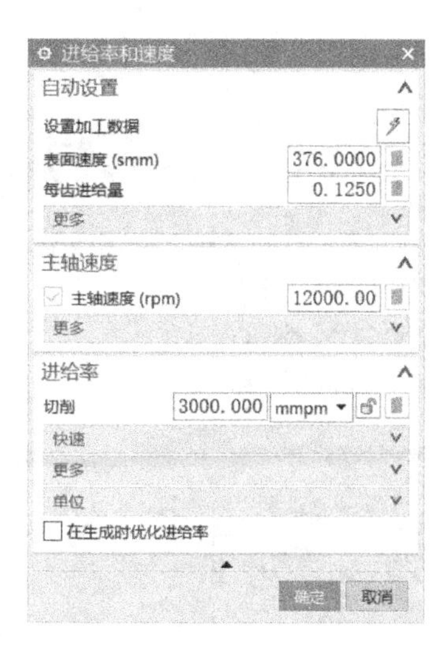
</td></tr>
</table>

（续）

软件操作步骤	操作过程图示
在“操作”对话框中完成参数设置后，单击该对话框底部“操作”选项组中的“生成”按钮	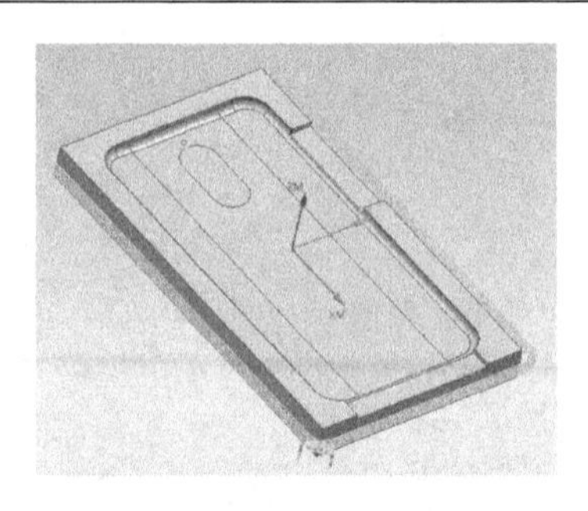
单击“操作”对话框底部“操作”选项组中的“确认”按钮，弹出“导轨可视化”对话框。选择“3D 动态”选项卡，单击“播放”按钮，可进行 3D 动态刀具切削过程模拟	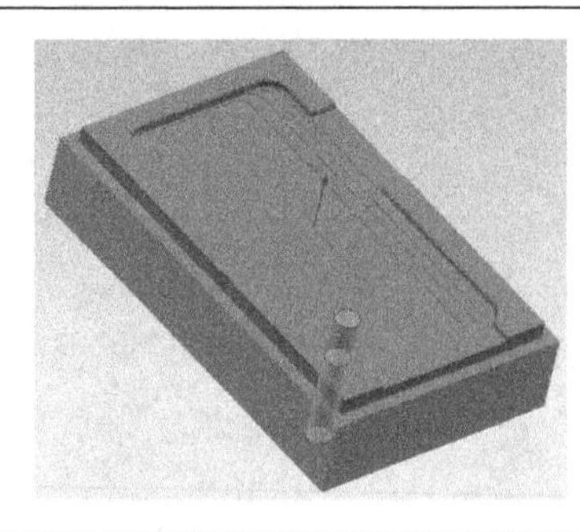

（4）手机壳正面工装外形精加工（表 7-6）

表 7-6　手机壳正面工装外形精加工

软件操作步骤	操作过程图示
参考表 5-5 中创建的“实体轮廓铣”刀具路径。在“位置”选项组中“方法”选择“MILL_FINISH”选项，在“名称”文本框中输入“G3”，双击“平面轮廓铣”刀具路径进入“平面轮廓铣”对话框	
在“几何体”选项组中单击“选择或编辑部件边界”按钮，弹出“部件边界”对话框，选择右图所示曲线作为边界	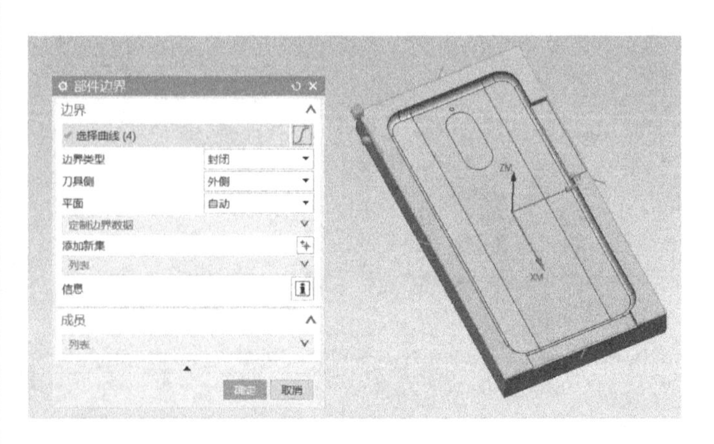

（续）

软件操作步骤	操作过程图示
参考表 7-5 中“刀轨设置”选项组的参数，设置刀具轨迹相关参数，并设置“部件余量”为“0”	
单击“操作”对话框底部“操作”选项组中的“生成”按钮，可生成该操作的刀具路径	
单击“操作”对话框底部“操作”选项组中的“确认”按钮，弹出“导轨可视化”对话框。选择“3D 动态”选项卡，单击“播放”按钮，可进行 3D 动态刀具切削过程模拟	

（5）手机壳正面工装型腔外形精加工（表 7-7）

表 7-7　手机壳正面工装型腔外形精加工

软件操作步骤	操作过程图示
参考表 7-5 中创建的“实体轮廓铣”刀具路径。在“位置”选项组中方法选择“MILL_FINISH”选项，在“名称”文本框中输入“G4”，双击“平面轮廓铣”刀具路径进入“平面轮廓铣”对话框	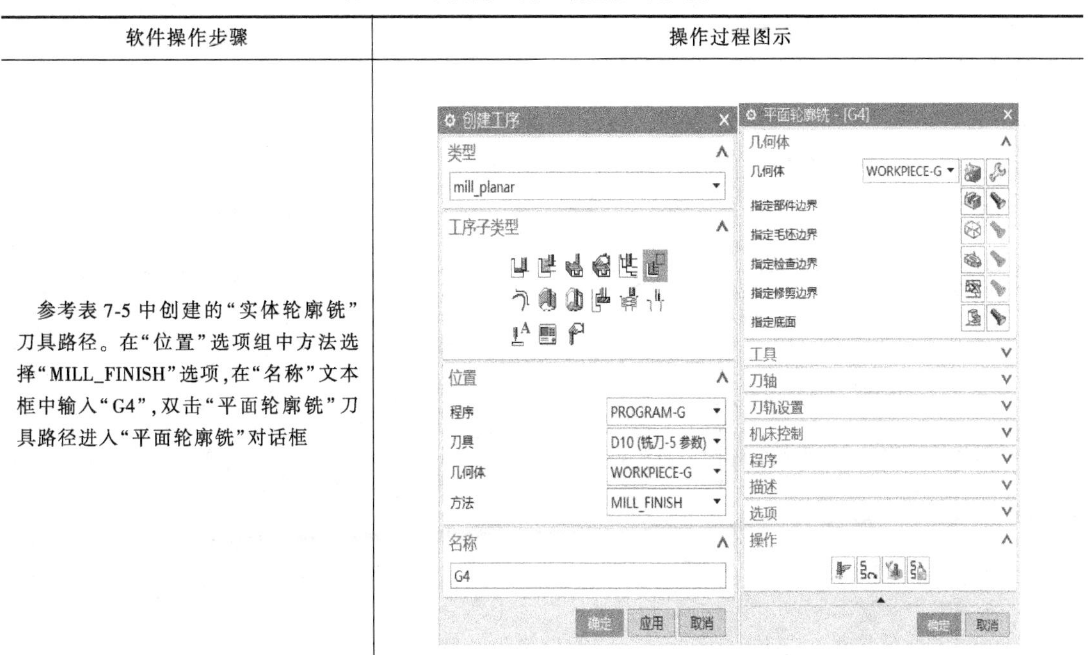

（续）

软件操作步骤	操作过程图示
在“几何体”选项组中单击“选择或编辑部件边界”按钮，弹出“部件边界”对话框，选择右图所示曲线作为边界，单击“确定”按钮，返回“平面轮廓铣”对话框	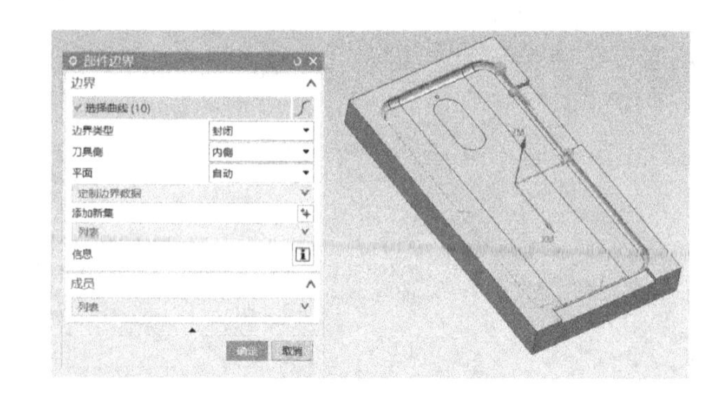
参考表 7-5 中“刀轨设置”选项组的参数，设置零件外形精加工的刀具轨迹参数，并设置“切削进给”为“600”	
单击“刀轨设置”选项组中的“进给率和速度”按钮，弹出“进给率和速度”对话框。设置“主轴速度”为“10000”，“切削”（速度）为“600”，单位为“mmpm”（mm/min）	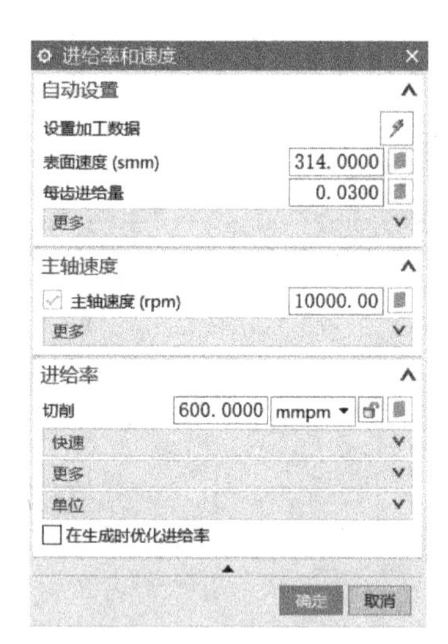
单击该对话框底部“操作”选项组中的“生成”按钮	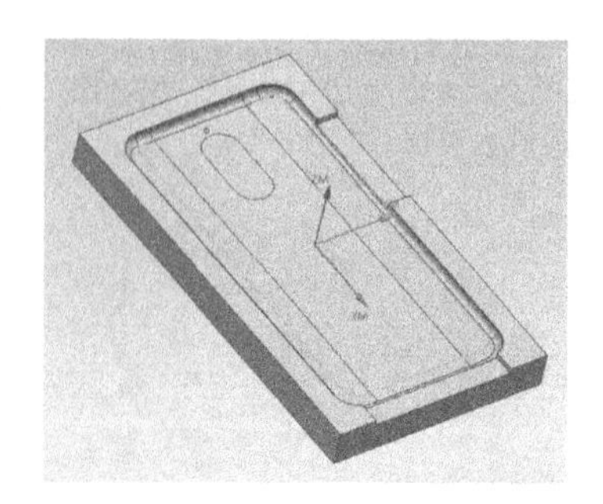

（续）

软件操作步骤	操作过程图示
单击“操作”对话框底部“操作”选项组中的“确认”按钮，弹出“导轨可视化”对话框。选择“3D 动态”选项卡，单击“播放”按钮，可进行 3D 动态刀具切削过程模拟	

（6）手机壳正面工装表面粗加工（表 7-8）

表 7-8　手机壳正面工装表面粗加工

软件操作步骤	操作过程图示
在“创建工序”对话框的“类型”列表框中选择“MILL_ROUGH”选项，在“工序子类型”选项组中单击“平面铣”按钮，在“名称”文本框中输入“G5”，双击“面铣”刀具路径进入“面铣-[G5]”对话框。设置参数如右图所示	
在“几何体”选项组中单击“选择或编辑面几何体”按钮，弹出“毛坯边界”对话框，选择右图所示区域作为边界区域	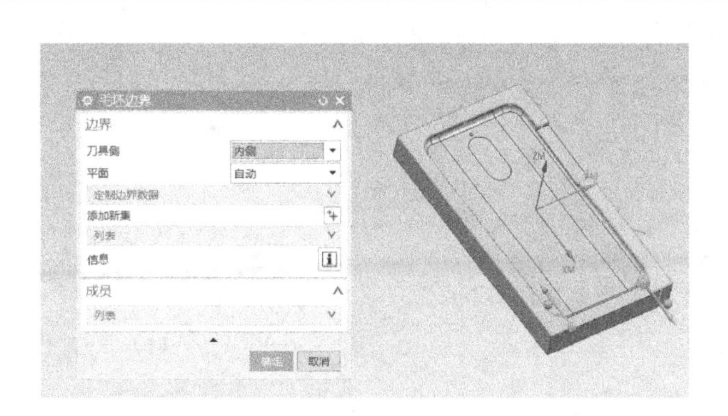

（续）

软件操作步骤	操作过程图示
在“底壁铣”对话框的”刀轴“选项组中设置“轴”为“垂直于第一个面”	刀轴 轴 垂直于第一个面
在“刀轨设置”选项组中设置“切削模式”为“跟随部件”，“平面直径百分比”为65%，“毛坯距离”为“1.5”，“每刀切削深度”为“1.4”	刀轨设置 方法 MILL_ROUGH 切削模式 跟随部件 步距 % 刀具平直 平面直径百分比 65.0000 毛坯距离 1.5000 每刀切削深度 1.4000 最终底面余量 0.1000 切削参数 非切削移动 进给率和速度
单击“刀轨设置”选项组中的“切削参数”按钮，弹出“切削参数”对话框。选择“策略”选项卡，设置“切削方向”为“顺铣”，“刀路方向”为“向内”；选择“拐角”选项卡；设置“光顺”为“None”	
单击“刀轨设置”选项组中的“非切削移动”按钮，弹出“非切削移动”对话框。选择“进刀”选项卡，在“封闭区域”选项组中设置“进刀类型”为“沿形状斜进刀”；选择“退刀”选项卡，在“退刀”选项组中设置“退刀类型”为“与进刀相同”。其他参数设置如右图所示。单击“非切削参数”对话框中的“确定”按钮，完成非切削参数设置	

（续）

软件操作步骤	操作过程图示
单击“刀轨设置”选项组中的“进给率和速度”按钮，弹出“进给率和速度”对话框。设置“主轴速度”为“12000”，切削(速度)为“3000”，单位为“mmpm”(mm/min)	
单击该对话框底部“操作”选项组中的“生成”按钮，可生成该操作的刀具路径	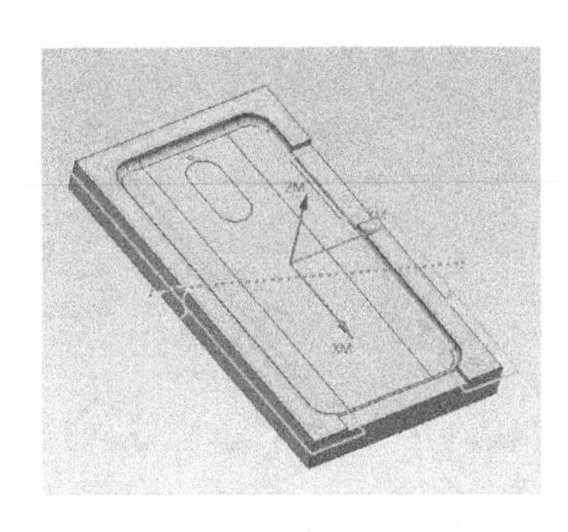
单击“操作”对话框底部“操作”选项组中的“确认”按钮，弹出“导轨可视化”对话框。选择“3D 动态”选项卡，单击“播放”按钮，可进行 3D 动态刀具切削过程模拟	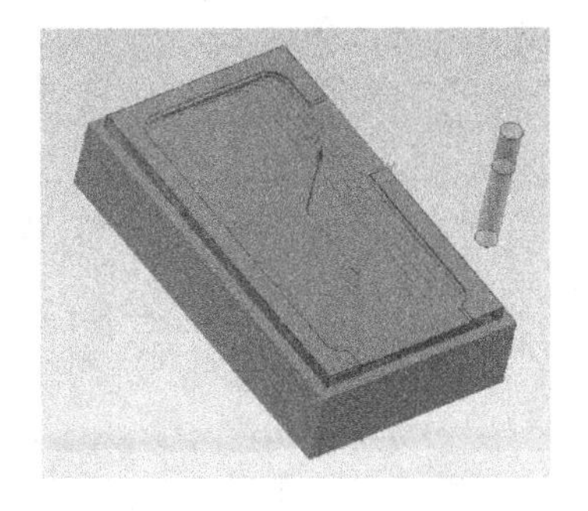

（7）手机壳正面工装表面精加工（表 7-9）

表 7-9　手机壳正面工装表面精加工

<table>
<tr><th>软件操作步骤</th><th>操作过程图示</th></tr>
<tr><td>在“创建工序”对话框中的“类型”列表框中选择“mill_planar”选项，在“工序子类型”选项组中单击“平面铣”按钮，设置”程序“为“PROGRAM-G”，“刀具”为“D10(铣刀-5 参数)”，“几何体”为“WORKPIECE-G”，“方法”为“MILL_FINISH”，在“名称”文本框中输入“G6”</td><td>
</td></tr>
<tr><td>在“几何体”选项组中单击“选择或编辑面几何体”按钮，弹出“毛坯边界”对话框，选择右图所示区域作为边界区域，单击“确定”按钮，返回“平面铣”对话框</td><td>

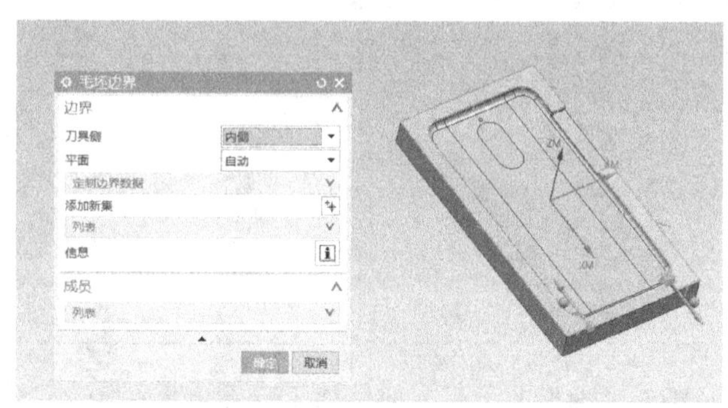
</td></tr>
</table>

（续）

软件操作步骤	操作过程图示
在“底壁铣”对话框的“刀轴”选项组中设置“轴”为“垂直于第一个面”	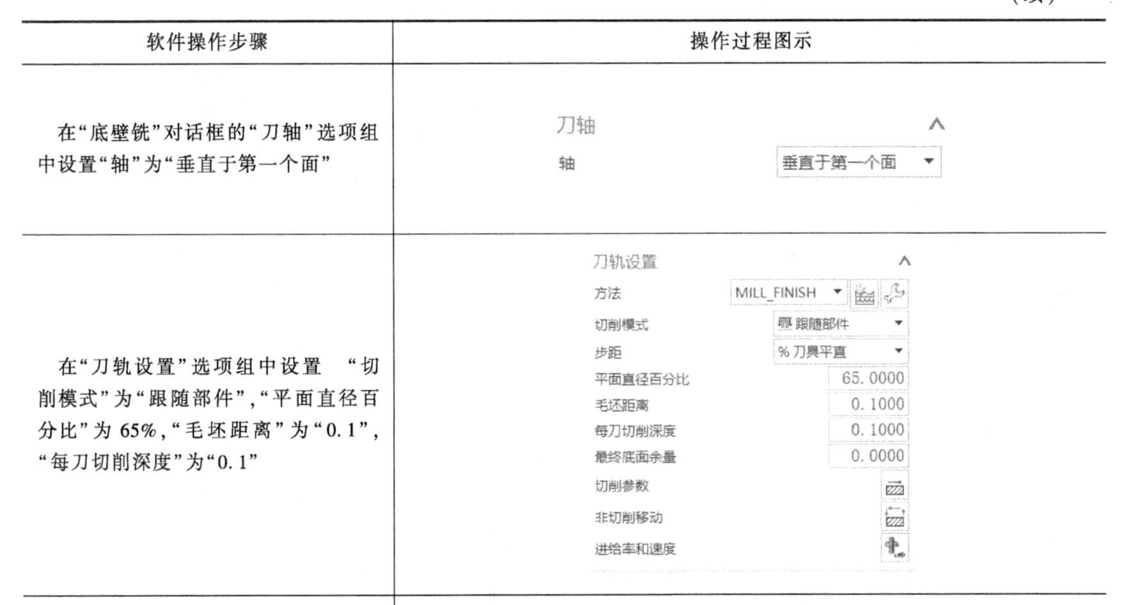
在“刀轨设置”选项组中设置　“切削模式”为“跟随部件”，“平面直径百分比”为65%，“毛坯距离”为“0.1”，“每刀切削深度”为“0.1”	
单击“刀轨设置”选项组中的“切削参数”按钮，弹出“切削参数”对话框。选择“策略”选项卡，设置“切削方向”为“顺铣”，“刀路方向”为“向内”；选择“拐角”选项卡，设置“光顺”为“None”，其他参数如右图所示	
单击“刀轨设置”选项组中的“非切削移动”按钮，弹出“非切削移动”对话框。选择“进刀”选项卡，在“封闭区域”选项组中设置“进刀类型”为“沿形状斜进刀”；选择“退刀”选项卡，在“退刀”选项组中设置“退刀类型”为“与进刀相同”。其他参数设置如右图所示。完成后，单击“非切削参数”对话框中的“确定”按钮	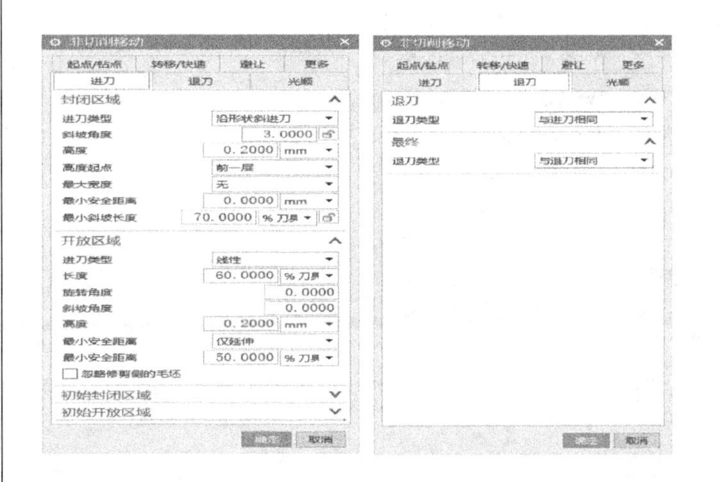

（续）

软件操作步骤	操作过程图示
单击该对话框底部“操作”选项组中的“生成”按钮 ，可生成该操作的刀具路径	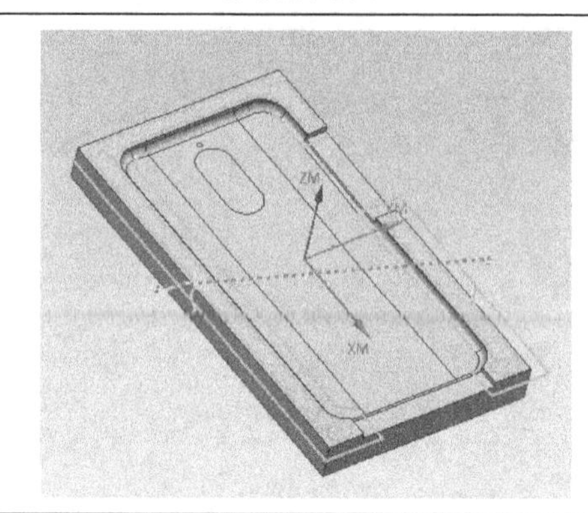
单击“操作”对话框底部“操作”选项组中的“确认”按钮 ，弹出“导轨可视化”对话框。选择“3D 动态”选项卡，单击“播放”按钮 ，可进行 3D 动态刀具切削过程模拟	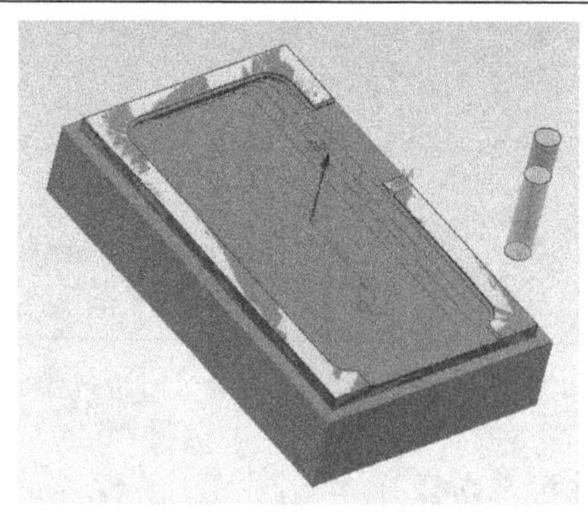

（8）手机壳正面工装槽表面及侧面精加工（表 7-10）

表 7-10　手机壳正面工装槽表面及侧面精加工

软件操作步骤	操作过程图示
单击“插入”工具栏上的“创建工序”按钮 ，弹出“创建工序”对话框。在“创建工序”对话框中的“类型”列表框中选择“mill_planar”选项，在“工序子类型”选项组单击“平面铣”按钮 ，在“位置”选项组中设置“程序”为“PROGRAM-G”，“刀具”为“D10(铣刀-5 参数)”，“几何体”为“WORKPIECE-G”，“方法”为“MILL_FINISH”，在“名称”文本框中输入“G7”	

（续）

软件操作步骤	操作过程图示
在“几何体”选项组中单击“选择或编辑面几何体”按钮，弹出“毛坯边界”对话框，选择右图所示区域作为边界区域，单击“确定”按钮，返回“平面铣”对话框	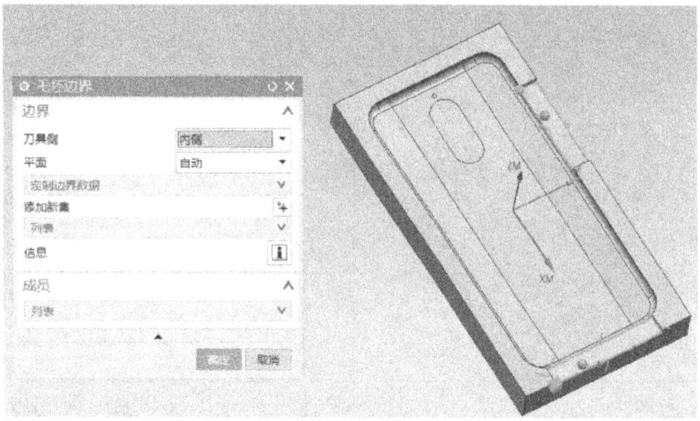
在“底壁铣”对话框的“刀轴”选项组设置“轴”为“垂直于第一个面”	
在“刀轨设置”选项组中设置“切削模式”为“跟随周边”，“平面直径百分比”为50%，“毛坯距离”为“0.2”，“每刀切削深度”为“0.1”	
“切削参数”“非切削参数”对话框中的相关设置参考表 7-8	
单击“刀轨设置”选项组中的“进给率和速度”按钮，弹出“进给率和速度”对话框。设置“主轴速度”为“10000”，“切削”（速度）为“600”，单位为“mmpm”（mm/min）	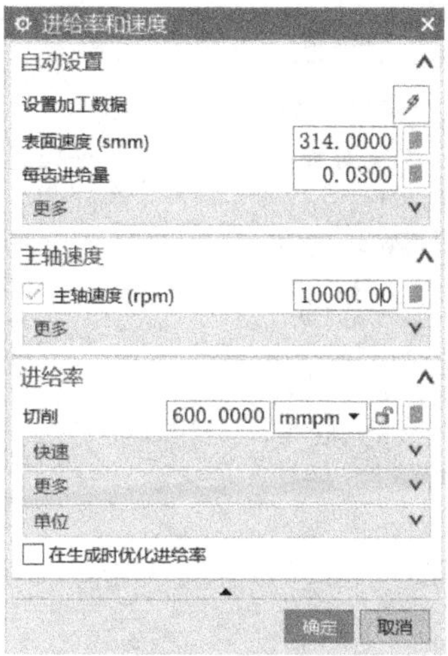

（续）

软件操作步骤	操作过程图示
单击该对话框底部“操作”选项组中的“生成”按钮，可生成该操作的刀具路径	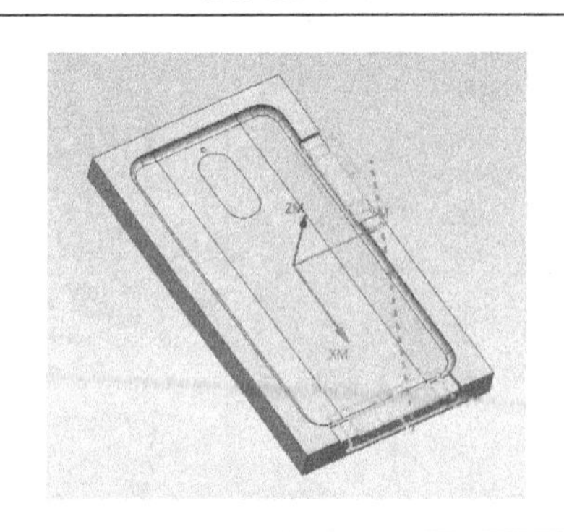
单击“操作”对话框底部“操作”选项组中的“确认”按钮，弹出“导轨可视化”对话框。选择“3D 动态”选项卡，单击“播放”按钮，可进行 3D 动态刀具切削过程模拟	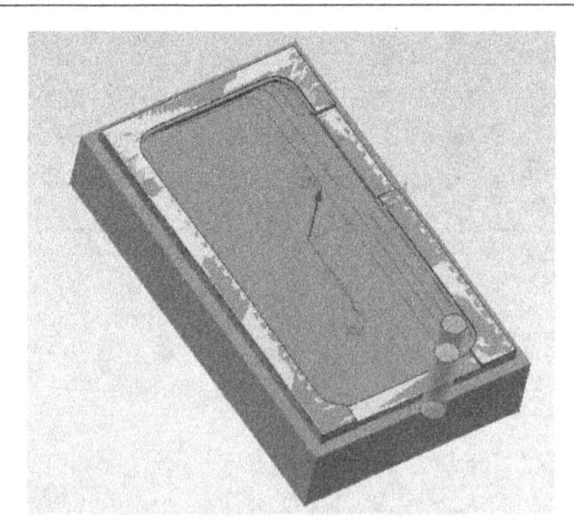

（9）手机壳正面腔体底面及圆角半精加工（表 7-11）

表 7-11　手机壳正面腔体底面及圆角半精加工

软件操作步骤	操作过程图示
单击“插入”工具栏上的“创建工序”按钮，弹出“创建工序”对话框。在“创建工序”对话框中的“类型”列表框中选择“mill_contour”选项，在“工序子类型”选项组中单击“固定轮廓铣”按钮，设置“位置”为“PROGRAM-G”，“刀具”为“B6”（铣刀-球头铣），“几何体”为“WORKPIECE-G”，“方法”为“MILL_SEMI_FINISH”，在“名称”文本框中输入“G8”	

（续）

软件操作步骤	操作过程图示
在“固定轮廓铣”对话框中的“驱动方法”选项组的“方法”列表框中选择“区域铣削”选项，系统弹出“区域铣削驱动方法”对话框	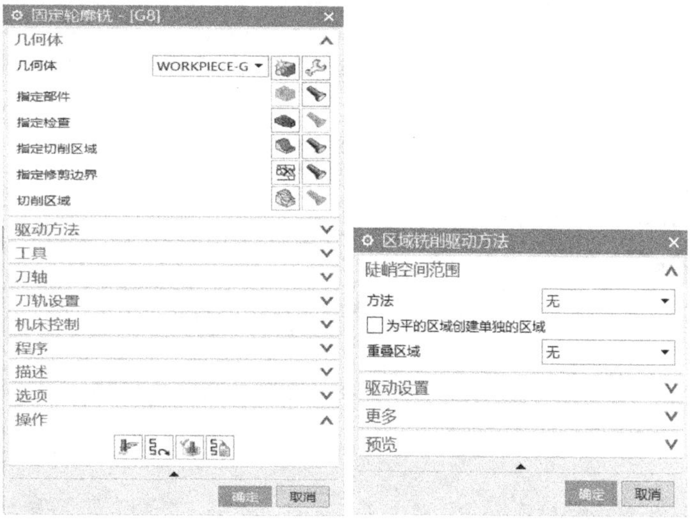
在“驱动设置”选项组中设置“非陡峭切削模式”为“往复”，“切削方向”为“顺铣”，“步距”为“恒定”，“最大距离”为“0.1”	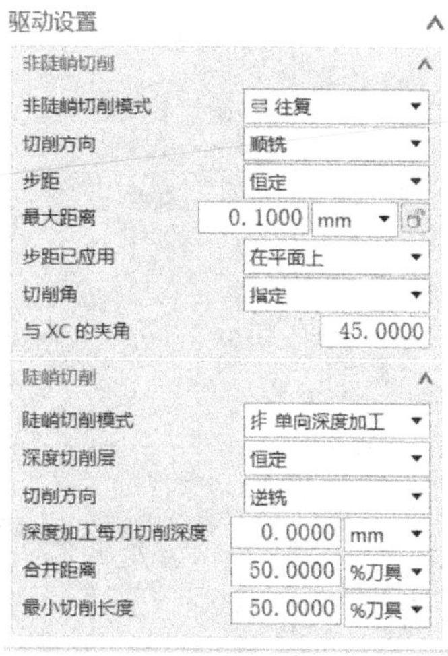
在“固定轮廓铣”对话框的“刀轴”选项组中设置“轴”为“+ZM轴”	

（续）

软件操作步骤	操作过程图示
单击“刀轨设置”选项组中的“切削参数”按钮，弹出“切削参数”对话框。选择“多刀路”选项卡，设置“部件余量偏置”为“0”	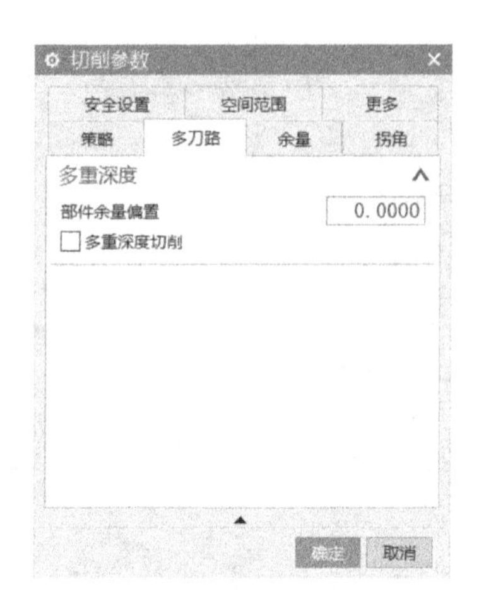
选择“更多”选项卡，相关参数设置如右图所示	
选择“进刀”选项卡，在“开放区域”选项组中设置“进刀类型”为“圆弧-平行于刀轴”；选择“退刀”选项卡，在“开放区域”选项组中设置“退刀类型”为“与进刀相同”	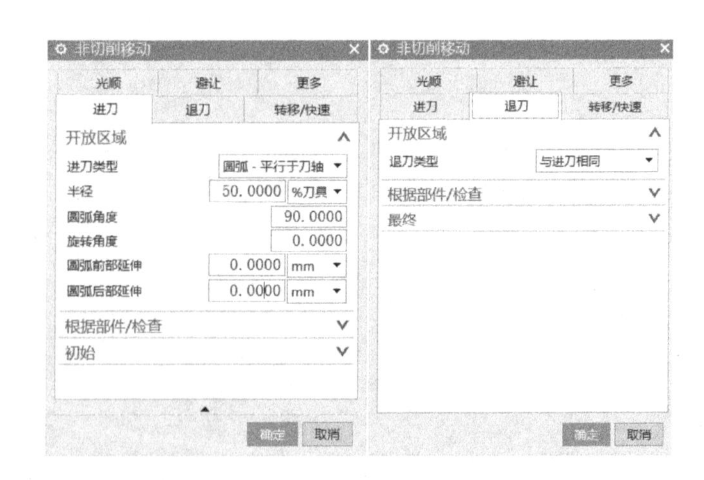

（续）

软件操作步骤	操作过程图示
单击“刀轨设置”选项组中的“进给率和速度”按钮，弹出“进给率和速度”对话框。设置“主轴速度”为“13000”，“切削”(速度)为“6000”，单位为“mmpm”(mm/min)	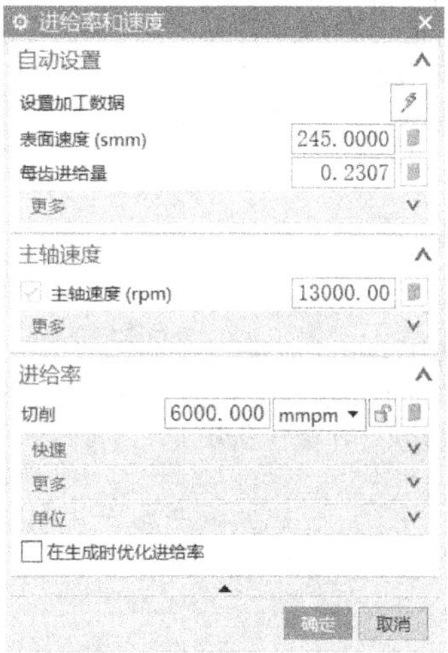
单击该对话框底部“操作”选项组中的“生成”按钮，可生成该操作的刀具路径	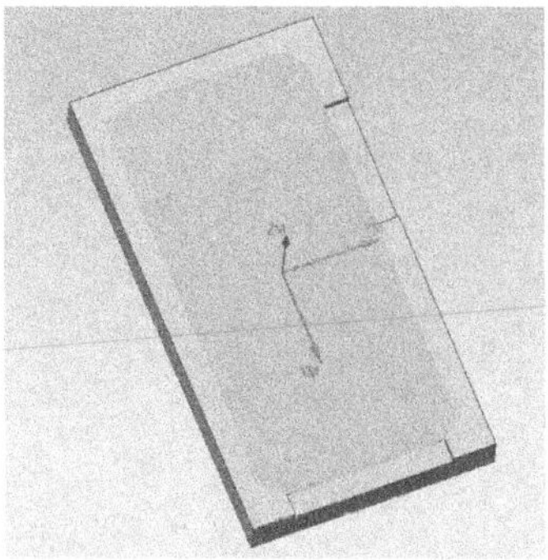
单击“操作”对话框底部“操作”选项组中的“确认”按钮，弹出“导轨可视化”对话框。选择“3D动态”选项卡，单击“播放”按钮，可进行3D动态刀具切削过程模拟	

（10）手机壳正面腔体底面及圆角精加工（表7-12）

表 7-12　手机壳正面腔体底面及圆角精加工

软件操作步骤	操作过程图示
按照表 5-11 中创建的“固定轮廓铣”刀具路径。在“位置”选项组中“方法”选择“MILL_FINISH”选项，在“名称”文本框中输入“G9”，双击“固定轮廓铣”刀具路径进入“底壁铣”对话框	
在“固定轮廓铣”对话框中的“驱动方法”选项组的“方法”列表框中选择“区域铣削”选项，系统弹出“区域铣削驱动方法”对话框	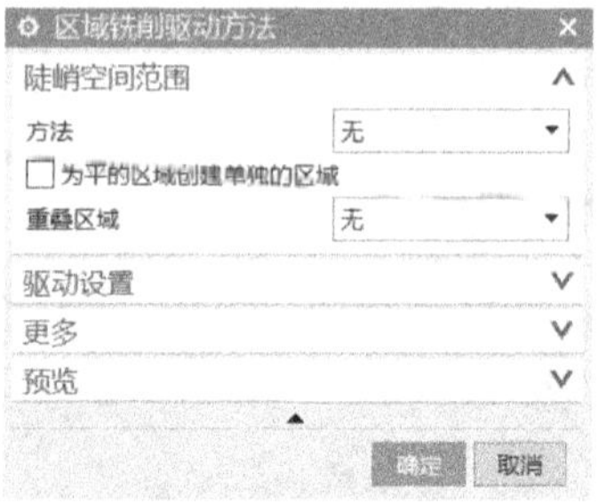 区域铣削驱动方法 陡峭空间范围 方法　无 为平的区域创建单独的区域 重叠区域　无 驱动设置 更多 预览 确定　取消
在“驱动设置”选项组中设置“非陡峭切削模式”为“跟随周边”，“切削方向”为“顺铣”，“步距”为“恒定”，“最大距离”为“0.1”	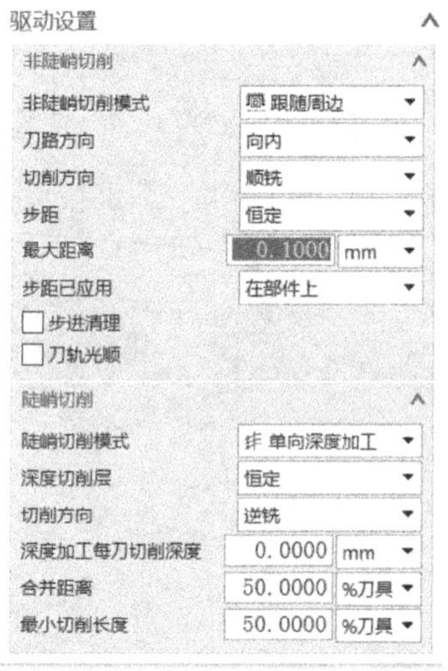 驱动设置 非陡峭切削 非陡峭切削模式　跟随周边 刀路方向　向内 切削方向　顺铣 步距　恒定 最大距离　0.1000　mm 步距已应用　在部件上 步进清理 刀轨光顺 陡峭切削 陡峭切削模式　单向深度加工 深度切削层　恒定 切削方向　逆铣 深度加工每刀切削深度　0.0000　mm 合并距离　50.0000　%刀具 最小切削长度　50.0000　%刀具
在“固定轮廓铣”对话框的“刀轴选项组”设置“轴”为“+ZM 轴”	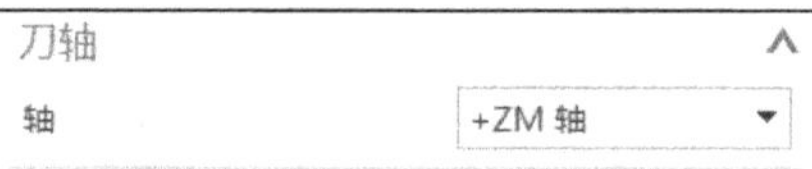 刀轴 轴　+ZM 轴
在“切削参数”对话框中选择“多刀路”选项卡，设置“部件余量偏置”为“0”	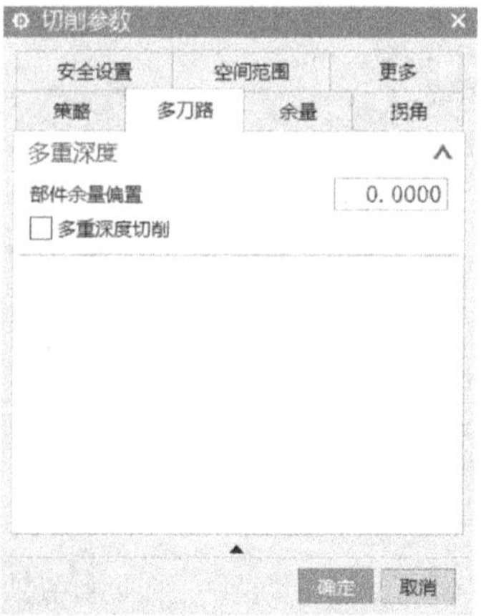 切削参数 安全设置　空间范围　更多 策略　多刀路　余量　拐角 多重深度 部件余量偏置　0.0000 多重深度切削 确定　取消

（续）

软件操作步骤	操作过程图示
选择“更多”选项卡，相关参数设置如右图所示	
“切削参数”“非切削参数”对话框中的相关设置参考表 7-11	
单击“刀轨设置”选项组中的“进给率和速度”按钮，弹出“进给率和速度”对话框。设置“主轴速度”为“15000”，“切削”（速度）为“2500”，单位为“mmpm”（mm/min）	
在“操作”对话框中完成参数设置后，单击该对话框底部“操作”选项组中的“生成”按钮，可生成该操作的刀具路径	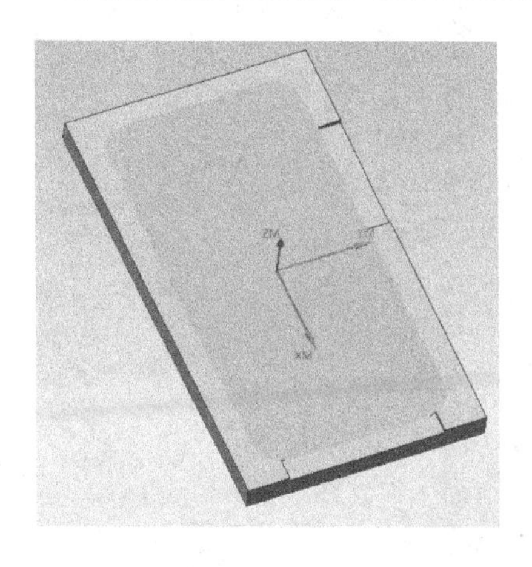

（续）

软件操作步骤	操作过程图示
单击“操作”对话框底部“操作”选项组中的“确认”按钮，弹出“导轨可视化”对话框。选择“3D 动态”选项卡，单击“播放”按钮，可进行 3D 动态刀具切削过程模拟	

7.5 手机壳背面高速铣削加工

1. 加工方式

1）型腔内下刀方式：斜降下刀。

2）外形下刀方式：圆弧进刀。

3）进给方式：等高开粗，从外到内。

4）加工时按顺铣方式，将底面的加工余量分两次加工完成。特别注意：加工底面时，给侧面须预留 0.3mm 的加工余量，以免铣削侧面时吃刀量突然增大，而影响加工质量。

2. 加工内容

手机壳背面造型和加工完成的情况如图 7-3 和图 7-4 所示。

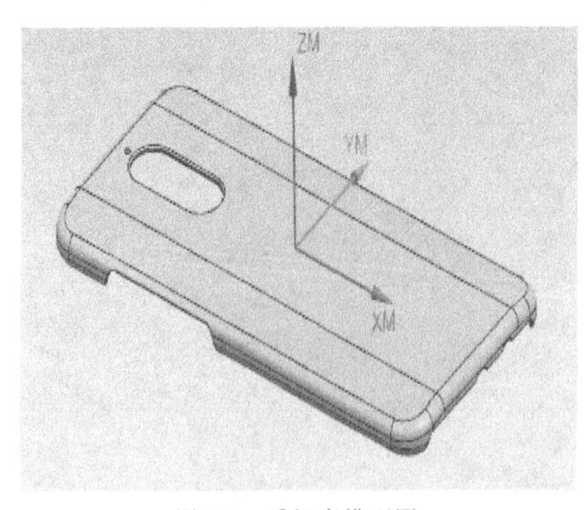

图 7-3　手机壳模型图

图 7-4　背面加工完成手机壳

3. 编程前的工艺分析

1）手机壳零件尺寸为 153mm×72mm×7mm。

2）最大加工深度为 8mm。

3）最小的凹圆角半径为 4mm

4）不需要电火花加工。

5）不需要线切割加工。

6）需要使用的加工方法：型腔开粗加工、外形轮廓铣削加工、固定轮廓铣削加工、平面铣削加工、底壁加工、区域轮廓、平面铣。

4. 编程思路及刀具的使用

1）根据型腔零件的形状和大小，选择 D10 的钨钢立铣刀进行型腔铣开粗加工，去除大部分的加工余量。

2）选择 D10 的钨钢立铣刀对零件的外形精加工（整体外形）。

3）选择 D10 的钨钢立铣刀对腔体进行螺旋粗加工（螺旋外形开粗）。

4）选择 D10 的钨钢立铣刀对腔体进行外形精加工（光刀）。

5）选择 D1 的钨钢立铣刀对零件表面 ϕ2mm 的孔进行螺旋开粗加工（为后面的精加工做准备）。

6）选择 D1 的钨钢立铣刀对零件表面 ϕ2mm 的孔进行外形精加工（精加工外形）。

7）选择 B6 的钨钢球头铣刀进行手机壳曲面的半精加工（曲面半精加工）。

8）选择 B6 的钨钢球头铣刀高转速进行手机壳曲面的精加工（曲面精加工）。

5. 制订加工程式单

手机壳背面高速加工程式单见表 7-13。

表 7-13 手机壳背面高速加工程式单

程式单						
序号	加工区域	程序名称	刀具名称	刀具长度/mm	加工子类型	加工方式
1	全部区域	A1	D10	35	型腔铣	粗加工
2	零件的外形	A2	D10	35	平面轮廓铣	外形精加工
3	腔体	A3	D10	35	平面轮廓铣-螺旋	外形开粗加工
4	腔体轮廓	A4	D10	35	平面轮廓铣	精加工(光刀)
5	ϕ2mm 孔	A5	D1	20	平面轮廓铣-螺旋	螺旋开粗加工
6	ϕ2mm 孔	A6	D1	20	平面轮廓铣	轮廓精加工
7	手机壳曲面	A7	B6	35	固定轮廓铣	曲面半精加工
8	手机壳曲面	A8	B6	35	固定轮廓铣	曲面精加工
装夹示意图						

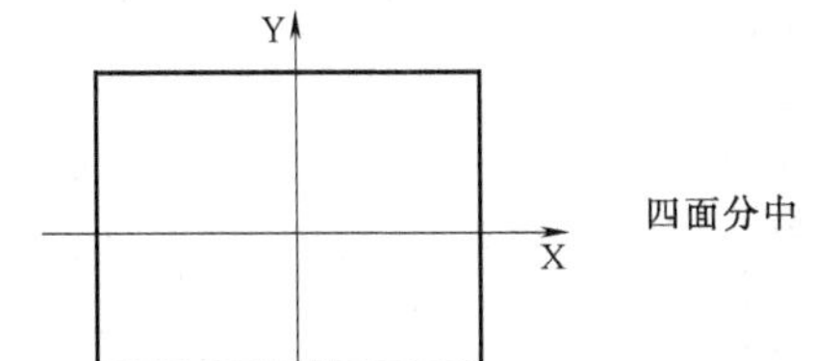

6. 高速加工工艺参数的选择

手机壳背面高速加工工艺参数见表 7-14。

表 7-14　手机壳背面高速加工工艺参数

加工步骤		切削参数					
序号	加工内容	刀具规格		主轴转速 n/(r/min)	进给速度 v_f/(mm/min)	刀具补偿	
		类型	材料			长度	半径
1	全部区域粗加工	D10	整体钨钢刀具	10000	6000		
2	零件的外形精加工	D10		12000	600		
3	腔体开粗	D10		10000	3000		
4	腔体外、底面精加工	D10		12000	300		
5	ϕ2mm 孔开粗	D1		13000	3000		
6	ϕ2mm 孔精加工	D1		14000	200		
7	零件曲面半精加工	B6		12000	4000		
8	零件曲面精加工	B6		14000	2500		

7. 利用 CAM 软件编制刀具路径

(1) 手机壳背面高速加工 NX 加工环境设置（表 7-15）

表 7-15　手机壳背面高速加工 NX 加工环境设置

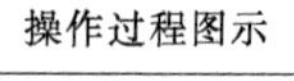

软件操作步骤	操作过程图示
启动 NX12 软件后，单击“标准”工具栏上的“打开”按钮，打开“打开部件文件”对话框，选择“手机壳背面零件”文件，单击“OK”按钮，文件打开后如右图所示	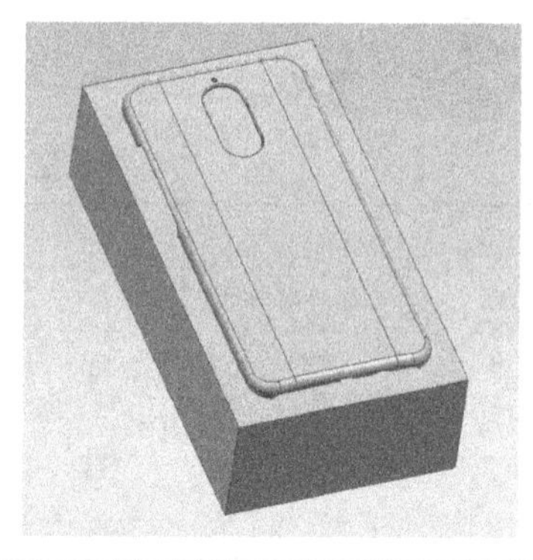
在工具栏上选择“文件”命令，进入启动项选择加工模块，系统弹出“加工环境”对话框。在“CAM 会话配置”下拉列表框中选择“cam_general”选项，在“要创建的 CAM 组装”下拉列表框中选择“mill_planar”选项，单击“确定”按钮，初始化加工环境	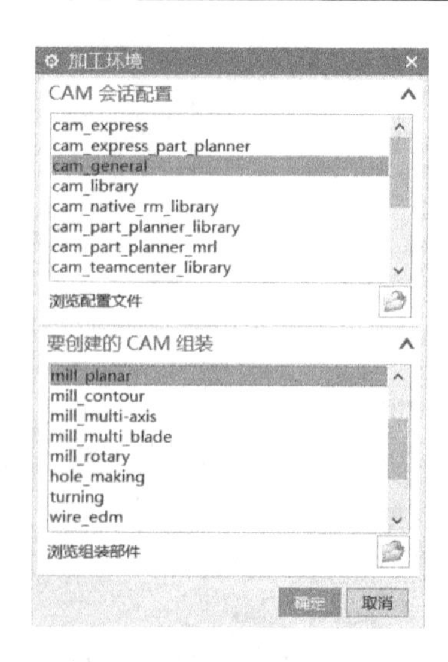

（续）

软件操作步骤	操作过程图示
在“工序导航器-几何”面板的空白位置单击鼠标右键，选择“几何视图”命令，将导航器切换至几何视图	
在“工序导航器-几何”面板中双击“MCS”按钮 MCS，弹出“MCS 铣削”对话框	
单击“机床坐标系”选项组中的“指定 MCS”按钮，弹出“坐标系”对话框，在图形窗口中旋转坐标系手柄	 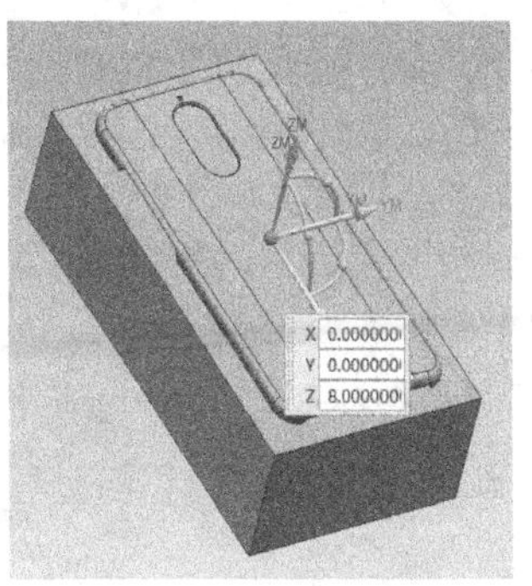

（续）

软件操作步骤	操作过程图示
在“工件”对话框的“几何体”选项组中，设置“指定部件”为左边需要加工的零件，“指定毛坯”为“包容块”	 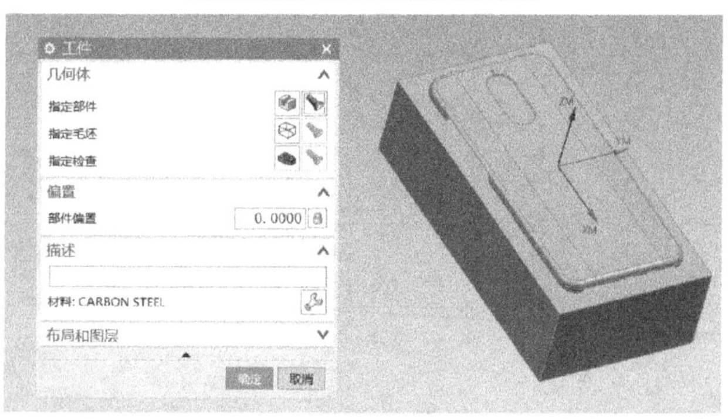 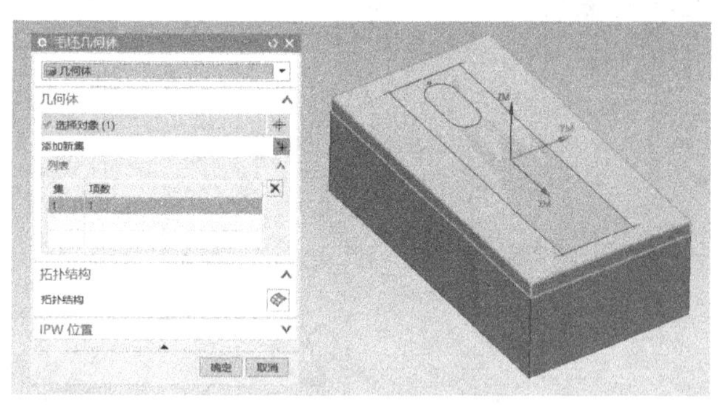
在“插入”工具栏中单击“创建刀具”按钮，弹出“创建刀具”对话框。设置“类型”为“mill_planar”，“刀具子类型”为“MILL”，“名称”为“D10”，单击“确定”按钮 确定 ，弹出“铣刀-5参数”对话框，从中设置刀具“直径”为10mm，单击“确定”按钮 确定 退出对话框	图例 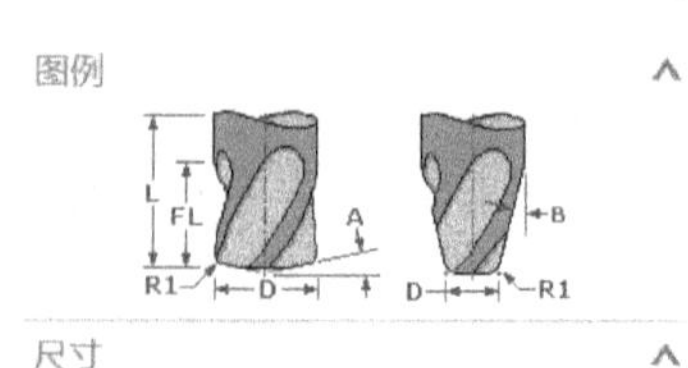 尺寸 (D) 直径 10.0000 (R1) 下半径 0.0000 (B) 锥角 0.0000 (A) 尖角 0.0000 (L) 长度 75.0000 (FL) 刀刃长度 50.0000 刀刃 2

（续）

软件操作步骤	操作过程图示
参考上一步操作分别创建加工刀具铣刀 D1，球头铣刀 B6	
双击“工序导航器”面板中的“MILL_FINISH”按钮，弹出“铣削精加工”对话框。在“部件余量”文本框中输入“0”，在“内公差”和“外公差”文本框中均输入“0.03”，单击“确定”按钮，完成精加工方法设定	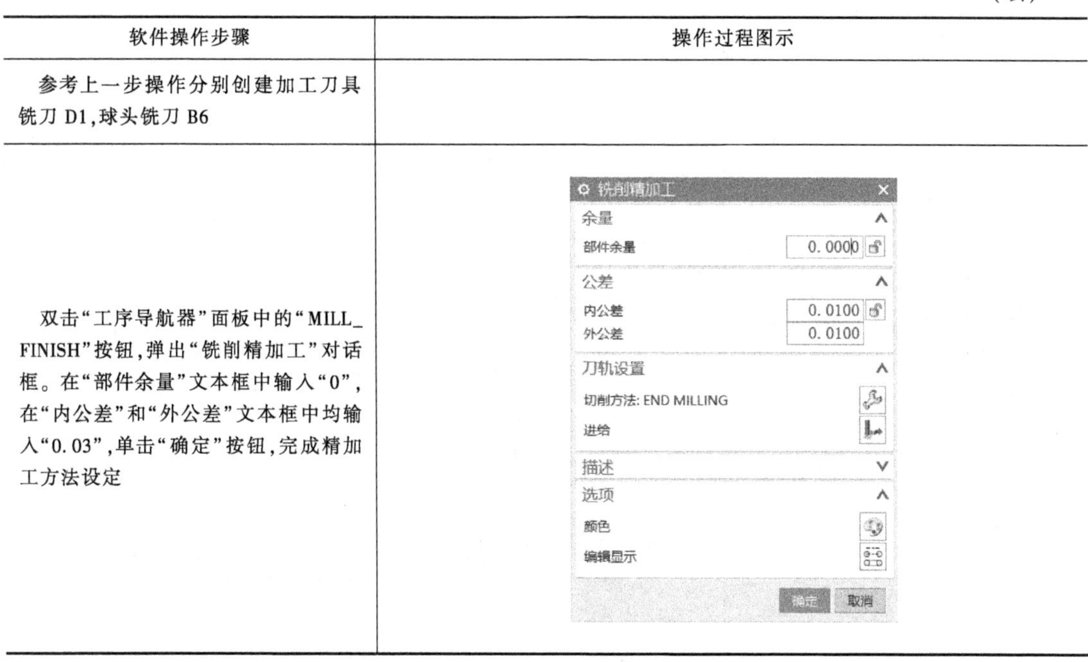

（2）手机壳背面型腔粗加工（表 7-16）

表 7-16　手机壳背面型腔粗加工

软件操作步骤	操作过程图示
在“插入”工具栏中单击“创建工序”按钮，弹出“创建工序”对话框。在“类型”列表框中选择“mill_contour”选项，在“工序子类型”选项组中单击“型腔铣”按钮，设置“刀具”为“D10（铣刀-5 参数）”，“几何体”为“WORKPIECE-A”，在“名称”文本框中输入“A1”	创建工序 类型 mill_contour 工序子类型 位置 程序 PROGRAM-A 刀具 D10（铣刀-5 参数） 几何体 WORKPIECE-A 方法 MILL_ROUGH 名称 A1 确定 应用 取消
在“型腔铣”对话框的“刀轴”选项组中设置“轴”为“+ZM 轴”	刀轴 轴 +ZM 轴

（续）

软件操作步骤	操作过程图示
在“刀轨设置”选项组中，设置“切削模式”为“跟随部件”，“步距”为“%刀具平直”，“平面直径百分比”为“75”，“公共每刀切削深度”为“恒定”，“最大距离”为“0.5”	刀轨设置 方法 MILL_ROUGH 切削模式 跟随部件 步距 %刀具平直 平面直径百分比 75.0000 公共每刀切削深度 恒定 最大距离 0.5000 mm 切削层 切削参数 非切削移动 进给率和速度
单击“刀轨设置”选项组中的“切削参数”按钮，弹出“切削参数”对话框。选择“策略”选项卡，设置“切削方向”为“顺铣”，“切削顺序”为“层优先”；选择“拐角”选项卡，设置“光顺”为“无”	
单击“刀轨设置”选项组中的“非切削移动”按钮，弹出“非切削移动”对话框。选择“进刀”选项卡，在“封闭区域”选项组中，设置“进刀类型”为“沿形状斜进刀”；选择“退刀”选项卡，在“退刀”选项组中设置“退刀类型”为“与进刀相同”。单击“非切削参数”对话框中的“确定”按钮，完成非切削参数设置	

（续）

软件操作步骤	操作过程图示
单击“刀轨设置”选项组中的“进给率和速度”按钮，弹出“进给率和速度”对话框。设置“主轴速度”为“10000”，“切削”（速度）为“6000”，单位为“mmpm”（mm/min）	
在“操作”对话框中完成参数设置后，单击该对话框底部“操作”选项组中的“生成”按钮，可生成该操作的刀具路径	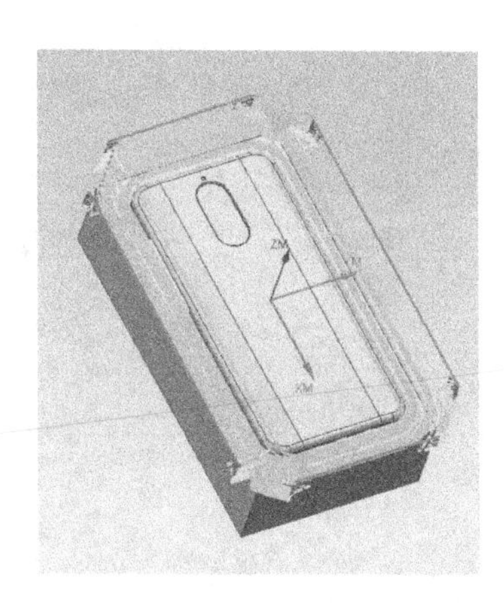
单击“操作”对话框底部“操作”选项组中的“确认”按钮，弹出“导轨可视化”对话框，然后选择“3D 动态”选项卡，单击“播放”按钮，可进行 3D 动态刀具切削过程模拟	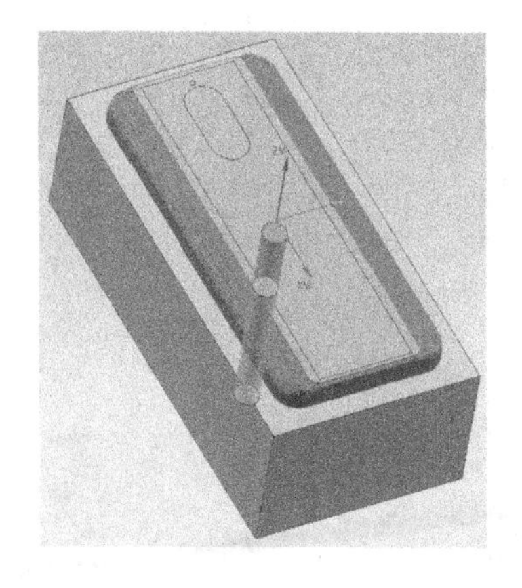

（3）手机壳背面外形精加工（表 7-17）

表 7-17　手机壳背面外形精加工

<table>
<tr><th>软件操作步骤</th><th>操作过程图示</th></tr>
<tr><td>单击“插入”工具栏上的“创建工序”按钮，弹出“创建工序”对话框。在“创建工序”对话框中的“类型”列表框中选择“mill_planar”选项，在“工序子类型”选项组中单击第 1 行第 6 个按钮，在“位置”选项组中设置“程序”“PROGRAM-A”，“刀具”为“D10(铣刀-5 参数)”，“几何体”为“WORKPIECE-A”，方法为“MILL_FINISH”，在“名称”文本框中输入“A2”</td><td>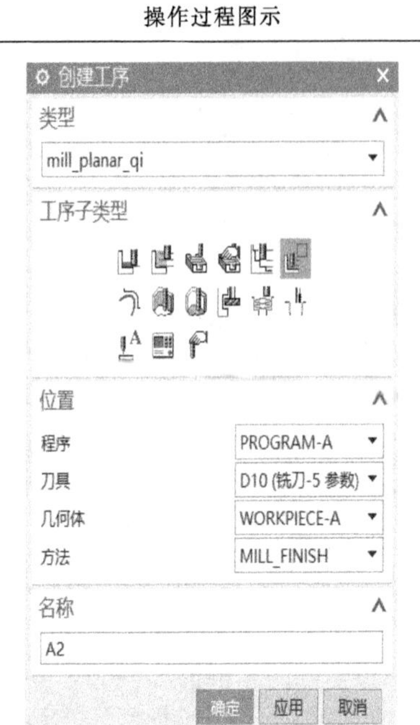</td></tr>
<tr><td>在“几何体”选项组中单击“选择或编辑部件边界”按钮，弹出“部件边界”对话框。选择右图所示曲线作为边界，单击“确定”按钮，返回“平面轮廓铣”对话框</td><td>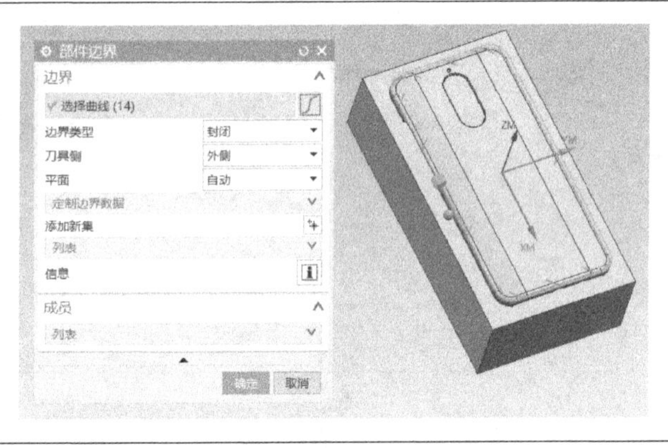</td></tr>
<tr><td>在“平面轮廓铣”对话框的“刀轴”选项组中设置“轴”为“+ZM 轴”</td><td>刀轴
轴　+ZM 轴</td></tr>
<tr><td>在“刀轨设置”选项组中设置“部件余量”为“0.1”，“切削进给”为“6000”，“切削深度”为“恒定”，“公共”为“2”</td><td>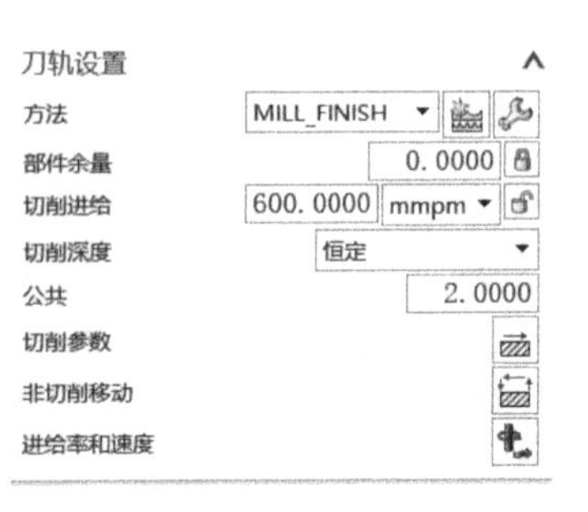</td></tr>
</table>

（续）

<table>
<tr><th>软件操作步骤</th><th>操作过程图示</th></tr>
<tr><td>单击“刀轨设置”选项组中的“切削参数”按钮，弹出“切削参数”对话框。选择“策略”选项卡，设置“切削方向”为“顺铣”，“切削顺序”为“深度优先”；选择“拐角”选项卡，设置“光顺”为“无”</td><td>
</td></tr>
<tr><td>单击“刀轨设置”选项组中的“非切削移动”按钮，弹出“非切削移动”对话框。选择“进刀”选项卡，在“封闭区域”选项组中，设置“进刀类型”为“沿形状斜进刀”；选择“退刀”选项卡，在“退刀”选项组中设置“退刀类型”为“与进刀相同”。单击“非切削参数”对话框中的“确定”按钮，完成非切削参数设置</td><td>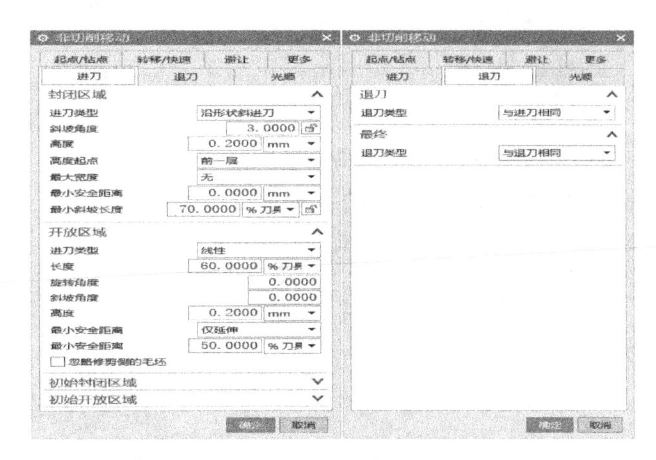
</td></tr>
<tr><td>单击“刀轨设置”选项组中的“进给率和速度”按钮，弹出“进给率和速度”对话框。设置“主轴速度”为“12000”，“切削”（速度）为“3000”，单位为“mmpm”（mm/min）</td><td>
</td></tr>
</table>

（续）

软件操作步骤	操作过程图示 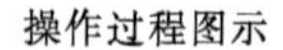
在“操作”对话框中完成参数设置后，单击该对话框底部“操作”选项组中的“生成”按钮，可生成该操作的刀具路径	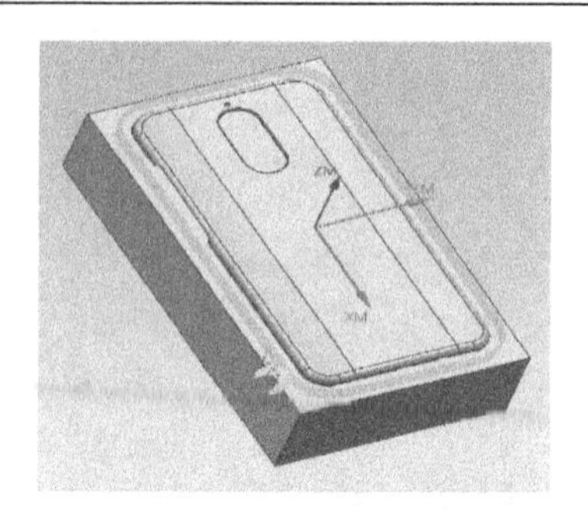
单击“操作”对话框底部“操作”选项组中的“确认”按钮，弹出“导轨可视化”对话框。选择“3D 动态”选项卡，单击“播放”按钮，可进行 3D 动态刀具切削过程模拟	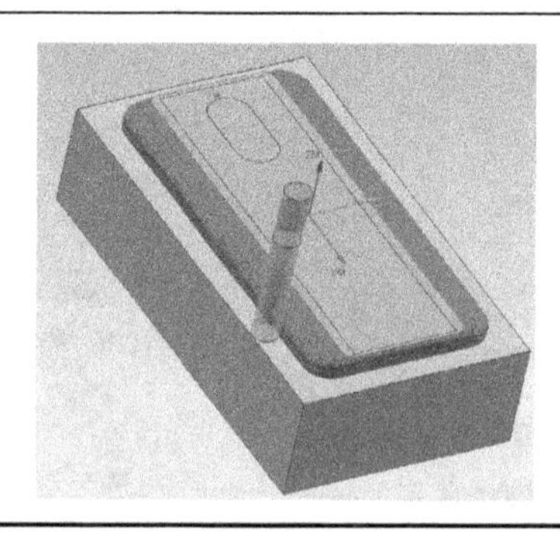

（4）手机壳背面腔体外形开粗加工（表 7-18）

表 7-18　手机壳背面腔体外形开粗加工

软件操作步骤	操作过程图示
单击“插入”工具栏上的“创建工序”按钮，弹出“创建工序”对话框。在“创建工序”对话框中的“类型”列表框中选择“mill_planar”选项，在“工序子类型”选项组中单击“平面轮廓铣-螺旋”按钮，在“位置”选项组中设置“程序”为“PROGRAM-A”，“刀具”为“D10(铣刀-5 参数)”，“几何体”为“PROGRAM-A”，“方法”为“MILL_ROUGH”，在“名称”文本框中输入“A3”	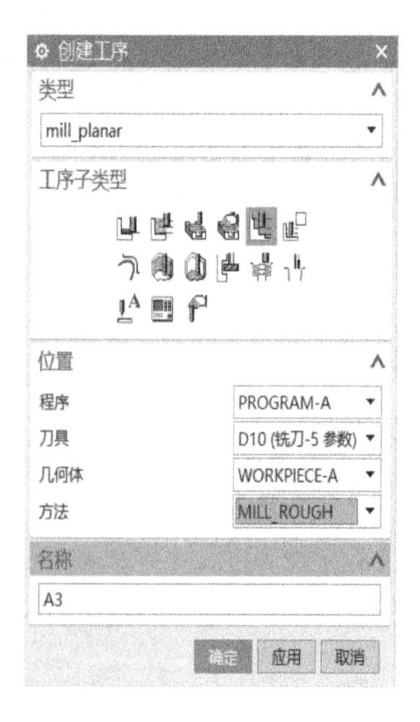

（续）

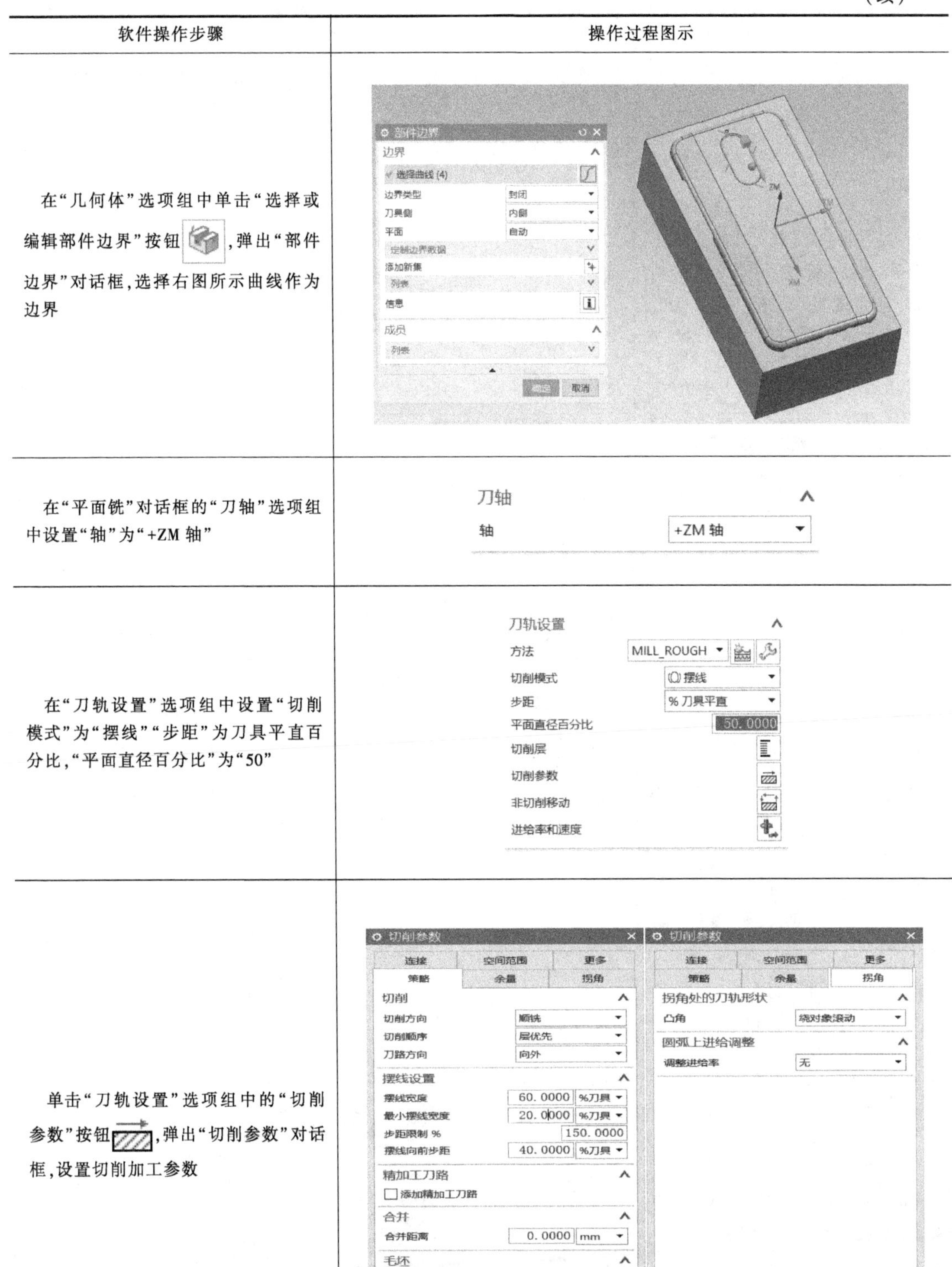

软件操作步骤	操作过程图示
在“几何体”选项组中单击“选择或编辑部件边界”按钮，弹出“部件边界”对话框，选择右图所示曲线作为边界	
在“平面铣”对话框的“刀轴”选项组中设置“轴”为“+ZM 轴”	
在“刀轨设置”选项组中设置“切削模式”为“摆线”“步距”为刀具平直百分比，“平面直径百分比”为“50”	
单击“刀轨设置”选项组中的“切削参数”按钮，弹出“切削参数”对话框，设置切削加工参数	

（续）

软件操作步骤	操作过程图示
单击“刀轨设置”选项组中的“非切削移动”按钮，弹出“非切削移动”对话框。选择“进刀”选项卡，在“封闭区域”选项组中设置“进刀类型”为“沿形状斜进刀”；选择“退刀”选项卡，在“退刀”选项组中设置“退刀类型”为“与进刀相同”。单击“非切削参数”对话框中的“确定”按钮，完成非切削参数设置	
单击“刀轨设置”组框中的“进给率和速度”按钮，弹出“进给率和速度”对话框。设置“主轴速度”为“10000”“切削”（速度）为“3000”，单位为“mmpm”（mm/min），其他参数设置如右图所示	进给率和速度 自动设置 设置加工数据 表面速度 (smm) 314.0000 每齿进给量 0.1500 更多 主轴速度 主轴速度 (rpm) 10000.00 更多 进给率 切削 3000.000 mmpm 快速 更多 单位 在生成时优化进给率 确定 取消
单击该对话框底部“操作”选项组中的“生成”按钮，可生成该操作的刀具路径	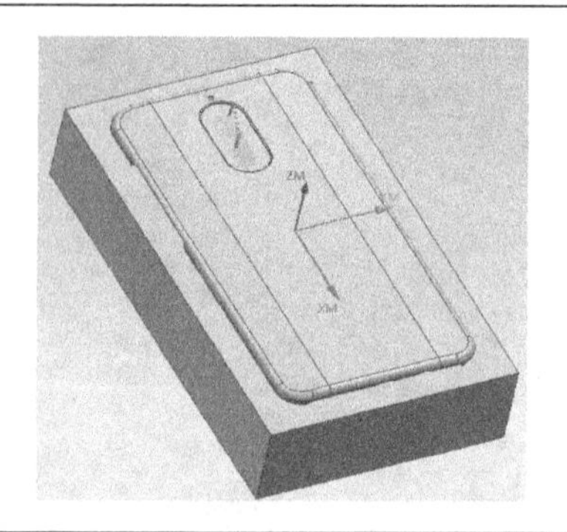

（续）

软件操作步骤	操作过程图示
单击“操作”对话框底部“操作”选项组中的“确认”按钮，弹出“导轨可视化”对话框。选择“3D 动态”选项卡，单击“播放”按钮，可进行 3D 动态刀具切削过程模拟	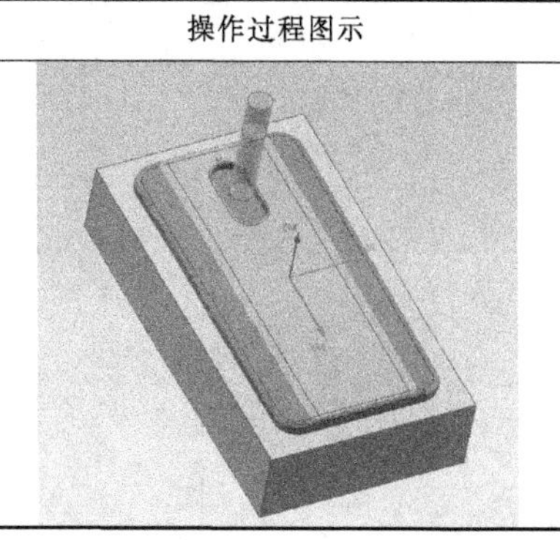

（5）手机壳背面腔体轮廓精加工（表 7-19）

表 7-19　手机壳背面腔体轮廓精加工

软件操作步骤	操作过程图示
按照程序名称为“A2”的操作创建“平面轮廓铣”刀具路径。在“位置”选项组中“方法”选择“MILL_FINISH”选项，在“名称”文本框中输入“A4”，双击“平面轮廓铣”刀具路径进入“平面轮廓铣”对话框	
在“几何体”选项组中单击“选择或编辑部件边界”按钮，弹出“部件边界”对话框，选择右图所示曲线作为边界，单击“确定”按钮，返回“平面轮廓铣”对话框	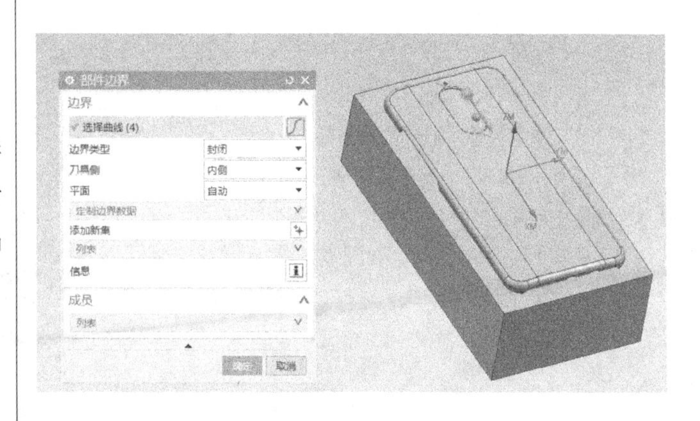

（续）

软件操作步骤	操作过程图示
按照程序名称为“A2”的操作，设置“刀轨设置”选项组的参数，并设置“切削”为“300”	
单击“刀轨设置”选项组中的“进给率和速度”按钮，弹出“进给率和速度”对话框。设置“主轴速度”为“12000”，“切削”（速度）为“300”，单位为“mmpm”（mm/min）	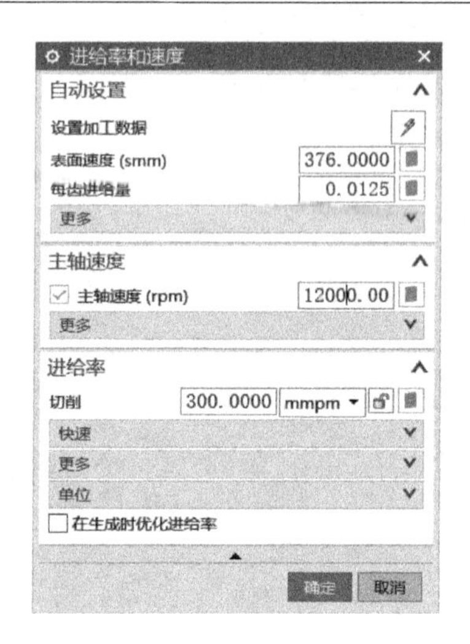
单击该对话框底部“操作”选项组中的“生成”按钮，可生成该操作的刀具路径	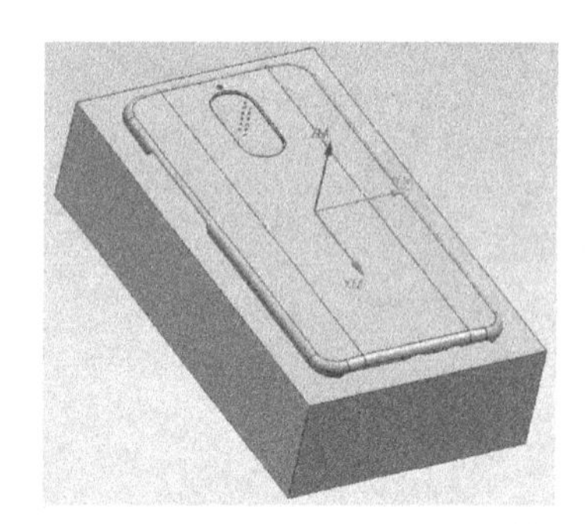
单击“操作”对话框底部“操作”选项组中的“确认”按钮，弹出“导轨可视化”对话框。选择“3D动态”选项卡，单击“播放”按钮，可进行3D动态刀具切削过程模拟	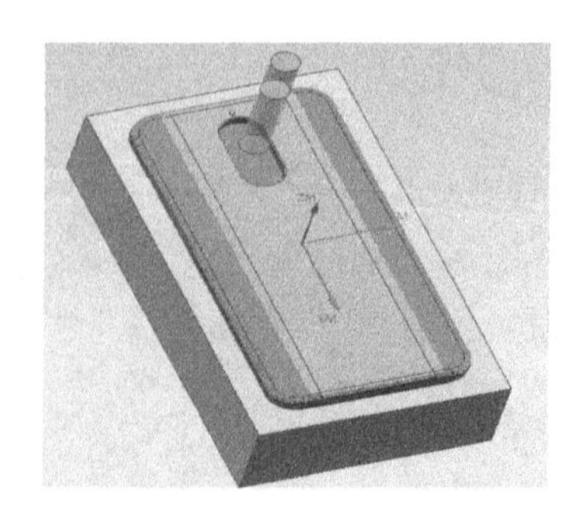

(6) 手机壳背面 ϕ2mm 螺旋孔开粗加工（表 7-20）

表 7-20　手机壳背面 ϕ2mm 螺旋孔开粗加工

软件操作步骤	操作过程图示
单击“插入”工具栏上的“创建工序”按钮，弹出“创建工序”对话框。在“创建工序”对话框中的“类型”列表框中选择“mill_planar”选项，在“工序子类型”选项组中单击“孔铣”按钮，在“位置”选项组中设置“程序”为“PROGRAM-A”，“刀具”为“D1（铣刀-5 参数）”，“几何体”“WORKPIECE-A”，“方法”为“MILL_ROUGH”，在“名称”文本框中输入“A5”	
在“几何体”选项组中单击“选择或编辑特征几何体”按钮，弹出“特征几何体”对话框，选择右图所示对象作为特征几何体，单击“确定”按钮，返回“孔铣”对话框	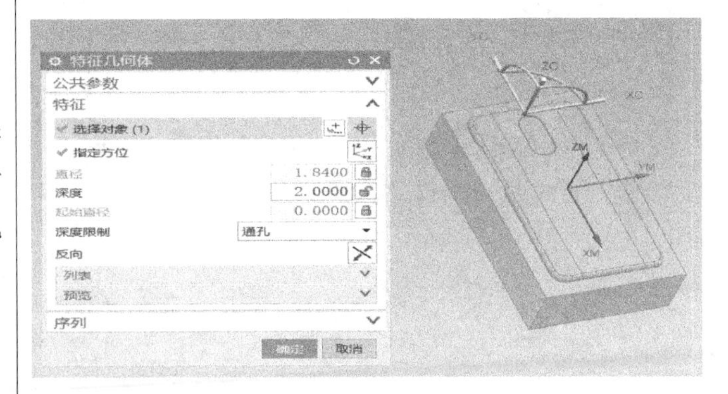

（续）

<table>
<tr><th>软件操作步骤</th><th>操作过程图示</th></tr>
<tr><td>在“刀轨设置”选项组中设置“切削模式”为“螺旋”，“轴向螺距”为“0.05”，“径向步距”为“恒定”，“最大距离”为“50”</td><td> 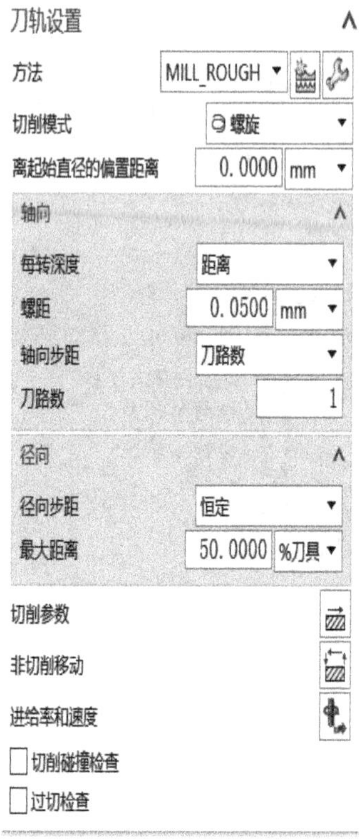刀轨设置
方法 MILL_ROUGH
切削模式 螺旋
离起始直径的偏置距离 0.0000 mm
轴向
每转深度 距离
螺距 0.0500 mm
轴向步距 刀路数
刀路数 1
径向
径向步距 恒定
最大距离 50.0000 %刀具
切削参数
非切削移动
进给率和速度
切削碰撞检查
过切检查</td></tr>
<tr><td>单击“刀轨设置”选项组中的“切削参数”按钮，弹出“切削参数”对话框，设置切削加工参数 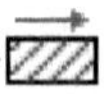</td><td>
</td></tr>
</table>

（续）

软件操作步骤	操作过程图示
单击“刀轨设置”选项组中的“非切削移动”按钮，弹出“非切削移动”对话框。选择“进刀”选项卡，在“封闭区域”选项组中设置“进刀类型”为“沿形状斜进刀”，其他参数如图所示；选择“退刀”选项卡，在“退刀”选项组中设置“退刀类型”为“与进刀相同”。单击“非切削参数”对话框中的“确定”按钮	
单击“刀轨设置”选项组中的“进给率和速度”按钮，弹出“进给率和速度”对话框。设置“主轴速度”为“13000”，“切削”（速度）为“3000”，单位为“mmpm”（mm/min）	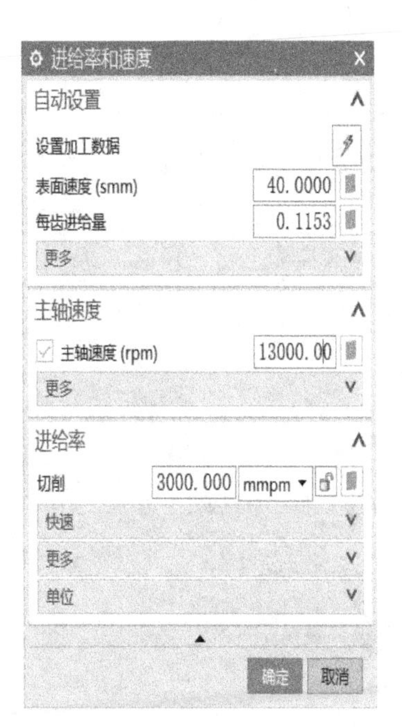

（续）

软件操作步骤	操作过程图示
单击该对话框底部“操作”选项组中的“生成”按钮，可生成该操作的刀具路径	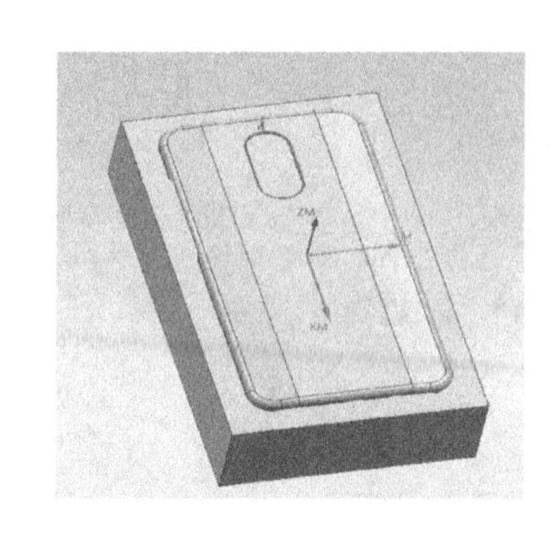
单击“操作”对话框底部“操作”选项组中的“确认”按钮，弹出“导轨可视化”对话框。选择“3D 动态”选项卡，单击“播放”按钮，可进行 3D 动态刀具切削过程模拟	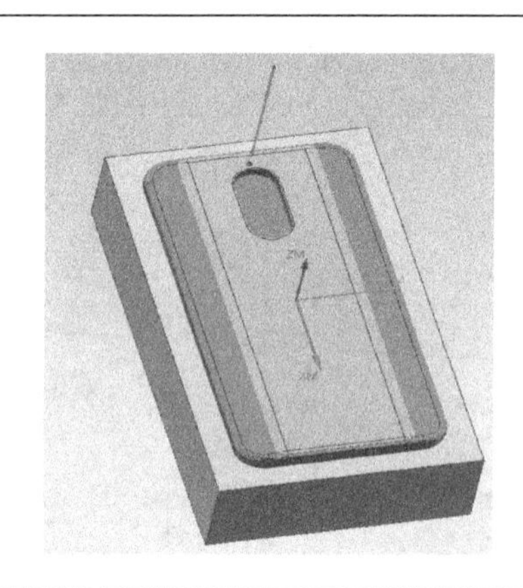

（7）手机壳背面 ϕ2mm 螺旋孔精加工（表 7-21）

表 7-21　手机壳背面 ϕ2mm 螺旋孔精加工

软件操作步骤	操作过程图示
按照程序名称为“A2”的操作创建“平面轮廓铣”刀具路径。在“位置”“方法”选项组中选择“MILL_FINISH”选项，在“名称”文本框中输入“A6”，双击“平面轮廓铣”刀具路径进入“平面轮廓铣”对话框	

（续）

软件操作步骤	操作过程图示
在“几何体”选项组中单击“选择或编辑部件边界”按钮，弹出“部件边界”对话框，选择右图所示曲线作为边界，单击“确定”按钮，返回“平面轮廓铣”对话框	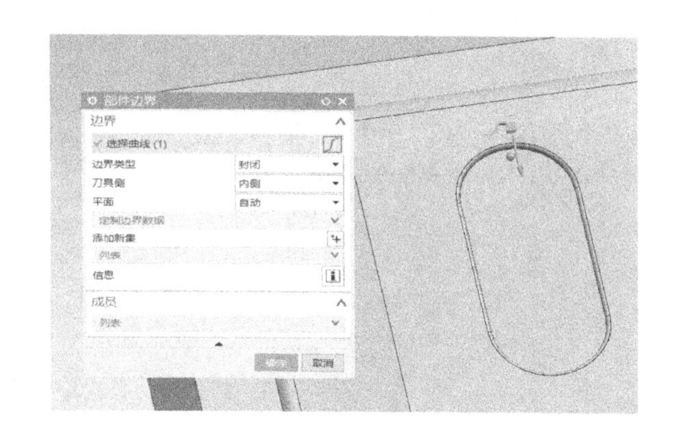
按照程序名称为“A2”的操作，设置“刀轨设置”选项组的参数，并设置“切削进给”为“200”，“公共”为“0.1”	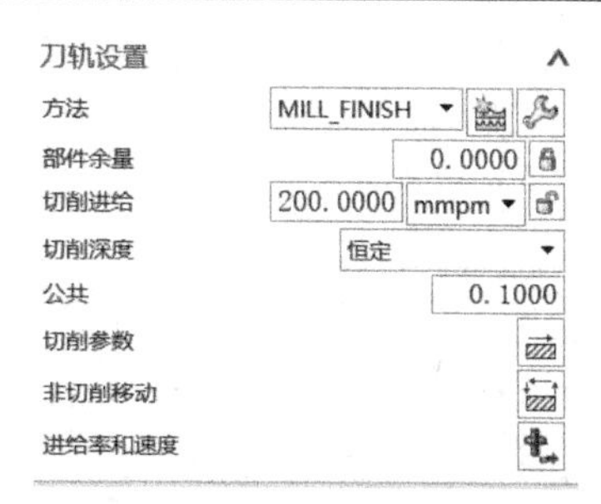
单击“刀轨设置”选项组中的“进给率和速度”按钮，弹出“进给率和速度”对话框。设置“主轴速度”为“14000”，“切削”（速度）为“200”，单位为“mmpm”（mm/min）	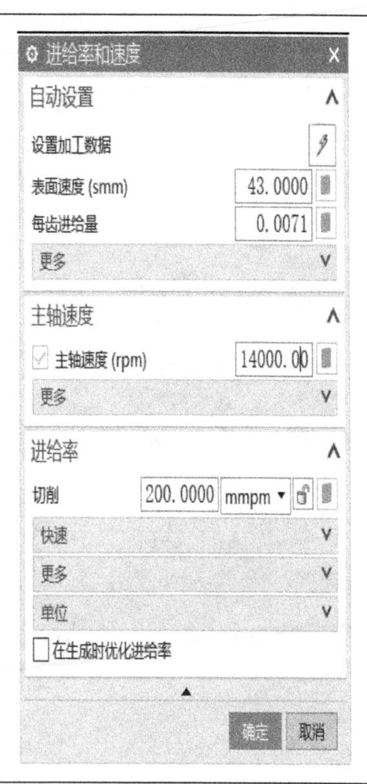

（续）

软件操作步骤	操作过程图示
单击该对话框底部“操作”选项组中的“生成”按钮，可生成该操作的刀具路径	
单击“操作”对话框底部“操作”选项组中的“确认”按钮，弹出“导轨可视化”对话框。选择“3D 动态”选项卡，单击“播放”按钮，可进行 3D 动态刀具切削过程模拟	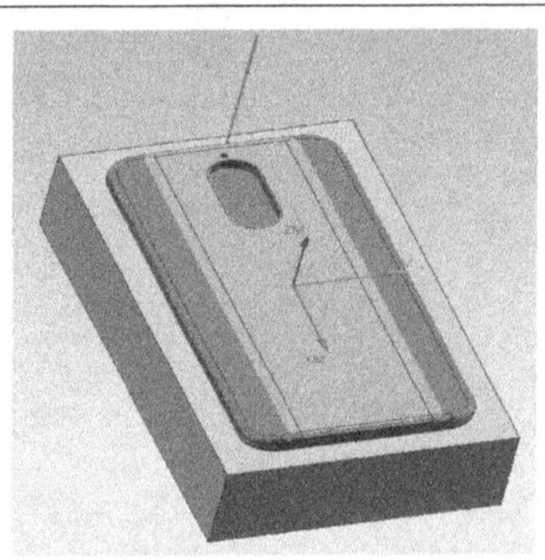

（8）手机壳曲面半精加工（表 7-22）

表 7-22　手机壳曲面半精加工

软件操作步骤	操作过程图示
单击“插入”工具栏上的“创建工序”按钮，弹出“创建工序”对话框。在“创建工序”对话框中的“类型”列表框中选择“mill_contour”选项，在“工序子类型”选项组中单击“固定轮廓铣”按钮，在“位置”选项组中设置“程序”为“PROGRAM-A”，“刀具”为“B6（铣刀-球头铣）”，“几何体”为“WORKPIECE-A”，“方法”为“MILL_SEMI_FINISH”，在“名称”文本框中输入“A7”	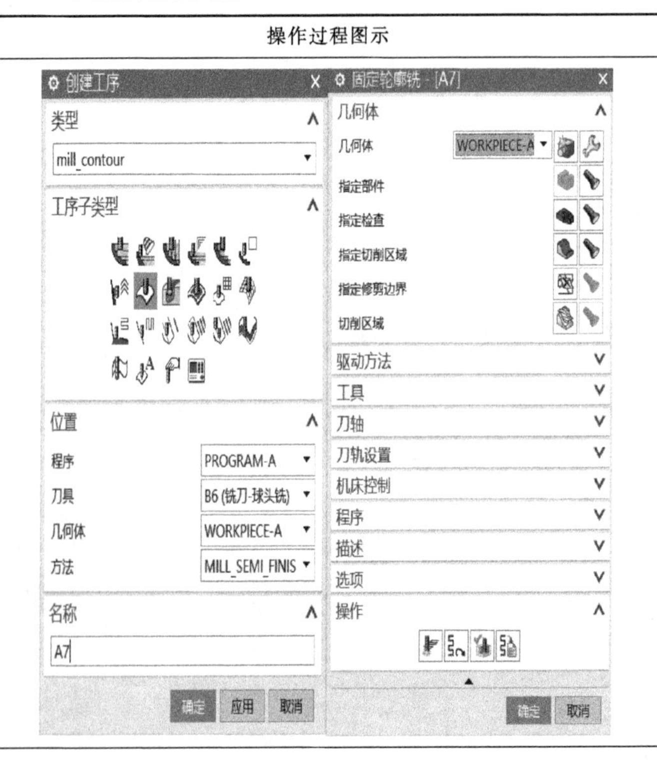

（续）

软件操作步骤	操作过程图示
在“固定轮廓铣”对话框中，在“驱动方法”选项组的“方法”列表框中选择“区域铣削”选项，系统弹出“区域铣削驱动方法”对话框	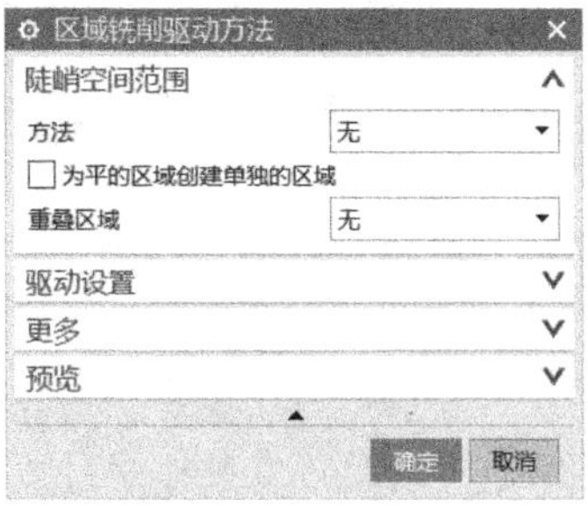
在“驱动设置”选项组中设置“非陡峭切削模式”为“跟随周边”，“切削方向”为“顺铣”，“步距”为“恒定”，“最大距离”为“0.08”	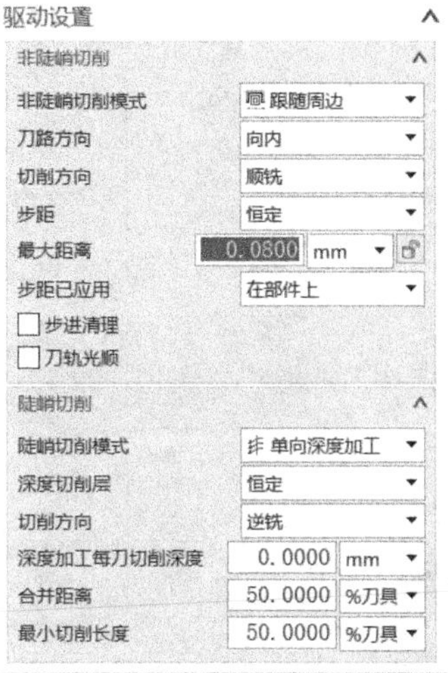
在“固定轮廓铣”对话框的“刀轴”选项组中设置“轴”为“+ZM 轴”	
单击“刀轨设置”选项组中的“切削参数”按钮，弹出“切削参数”对话框，设置切削加工参数	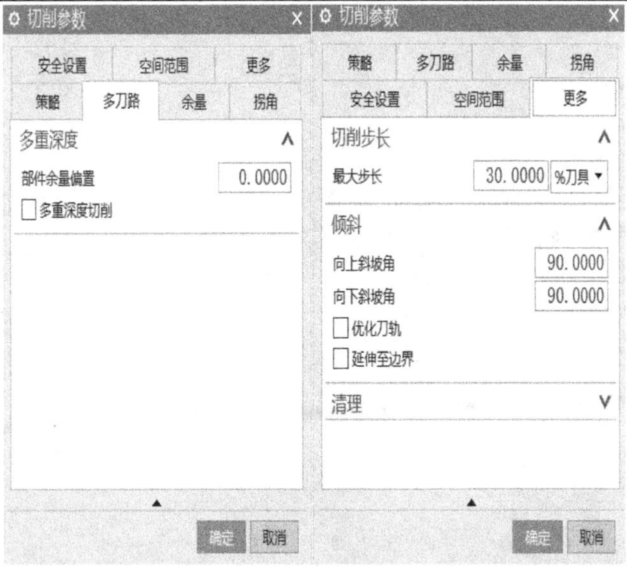

（续）

<table>
<tr><th>软件操作步骤</th><th>操作过程图示</th></tr>
<tr><td>单击“刀轨设置”选项组中的“非切削移动”按钮，弹出“非切削移动”对话框，设置参数如右图所示</td><td>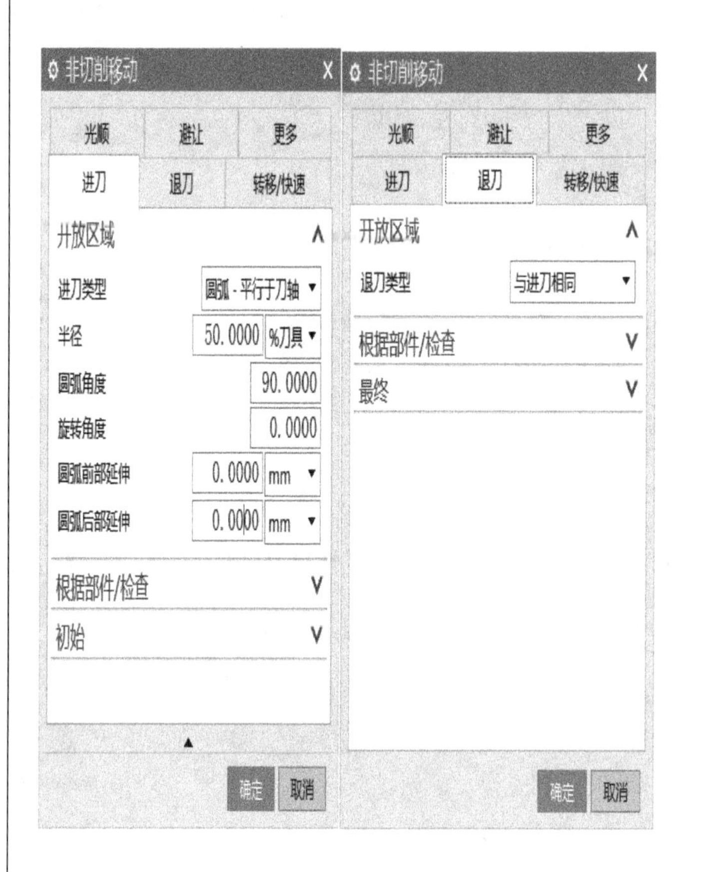
</td></tr>
<tr><td>单击“刀轨设置”组框中的“进给率和速度”按钮，弹出“进给率和速度”对话框。设置“主轴速度”为“14000”，“切削”（速度）为“2500”，单位为“mmpm”（mm/min）</td><td>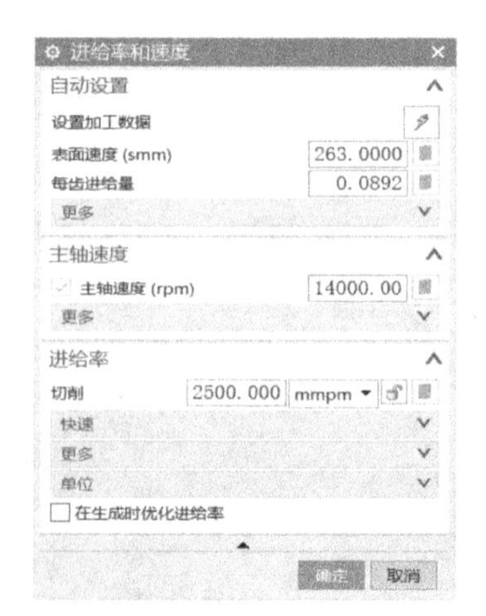
</td></tr>
</table>

（续）

软件操作步骤	操作过程图示
单击该对话框底部“操作”选项组中的“生成”按钮，可生成该操作的刀具路径	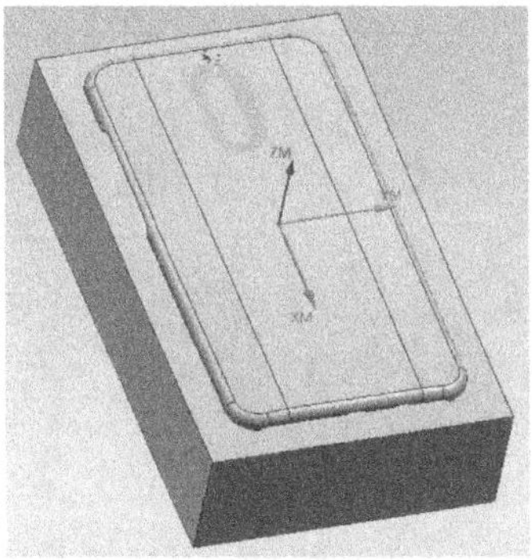
单击“操作”对话框底部“操作”选项组中的“确认”按钮，弹出“导轨可视化”对话框。选择“3D 动态”选项卡，单击“播放”按钮，可进行 3D 动态刀具切削过程模拟	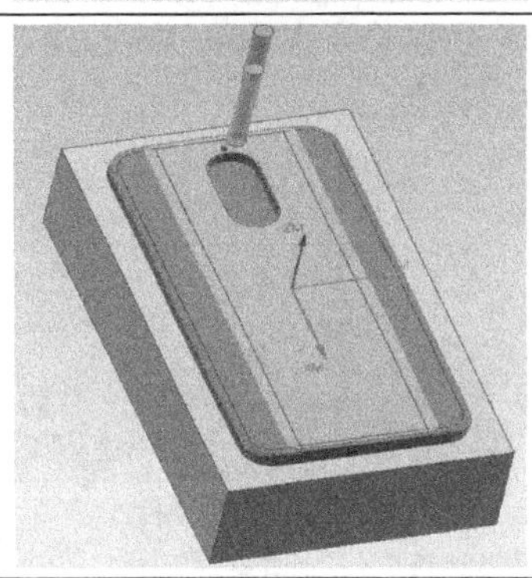

（9）手机壳曲面精加工（表 7-23）

表 7-23　手机壳曲面精加工

软件操作步骤	操作过程图示
按照程序名称为“A7”的操作创建“平面轮廓铣”刀具路径。在“位置”选项组“方法”中选择“MILL_FINISH”选项，在“名称”文本框中输入“A8”，双击“固定轮廓铣”刀具路径进入“固定轮廓铣”对话框	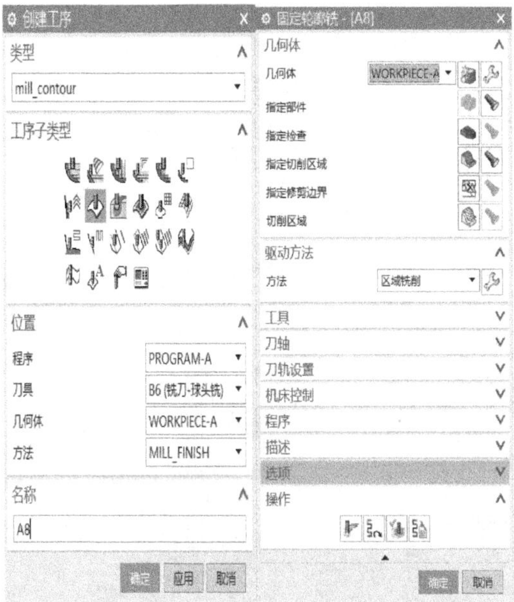

（续）

软件操作步骤	操作过程图示
在“固定轮廓铣”对话框中，在“驱动方法”选项组的“方法”列表框中选择“区域铣削”选项，系统弹出“区域铣削驱动方法”对话框	驱动设置 非陡峭切削 非陡峭切削模式　螺旋 刀路方向　向外 切削方向　顺铣 步距　恒定 最大距离　0.1000　mm 包含精加工刀路于　All Shapes 刀轨光顺 陡峭切削 陡峭切削模式　单向深度加工 深度切削层　恒定 切削方向　逆铣 深度加工每刀切削深度　0.0000　mm 合并距离　50.0000　%刀具 最小切削长度　50.0000　%刀具
单击“刀轨设置”选项组中的“进给率和速度”按钮，弹出“进给率和速度”对话框。设置“主轴速度”为“14000”，“切削”（速度）为“2500”，单位为“mmpm”（mm/min）	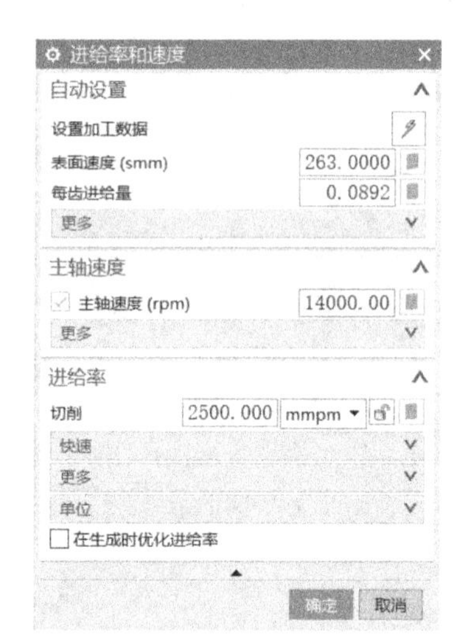
单击该对话框底部“操作”选项组中的“生成”按钮，可生成该操作的刀具路径	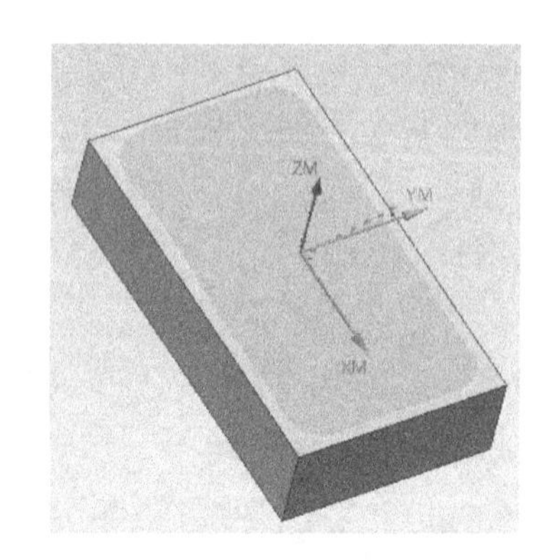

（续）

软件操作步骤	操作过程图示
单击“操作”对话框底部“操作”选项组中的“确认”按钮，弹出“导轨可视化”对话框。选择“3D 动态”选项卡，单击“播放”按钮，可进行 3D 动态刀具切削过程模拟	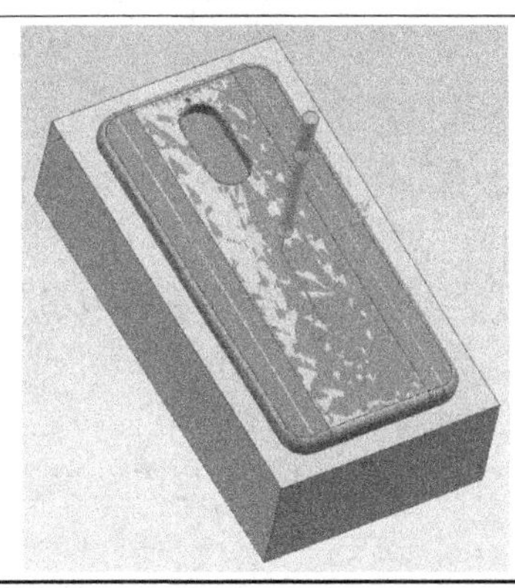

7.6　手机壳正面高速铣削加工

1. 加工方式

1）整体铣外形，采用“型腔铣”工序子类型去除余料，留 0.2mm 加工余量进行后续半精加工。

2）精加工外形，采用“平面铣”工序子类型进行精加工。

3）精加工底面，采用“固定轴轮廓铣”工序子类型进行加工。

4）精加工外圆角，采用“固定轴轮廓铣”工序子类型进行加工。

5）精加工内圆角，采用“固定轴轮廓铣”工序子类型进行加工。

6）精加工右侧面和底侧面缺口，采用“固定轴轮廓铣”工序子类型进行加工。

2. 加工内容

手机壳造型和正面加工完成的情况如图 7-5 和图 7-6 所示。

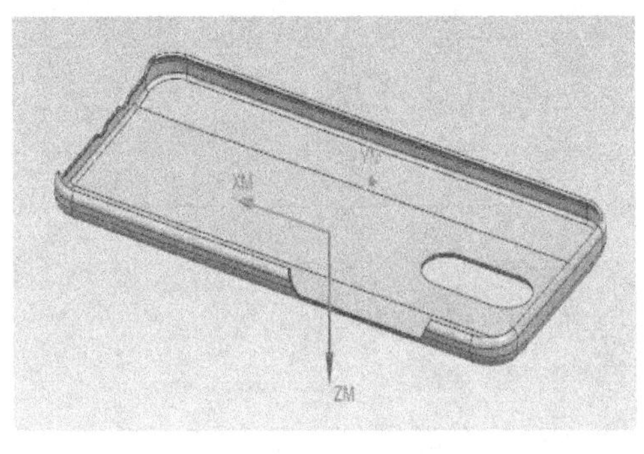

图 7-5　手机壳模型图

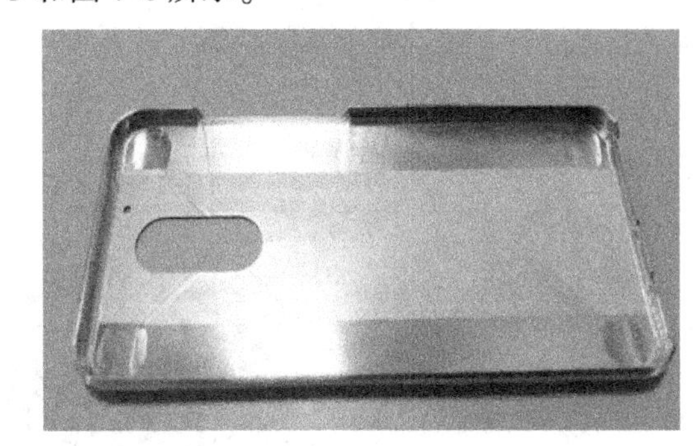

图 7-6　正面加工完成手机壳

3. 编程思路及刀具的使用

1）根据型腔零件的形状和大小，选择 D10 的钨钢立铣刀进行型腔铣开粗加工，去除大部分的余量。

2）选择 D6R0.5 的钨钢立铣刀对腔体圆角进行精加工（精加工手机壳边缘圆角）。

3）选择 R1.5 的钨钢球头铣刀对腔体内圆角进行精加工（腔体边缘圆角精加工）。

4）选择 R1.5 的钨钢球头铣刀对腔体开放处圆角进行半精加工（为后面的精加工做准备）。

5）选择 R1.5 的钨钢球头铣刀对腔体开放处圆角进行精加工（精加工）。

6）选择 R1.5 的钨钢球头铣刀对腔体第二处开放处圆角进行精加工（精加工）。

7）选择 R3 的钨钢球头铣刀对腔体表面进行半精加工（用 ϕ6mm 的球头铣刀半精加工）。

8）选择 R1.5 的钨钢球头铣刀对腔体表面进行精加工（精加工表面）。

9）选择 T16D4 的 T 型钨钢立铣刀对手机壳的倒扣圆角进行开粗加工（定制刀具进行开粗）。

10）选择 T16D4 的 T 型钨钢立铣刀对手机壳的倒扣圆角进行精加工（使用 T 型刀具精加工内圆角）。

4. 制订加工程式单

手机壳正面高速加工程式单见表 7-24。

表 7-24　手机壳正面高速加工程式单

程　式　单						
序号	加工区域	程序名称	刀具名称	刀具长度/mm	加工子类型	加工方式
1	全部区域	B1	D10	35	型腔铣	粗加工
2	手机壳边内圆角	B2	B6	30	固定轮廓铣-区域铣	圆角粗加工
3	手机壳边内圆角	B3	B3	30	固定轮廓铣-区域铣	圆角精加工
4	手机壳边开放圆角	B4	B6	30	固定轮廓铣-区域铣	圆角开粗加工
5	手机壳边第一处开放圆角	B5	B3	30	固定轮廓铣-区域铣	圆角精加工
6	手机壳边第二处开放圆角	B6	B3	30	固定轮廓铣-区域铣	圆角精加工
7	手机壳型腔曲面	B7	B6	35	固定轮廓铣	曲面半精加工
8	手机壳型腔曲面	B8	B3	30	固定轮廓铣	曲面精加工
9	手机壳的倒扣圆角	B10	T16	35	实体 3D 轮廓	T 型刀对倒扣开粗
10	手机壳的倒扣圆角	B11-B15	T16	35	实体 3D 轮廓	T 型刀对倒扣精加工
装夹示意图						

装夹采用台虎钳夹紧工装，工装用胶水把手机壳粘在一起进行 B 面加工

5. 高速加工工艺参数的选择

手机壳正面高速加工工艺参数见表 7-25。

表 7-25　手机壳正面高速加工工艺参数

加工步骤		切削参数					
序号	加工内容	刀具规格		主轴转速 n /(r/min)	进给速度 v_f /(mm/min)	刀具补偿	
		类型	材料			长度	半径
1	全部区域粗加工	D10	整体钨钢刀具	10000	6000		
2	手机壳边内圆角粗加工	B6		14000	2500		
3	手机壳边内圆角精加工	B3		15000	2500		
4	手机壳边开放圆角开粗	B6		10000	3000		
5	手机壳边第一处开放圆角精加工	B3		15000	2500		
6	手机壳边第二处开放圆角精加工	B3		15000	2500		
7	手机壳型腔曲面半精加工	B6		10000	3000		
8	手机壳型腔曲面精加工	B3		15000	2500		
9	手机壳的倒扣圆角开粗	T16		8000	800		
10	手机壳的倒扣圆角精加工	T16		12000	600		

6. 利用 CAM 软件编制刀具路径

(1) 手机壳凹面高速加工 NX 加工环境设置（表 7-26）

表 7-26　手机壳凹面高速加工 NX 加工环境设置

软件操作步骤	操作过程图示
启动 NX12 软件后，单击“标准”工具栏上的“打开”按钮，打开“打开部件文件”对话框，选择“工装零件”文件，单击“OK”按钮	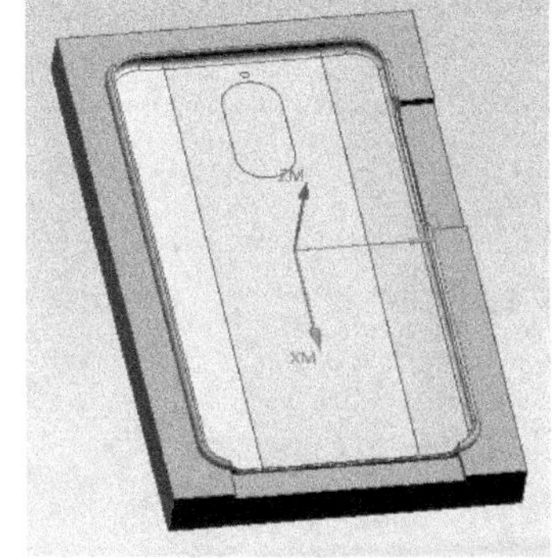

（续）

软件操作步骤	操作过程图示
在工具栏上选择“文件”命令，进入启动项选择加工模块，系统弹出“加工环境”对话框。在“CAM 会话配置”下拉列表框中选择“cam_general”选项，在“要创建的 CAM 设置”下拉列表框中选择“mill_contour”选项，单击“确定”按钮，初始化加工环境	
在“工序导航器-几何”面板的空白位置单击鼠标右键，选择“几何视图”命令，将导航器切换至几何视图	
在“工序导航器-几何”面板中双击“MCS”按钮 MCS，弹出“MCS 铣削”对话框	

（续）

<table>
<tr><th>软件操作步骤</th><th>操作过程图示</th></tr>
<tr><td>单击“机床坐标系”选项组中的“指定MCS”按钮，弹出“坐标系”对话框，在图形窗口中旋转坐标系手柄</td><td>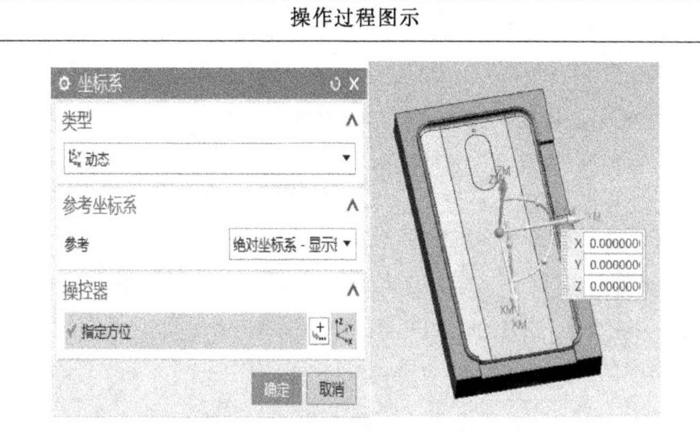
</td></tr>
<tr><td></td><td>
</td></tr>
<tr><td rowspan="2">在“工件”对话框的“几何体”选项组中，设置“指定部件”为左边需要加工的零件，“指定毛坯”为“包容块”</td><td>
</td></tr>
<tr><td>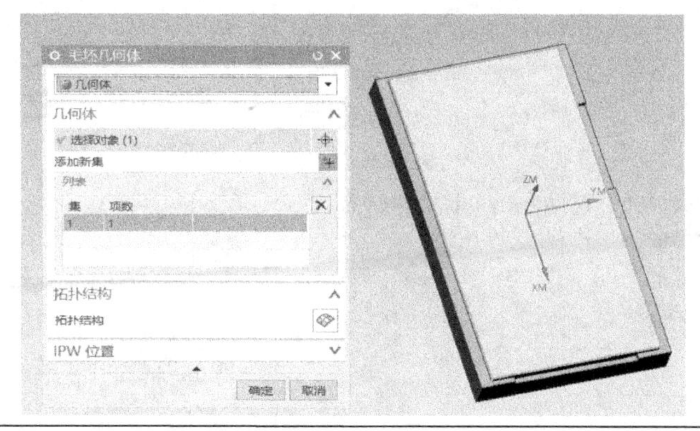
</td></tr>
</table>

（续）

软件操作步骤	操作过程图示
在“插入”工具条中单击“创建刀具”按钮 ，弹出“创建刀具”对话框。设置“类型”为“mill_planar”，“刀具子类型”为“MILL”，“名称”为“D10”，单击“确定”按钮 确定 ，弹出“铣刀-5参数”对话框，从中设置刀具“直径”为10mm，“刀具号”为1，单击“确定”按钮 确定 退出对话框	图例 尺寸 (D) 直径 10.0000 (R1) 下半径 0.0000 (B) 锥角 0.0000 (A) 尖角 0.0000 (L) 长度 75.0000 (FL) 刀刃长度 50.0000 刀刃 2
参考上一步操作分别创建加工刀具2号立铣刀D6，3号球头铣刀B6，4号球头铣刀B4，5号T型立铣刀T16	
双击“工序导航器”面板中的“MILL_FINISH”按钮，弹出“铣削精加工”对话框。在“部件余量”文本框中输入“0”，在“内公差”和“外公差”文本框中均输入“0.03”，单击“确定”按钮，完成精加工方法设定	

(2) 手机壳凹面型腔粗加工（表7-27）

表7-27　手机壳凹面型腔粗加工

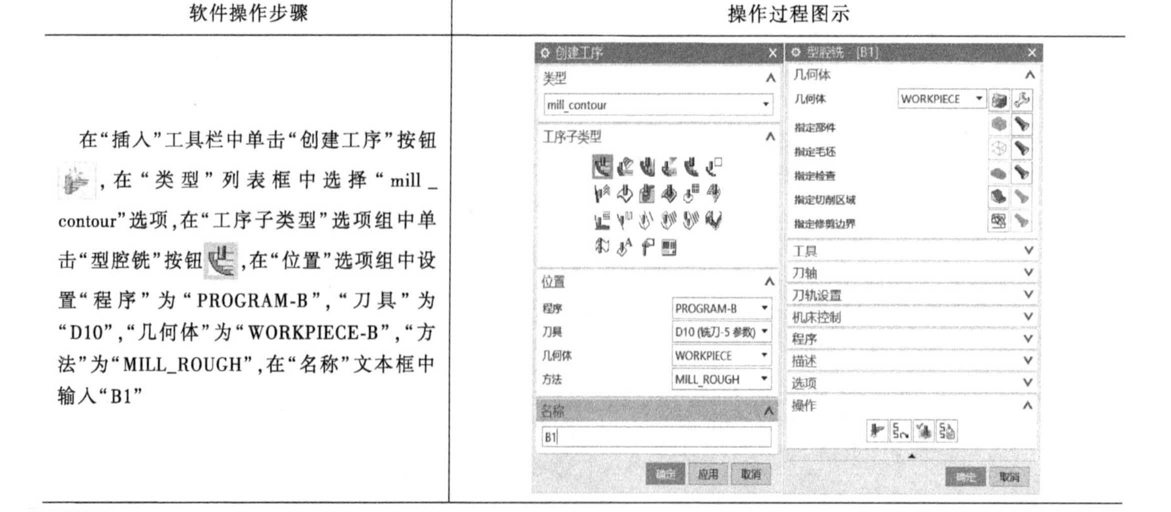

软件操作步骤	操作过程图示
在“插入”工具栏中单击“创建工序”按钮 ，在“类型”列表框中选择“mill_contour”选项，在“工序子类型”选项组中单击“型腔铣”按钮 ，在“位置”选项组中设置“程序”为“PROGRAM-B”，“刀具”为“D10”，“几何体”为“WORKPIECE-B”，“方法”为“MILL_ROUGH”，在“名称”文本框中输入“B1”	

（续）

软件操作步骤	操作过程图示
在“型腔铣”对话框的“刀轴”选项组中设置“轴”为“+ZM 轴”	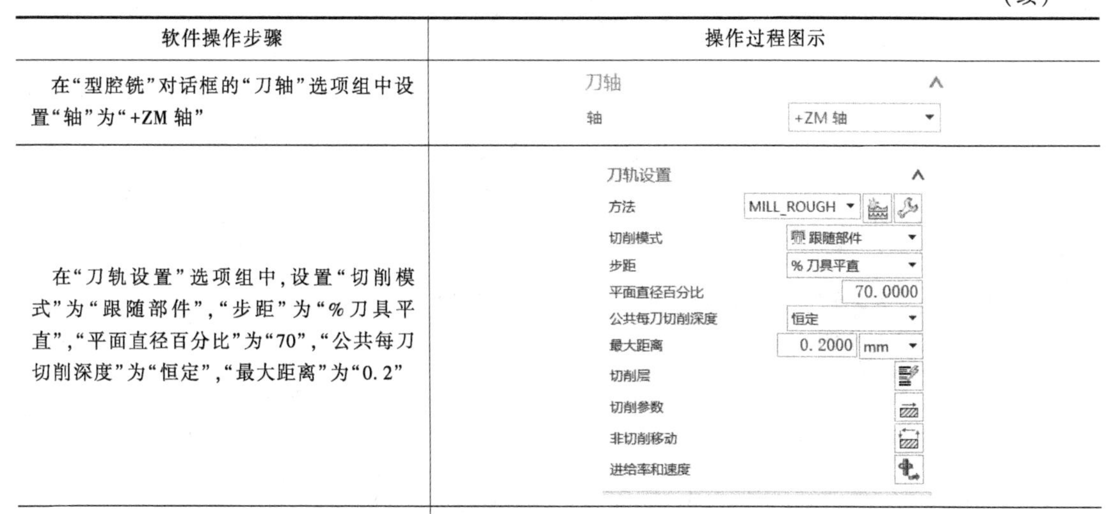
在“刀轨设置”选项组中，设置“切削模式”为“跟随部件”，“步距”为“% 刀具平直”，“平面直径百分比”为“70”，“公共每刀切削深度”为“恒定”，“最大距离”为“0. 2”	
单击“刀轨设置”选项组中的“切削参数”按钮，弹出“切削参数”对话框。选择“策略”选项卡，设置“切削方向”为“顺铣”，“切削顺序”为“层优先”；选择“拐角”选项卡，设置“光顺”为“无”	
选择“进刀”选项卡，在“封闭区域”选项组中设置“进刀类型”为“螺旋”；选择“退刀”选项卡，在“退刀”选项组中设置“退刀类型”为“与进刀相同”。单击“非切削参数”对话框中的“确定”按钮	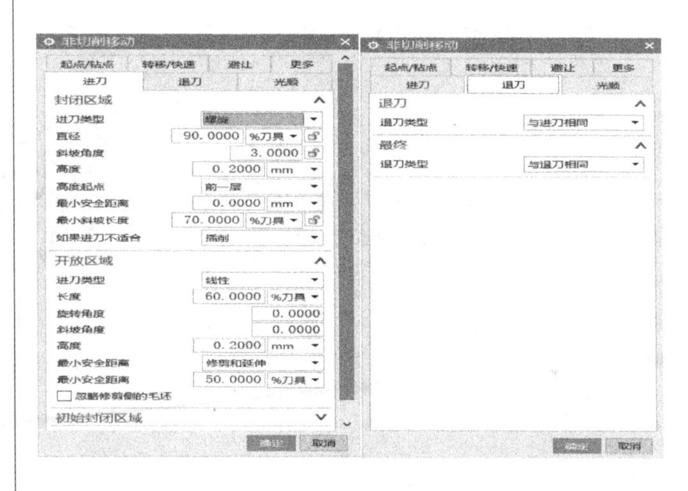

（续）

软件操作步骤	操作过程图示
单击“刀轨设置”选项组中的“进给率和速度”按钮，弹出“进给率和速度”对话框。设置“主轴速度”为“10000”，“切削”（速度）为“6000”，单位为“mmpm”（mm/min）	
在“操作”对话框中完成参数设置后，单击该对话框底部“操作”选项组中的“生成”按钮，可生成该操作的刀具路径	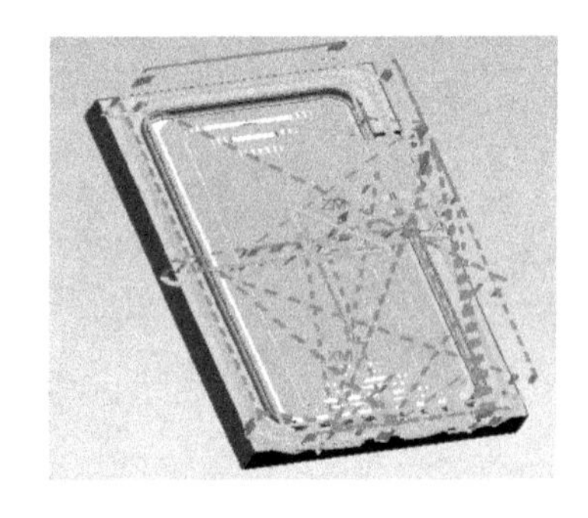
单击“操作”对话框底部“操作”选项组中的“确认”按钮，弹出“导轨可视化”对话框，然后选择“3D 动态”选项卡，单击“播放”按钮，可进行 3D 动态刀具切削过程模拟	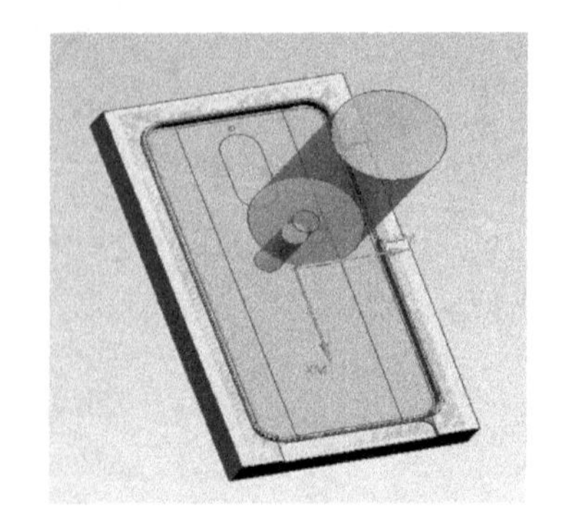

（3）手机壳正面边内圆角粗加工（表 7-28）

表 7-28　手机壳正面边内圆角粗加工

软件操作步骤	操作过程图示
在“插入”工具栏中单击“创建工序”按钮，在“类型”列表框中选择“mill_contour”选项，在“工序子类型”选项组中单击“固定轮廓铣”按钮，在“位置”选项组中设置“程序”为“PROGRAM-B”，“刀具”为“B6R3”，“几何体”为“WORKPIECE-B”，“方法”为“MILL_FINISH”，在“名称”文本框中输入“B2”	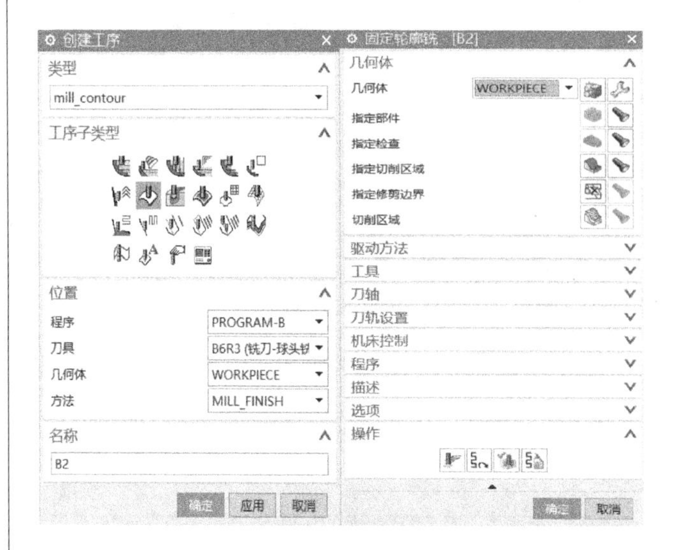
在“固定轮廓铣”对话框中，在“驱动方法”选项组的“方法”列表框中选择“区域铣削”选项，系统弹出“区域铣削驱动方法”对话框	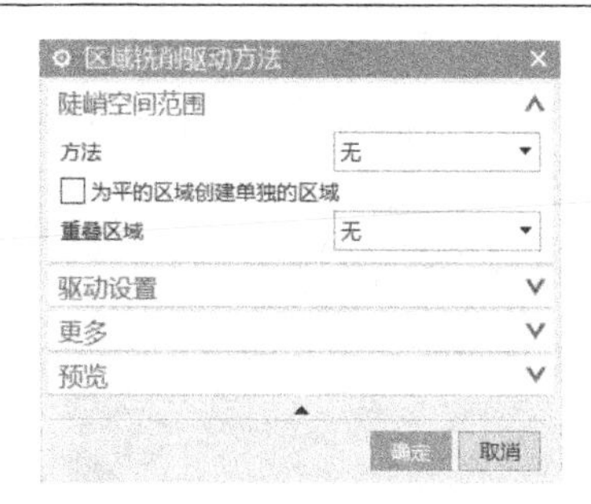
在“驱动设置”选项组中设置“非陡峭切削模式”为“跟随周边”，“切削方向”为“顺铣”，“步距”为“恒定”，“最大距离”为“0.1”	驱动设置 非陡峭切削 非陡峭切削模式 跟随周边 刀路方向 向内 切削方向 顺铣 步距 恒定 最大距离 0.1000 mm 步距已应用 在部件上 步进清理 刀轨光顺 陡峭切削 陡峭切削模式 单向深度加工 深度切削层 恒定 切削方向 逆铣 深度加工每刀切削深度 0.0000 mm 合并距离 50.0000 %刀具 最小切削长度 50.0000 %刀具

（续）

软件操作步骤	操作过程图示
在“固定轮廓铣”对话框的“刀轴”选项组中设置“轴”为“+ZM 轴”	刀轴 轴 +ZM 轴
单击“刀轨设置”选项组中的“切削参数”按钮，弹出“切削参数”对话框。选择“多刀路”选项卡，设置“部件余量偏置”为“0”	切削参数 安全设置 空间范围 更多 策略 多刀路 余量 拐角 多重深度 部件余量偏置 0.0000 多重深度切削 确定 取消
选择“更多”选项卡，相关参数设置如右图所示	切削参数 策略 多刀路 余量 拐角 安全设置 空间范围 更多 切削步长 最大步长 30.0000 %刀具 倾斜 向上斜坡角 90.0000 向下斜坡角 90.0000 优化刀轨 延伸至边界 清理 确定 取消
选择“进刀”选项卡，在“开放区域”选项组中设置“进刀类型”为“圆弧-平行于刀轴”；选择“退刀”选项卡，在“开放区域”选项组中设置“退刀类型”为“与进刀相同”	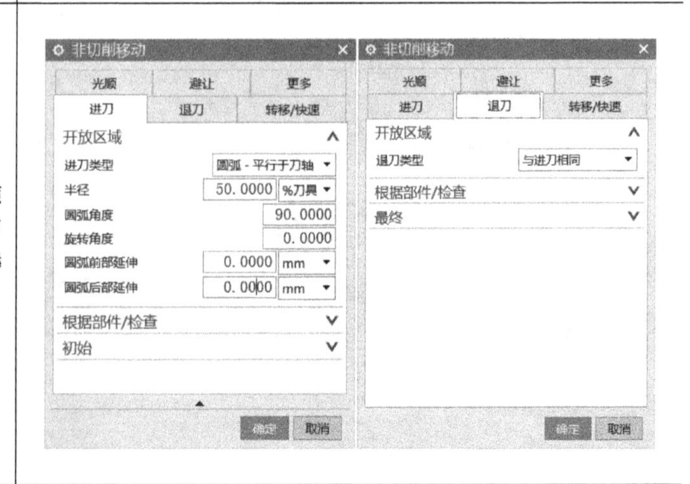

（续）

软件操作步骤	操作过程图示
单击“刀轨设置”选项组中的“进给率和速度”按钮，弹出“进给率和速度”对话框。设置“主轴速度”为“15000”，“切削”（速度）为“2500”，单位为“mmpm”（mm/min）	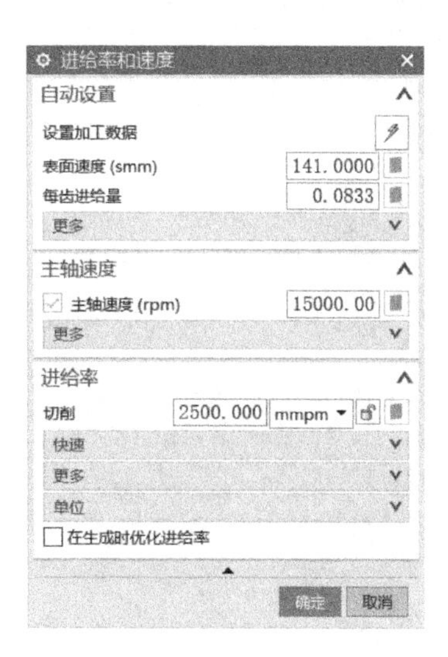
在“操作”对话框中完成参数设置后，单击该对话框底部“操作”选项组中的“生成”按钮，可生成该操作的刀具路径	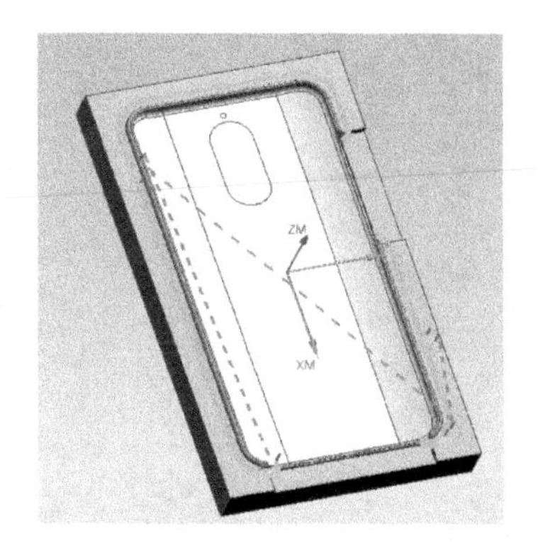
单击“操作”对话框底部“操作”选项组中的“确认”按钮，弹出“导轨可视化”对话框。选择“3D 动态”选项卡，单击“播放”按钮，可进行 3D 动态刀具切削过程模拟	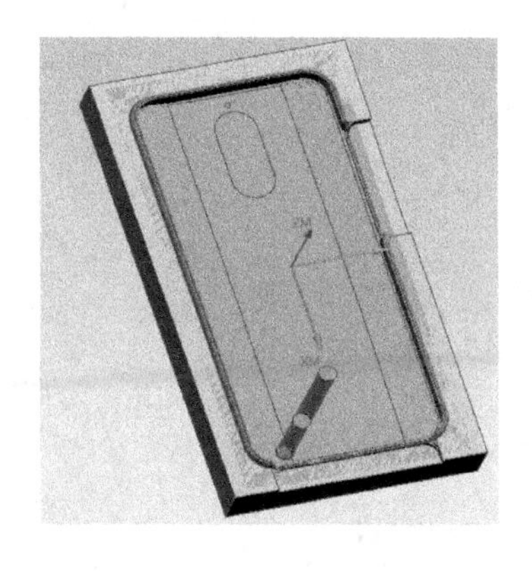

(4) 手机壳边内圆角精加工（表 7-29）

表 7-29　手机壳边内圆角精加工

软件操作步骤	操作过程图示
按照表 5-28 中创建的“固定轮廓铣”刀具路径。在“位置”选项组中“方法”选择“MILL_FINISH”选项，设置“刀具”为“B3”，在“名称”文本框中输入“B3”，双击“固定轮廓铣”刀具路径进入“固定轮廓铣”对话框	
在“固定轮廓铣”对话框中，在“驱动方法”选项组的“方法”列表框中选择“区域铣削”选项，系统弹出“区域铣削驱动方法”对话框	区域铣削驱动方法 陡峭空间范围 方法　无 为平的区域创建单独的区域 重叠区域　无 驱动设置 更多 预览 确定　取消
按照上一步“固定轮廓铣”设置“驱动设置”选项组中的相关参数	
单击“刀轨设置”选项组中的“进给率和速度”按钮，弹出“进给率和速度”对话框。设置“主轴速度”为“15000”，“切削”（速度）为“2500”，单位为“mmpm”（mm/min）	进给率和速度 自动设置 设置加工数据 表面速度 (smm)　141.0000 每齿进给量　0.0833 更多 主轴速度 主轴速度 (rpm)　15000.00 更多 进给率 切削　2500.000　mmpm 快速 更多 单位 在生成时优化进给率 确定　取消
单击该对话框底部“操作”选项组中的“生成”按钮，可生成该操作的刀具路径	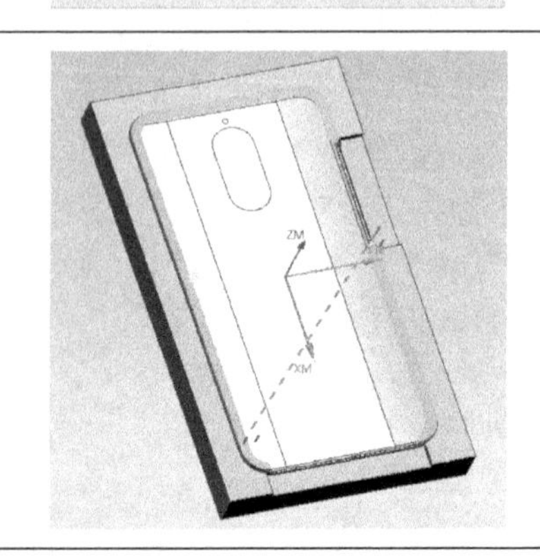

（续）

软件操作步骤	操作过程图示
单击“操作”对话框底部“操作”选项组中的“确认”按钮，弹出“导轨可视化”对话框。选择“3D动态”选项卡，单击“播放”按钮，可进行3D动态刀具切削过程模拟	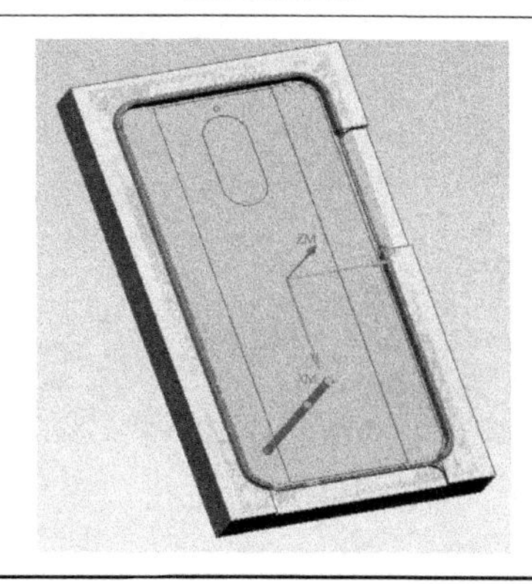

（5）手机壳边开放圆角开粗加工（表7-30）

表7-30　手机壳边开放圆角开粗加工

软件操作步骤	操作过程图示
按照表5-29中创建的“固定轮廓铣”刀具路径，在“位置”选项组中“方法”选择“MILL_ ROUGH”选项，设置“刀具”为“B6”，在名称文本框中输入“B4”，双击“固定轮廓铣”刀具路径进入“固定轮廓铣”对话框	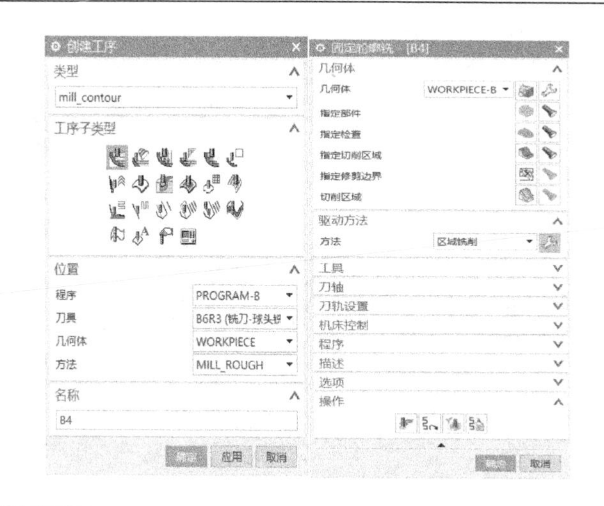
在“固定轮廓铣”对话框中，在“驱动方法”选项组的“方法”列表框中选择“区域铣削”选项，系统弹出“区域铣削驱动方法”对话框	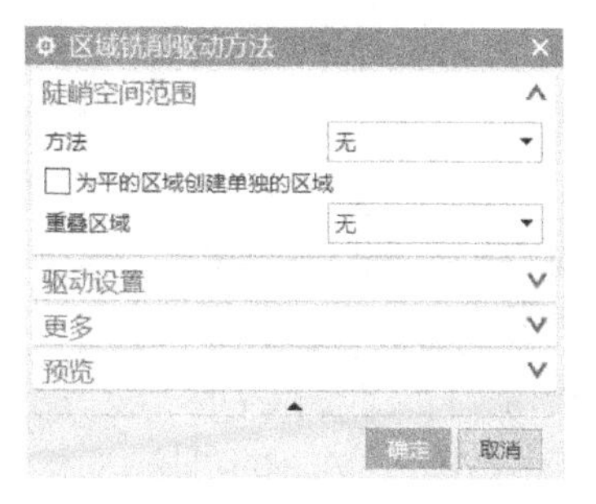

（续）

软件操作步骤	操作过程图示
在“驱动设置”选项组中设置“非陡峭切削模式”为“跟随周边”，“切削方向”为“顺铣”，“步距”为“恒定”，“最大距离”为“0.1”	
在“固定轮廓铣”对话框的“刀轴”选项组中设置“轴”为“+ZM 轴”	
选择“多刀路”选项卡，设置“部件余量偏置”为“0”	
选择“更多”选项卡，相关参数设置如右图所示	

（续）

软件操作步骤	操作过程图示
选择“进刀”选项卡，在“开放区域”选项组中设置“进刀类型”为“圆弧-平行于刀轴”；选择“退刀”选项卡，在“开放区域”选项组中设置“退刀类型”为“与进刀相同”	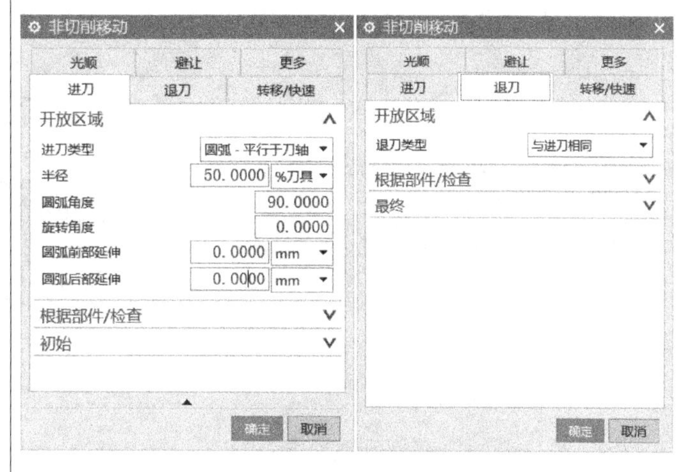
单击“刀轨设置”选项组中的“进给率和速度”按钮，弹出“进给率和速度”对话框。设置“主轴速度”为“10000”，“切削”（速度）为“3000”，单位为“mmpm”（mm/min）	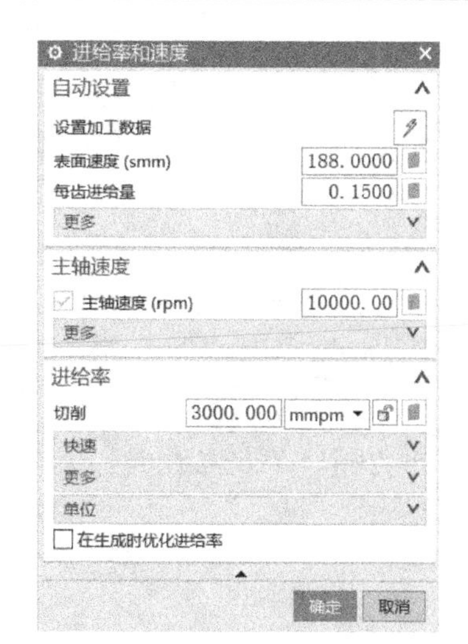
单击该对话框底部“操作”组框中的“生成”按钮，可生成该操作的刀具路径	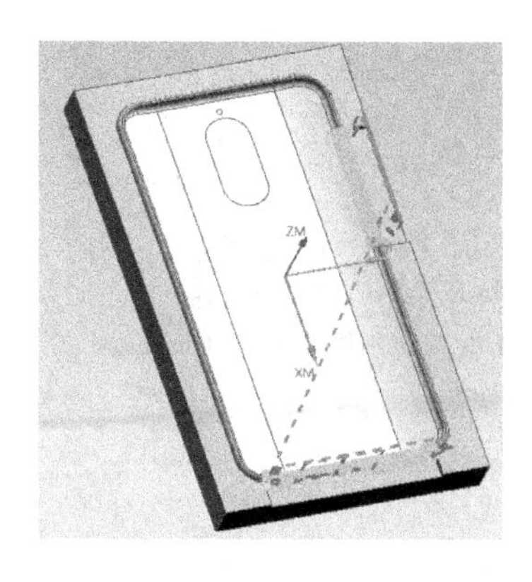

（续）

软件操作步骤	操作过程图示
单击“操作”对话框底部“操作”选项组中的“确认”按钮，弹出“导轨可视化”对话框。选择“3D 动态”选项卡，单击“播放”按钮，可进行 3D 动态刀具切削过程模拟	

(6) 手机壳边第一处开放圆角精加工（表 7-31）

表 7-31　手机壳边第一处开放圆角精加工

软件操作步骤	操作过程图示
按照表 5-31 中创建的“固定轮廓铣”刀具路径。在“位置”选项组中“方法”选择“MILL _ FINISH”选项，设置“刀具”为“B3R1.5(铣刀-球头)”，在“名称”文本框中输入“B5”，双击“固定轮廓铣”刀具路径进入“固定轮廓铣”对话框	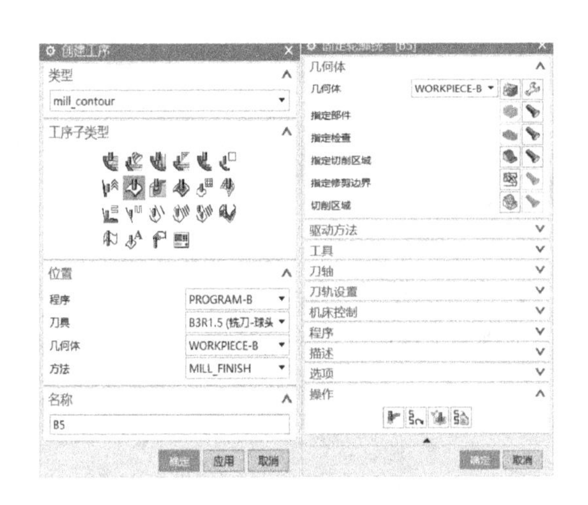
在“固定轮廓铣”对话框中，在“驱动方法”选项组的“方法”列表框中选择“区域铣削”选项，系统弹出“区域铣削驱动方法”对话框	

（续）

软件操作步骤	操作过程图示
在“驱动设置”选项组中设置“非陡峭切削模式“为“跟随周边”，“切削方向”为“顺铣”，“步距”为“恒定”，“最大距离”为“0.1”	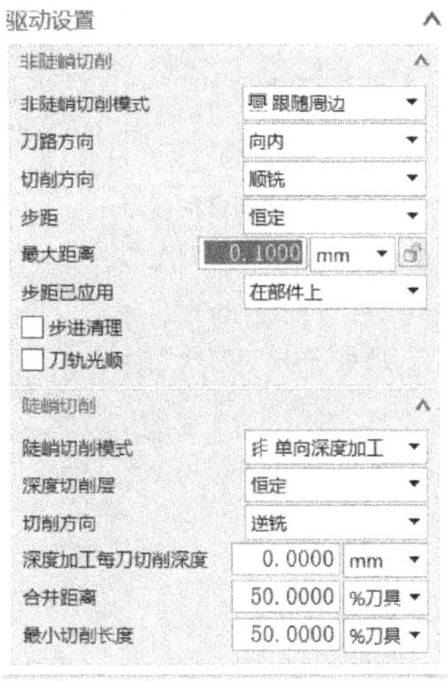 驱动设置 非陡峭切削 非陡峭切削模式　跟随周边 刀路方向　向内 切削方向　顺铣 步距　恒定 最大距离　0.1000　mm 步距已应用　在部件上 步进清理 刀轨光顺 陡峭切削 陡峭切削模式　单向深度加工 深度切削层　恒定 切削方向　逆铣 深度加工每刀切削深度　0.0000　mm 合并距离　50.0000　%刀具 最小切削长度　50.0000　%刀具
在“固定轮廓铣”对话框的“刀轴”选项组中设置“轴”为“+ZM 轴”	 刀轴 轴　+ZM 轴
选择“多刀路”选项卡，设置“部件余量偏置”为“0”	 切削参数 安全设置　空间范围　更多 策略　多刀路　余量　拐角 多重深度 部件余量偏置　0.0000 多重深度切削 确定　取消
选择“更多”选项卡，相关参数设置如右图所示	 切削参数 策略　多刀路　余量　拐角 安全设置　空间范围　更多 切削步长 最大步长　30.0000　%刀具 倾斜 向上斜坡角　90.0000 向下斜坡角　90.0000 优化刀轨 延伸至边界 清理 确定　取消

（续）

软件操作步骤	操作过程图示
单击“刀轨设置”选项组中的“非切削移动”按钮，弹出“非切削移动”对话框。选择“进刀”选项卡，在“开放区域”选项组中设置“进刀类型”为“圆弧-平行于刀轴”；选择“退刀”选项卡，在“开放区域”选项组中设置“退刀类型”为“与进刀相同”	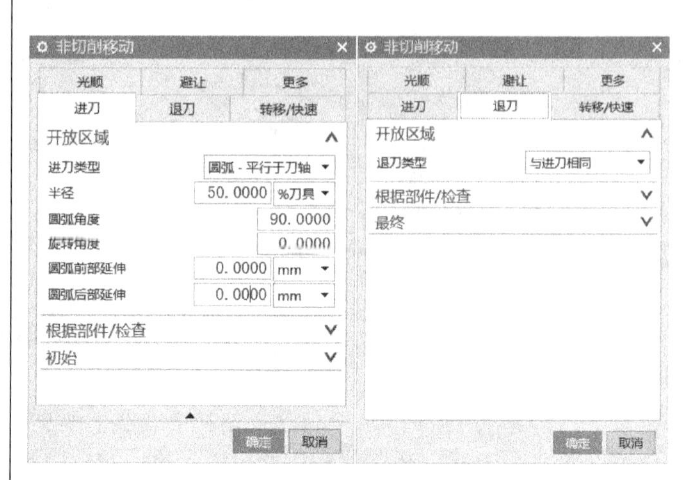
单击“刀轨设置”选项组中的“进给率和速度”按钮，弹出“进给率和速度”对话框。设置“主轴速度”为“15000”，“切削”（速度）为“2500”，单位为“mmpm”（mm/min）	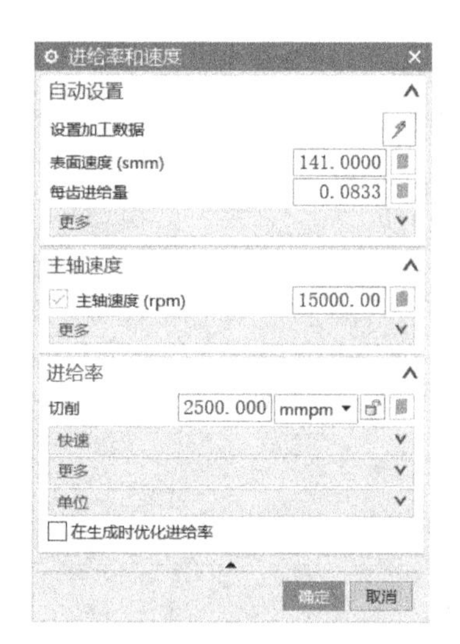
单击该对话框底部“操作”选项组中的“生成”按钮，可生成该操作的刀具路径	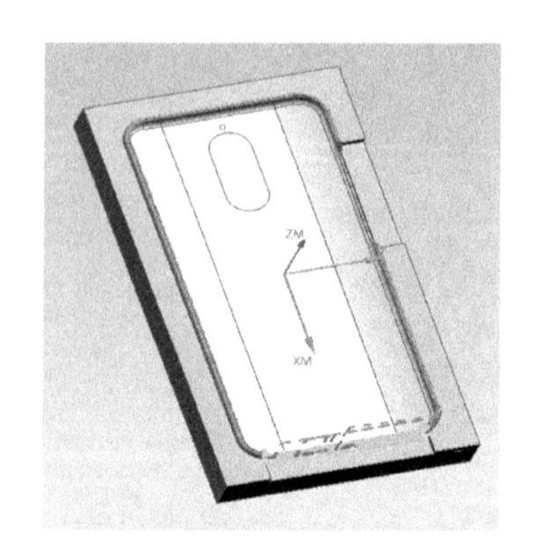

（续）

软件操作步骤	操作过程图示
单击“操作”对话框底部“操作”选项组中的“确认”按钮，弹出“导轨可视化”对话框。选择“3D 动态”选项卡，单击“播放”按钮，可进行 3D 动态刀具切削过程模拟	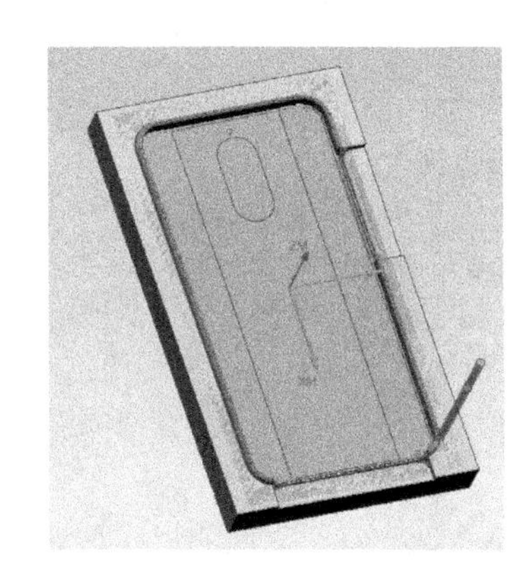

（7）手机壳边第二处开放圆角精加工（表 7-32）

表 7-32　手机壳边第二处开放圆角精加工

软件操作步骤	操作过程图示
按照表 5-31 中创建的“固定轮廓铣”刀具路径。在“位置”选项组中“方法”选择“MILL _ FINISH”选项，设置“刀具”为“B3R1.5（铣刀-球头）”，在名称文本框中输入“B6”，双击“固定轮廓铣”刀具路径进入“固定轮廓铣”对话框	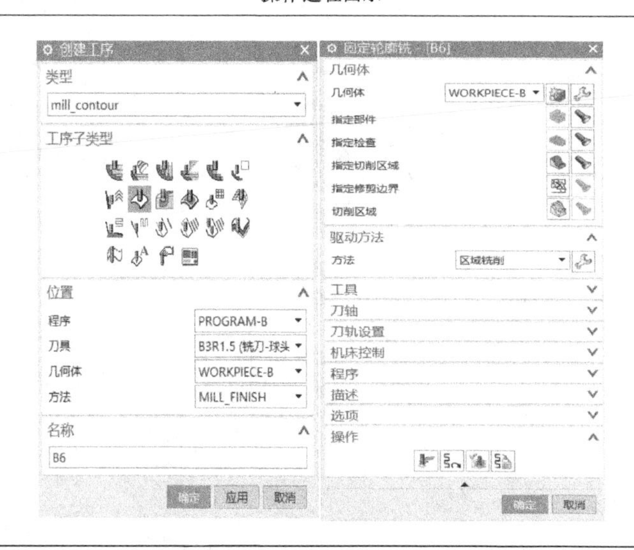
在“固定轮廓铣”对话框中，在“驱动方法”选项组的“方法”列表框中选择“区域铣削”选项，系统弹出“区域铣削驱动方法”对话框	

（续）

软件操作步骤	操作过程图示
在“驱动设置”选项组中设置“非陡峭切削模式”为“跟随周边”，“切削方向”为“顺铣”，“步距”为“恒定”，“最大距离”为“0.1”	
在“固定轮廓铣”对话框的“刀轴”选项组中设置“轴”为“+ZM 轴”	
选择“多刀路”选项卡，设置“部件余量偏置”为“0”	
选择“更多”选项卡，相关参数设置如右图所示	

（续）

软件操作步骤	操作过程图示
单击“刀轨设置”选项组中的“非切削移动”按钮，弹出“非切削移动”对话框。选择“进刀”选项卡，在“开放区域”选项组框中设置“进刀类型”为“圆弧-平行于刀轴”；选择“退刀”选项卡，在“开放区域”选项组中设置“退刀类型”为“与进刀相同”	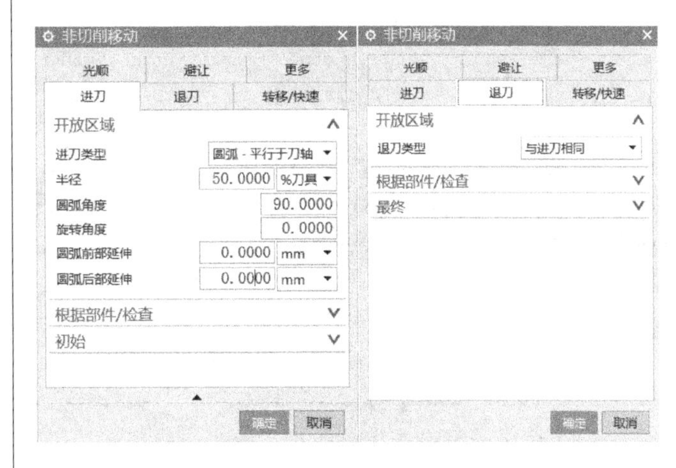
单击“刀轨设置”选项组中的“进给率和速度”按钮，弹出“进给率和速度”对话框。设置“主轴速度”为“15000”，“切削”（速度）为“2500”，单位为“mmpm”（mm/min）	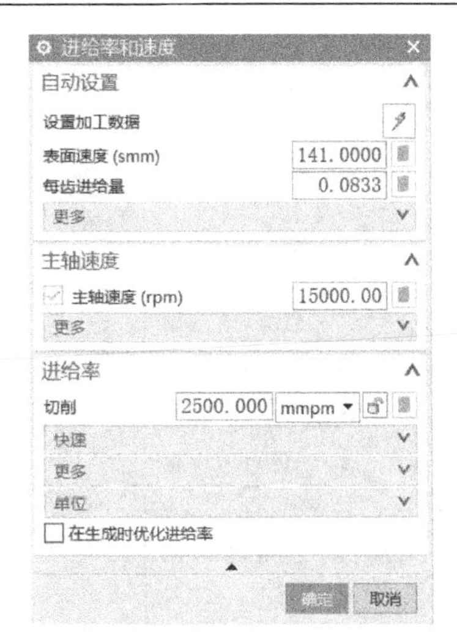
单击该对话框底部“操作”选项组中的“生成”按钮，可生成该操作的刀具路径	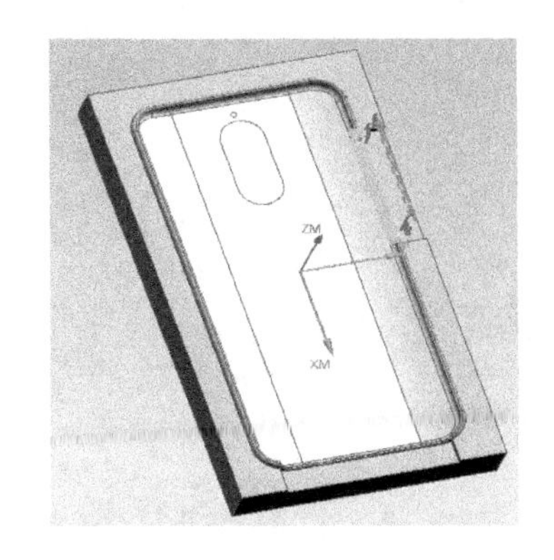

（续）

软件操作步骤	操作过程图示
单击“操作”对话框底部“操作”选项组中的“确认”按钮，弹出“导轨可视化”对话框。选择“3D 动态”选项卡，单击“播放”按钮，可进行 3D 动态刀具切削过程模拟	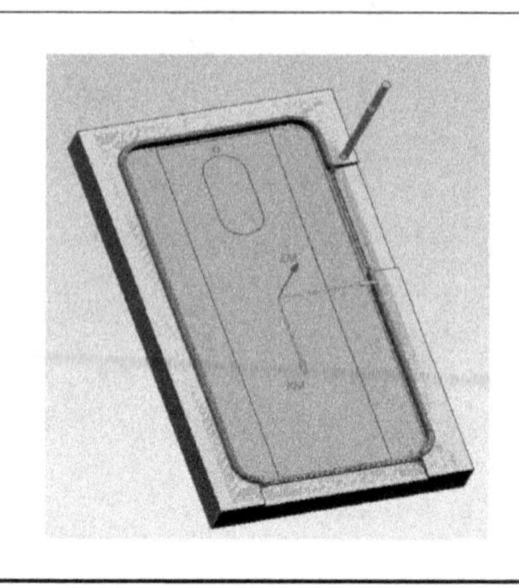

（8）手机壳型腔曲面半精加工（表 7-33）

表 7-33　手机壳型腔曲面半精加工

软件操作步骤	操作过程图示
在“插入”工具栏中单击“创建工序”按钮，在“类型”列表框中选择“mill_contour”选项，在“工序子类型”选项组中单击“固定轮廓铣”按钮，在“位置”选项组中设置“程序”为“PROGRAM-B”，“刀具”为“B6R3（铣刀-球头）”，“几何体”为“WORKPIECE-B”，“方法”为“MILL_SEMI_FINISH”，在“名称”文本框中输入“B7”	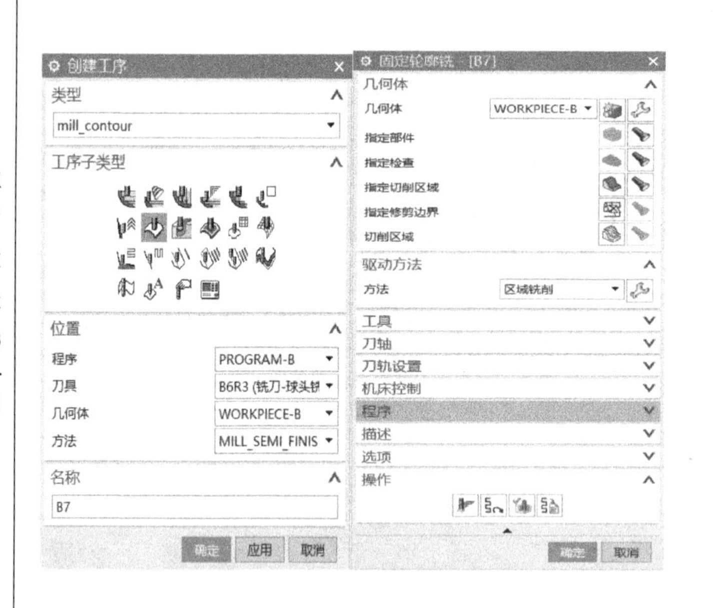
在“固定轮廓铣”对话框中，在“驱动方法”选项组的“方法”列表框中选择“区域铣削”选项，系统弹出“区域铣削驱动方法”对话框	区域铣削驱动方法 陡峭空间范围 方法　无 为平的区域创建单独的区域 重叠区域　无 驱动设置 更多 预览 确定　取消

（续）

软件操作步骤	操作过程图示
在“驱动设置”选项组中设置“非陡峭切削模式”为“跟随周边”，“切削方向”为“顺铣”，“步距”为“恒定”，“最大距离”为“0.1”	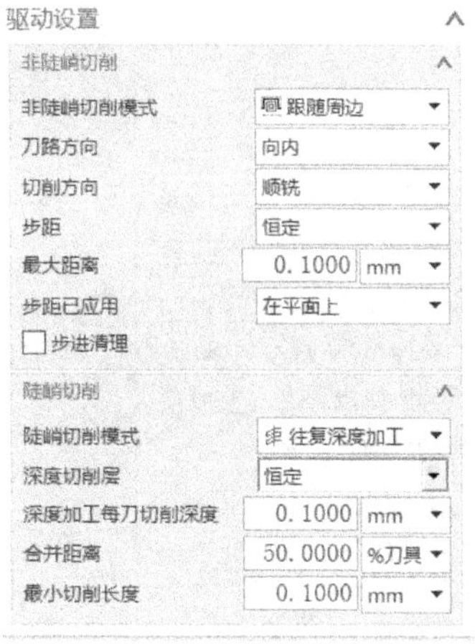 驱动设置 非陡峭切削 非陡峭切削模式　跟随周边 刀路方向　向内 切削方向　顺铣 步距　恒定 最大距离　0.1000 mm 步距已应用　在平面上 步进清理 陡峭切削 陡峭切削模式　往复深度加工 深度切削层　恒定 深度加工每刀切削深度　0.1000 mm 合并距离　50.0000 %刀具 最小切削长度　0.1000 mm
在“固定轮廓铣”对话框的“刀轴”选项组中设置“轴”为“+ZM 轴”	 刀轴 轴　+ZM 轴
选择“多刀路”选项卡，设置“部件余量偏置”为“0”	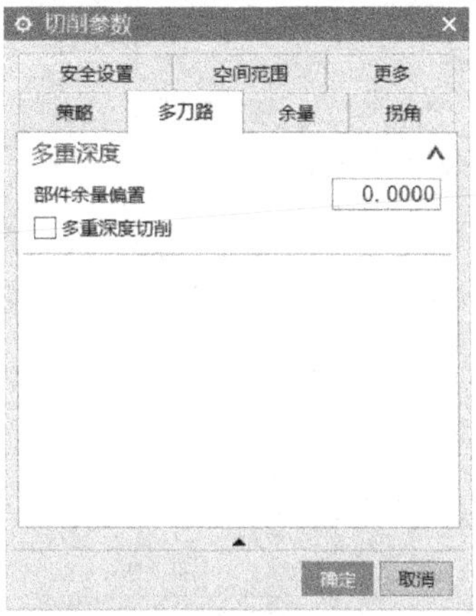 切削参数 安全设置　空间范围　更多 策略　多刀路　余量　拐角 多重深度 部件余量偏置　0.0000 多重深度切削 确定　取消
选择“更多”选项卡，相关参数设置如右图所示	 切削参数 策略　多刀路　余量　拐角 安全设置　空间范围　更多 切削步长 最大步长　30.0000 %刀具 倾斜 向上斜坡角　90.0000 向下斜坡角　90.0000 优化刀轨 延伸至边界 清理 确定　取消

（续）

软件操作步骤	操作过程图示
单击“刀轨设置”选项组中的“非切削移动”按钮，弹出“非切削移动”对话框。选择“进刀”选项卡，在“开放区域”选项组中设置“进刀类型”为“圆弧-平行于刀轴”；选择“退刀”选项卡，在“开放区域”选项组框中设置“退刀类型”为“与进刀相同”	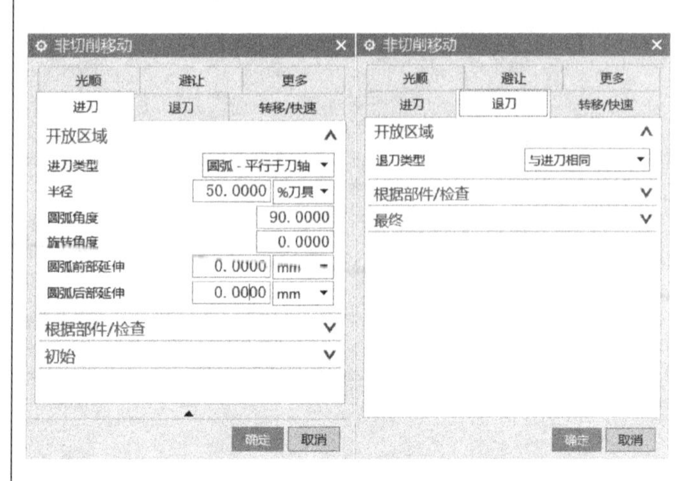
单击“刀轨设置”选项组中的“进给率和速度”按钮，弹出“进给率和速度”对话框。设置“主轴速度”为“10000”，“切削”（速度）为“3000”，单位为“mmpm”（mm/min）	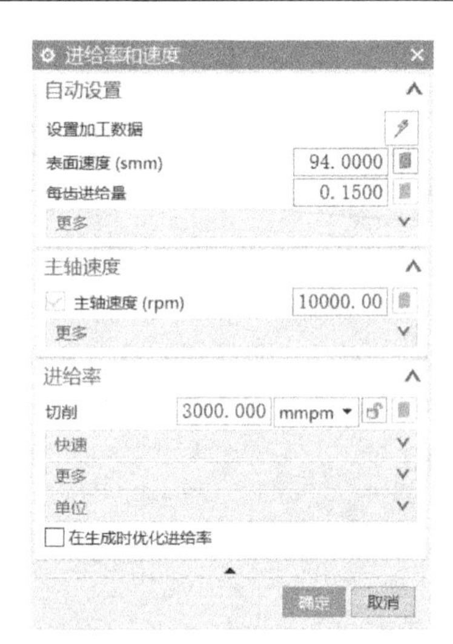
单击该对话框底部“操作”选项组中的“生成”按钮，可生成该操作的刀具路径	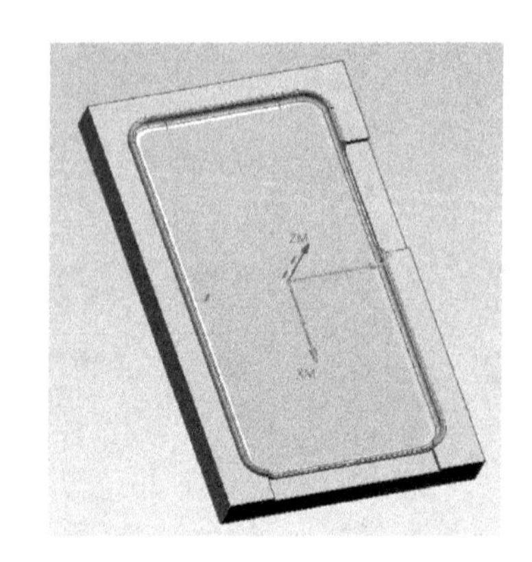

（续）

软件操作步骤	操作过程图示
单击“操作”对话框底部“操作”选项组中的“确认”按钮，弹出“导轨可视化”对话框。选择“3D 动态”选项卡。单击“播放”按钮，可进行 3D 动态刀具切削过程模拟	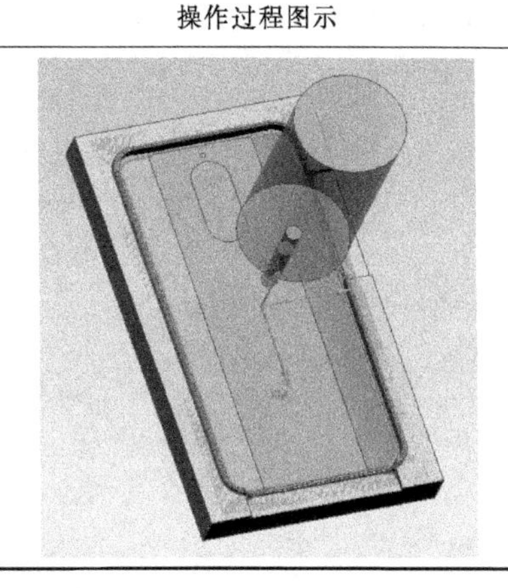

（9）手机壳型腔曲面精加工（表 7-34）

表 7-34　手机壳型腔曲面精加工

软件操作步骤	操作过程图示
在“插入”工具栏中单击“创建工序”按钮，在“类型”列表框中选择“mill_contour”选项，在“工序子类型”选项组中单击“固定轮廓铣”按钮，在“位置”选项组中设置“程序”为“PROGRAM-B”，“刀具”为“B3R1.5（铣刀-球头）”，“几何体”为“WORKPIECE-B”，“方法”为“MILL_FINISH”，在“名称”文本框中输入“B8”	创建工序 类型 mill_contour 工序子类型 位置 程序 PROGRAM-B 刀具 B3R1.5 (铣刀-球头 几何体 WORKPIECE-B 方法 MILL_SEMI_FINIS 名称 B8 确定 应用 取消
在“固定轮廓铣”对话框中，在“驱动方法”选项组的“方法”列表框中选择“区域铣削”选项，系统弹出“区域铣削驱动方法”对话框	

（续）

软件操作步骤	操作过程图示
在“驱动设置”选项组中设置“非陡峭切削模式”为“跟随周边”，“切削方向”为“顺铣”，“步距”为“恒定”，“最大距离”为“0.1”	
在“固定轮廓铣”对话框的“刀轴”选项组中设置“轴”为“+ZM 轴”	
单击“刀轨设置”选项组中的“切削参数”按钮，弹出“切削参数”对话框。选择“多刀路”选项卡，设置“部件余量偏置”为“0”	
选择“更多”选项卡，相关参数设置如右图所示	

（续）

<table>
<tr><th>软件操作步骤</th><th>操作过程图示</th></tr>
<tr><td>单击“刀轨设置”选项组中的“非切削移动”按钮，弹出“非切削移动”对话框。选择“进刀”选项卡，在“开放区域”选项组中设置“进刀类型”为“圆弧-平行于刀轴”；选择“退刀”选项卡，在“开放区域”选项组框中设置“退刀类型”为“与进刀相同”</td><td>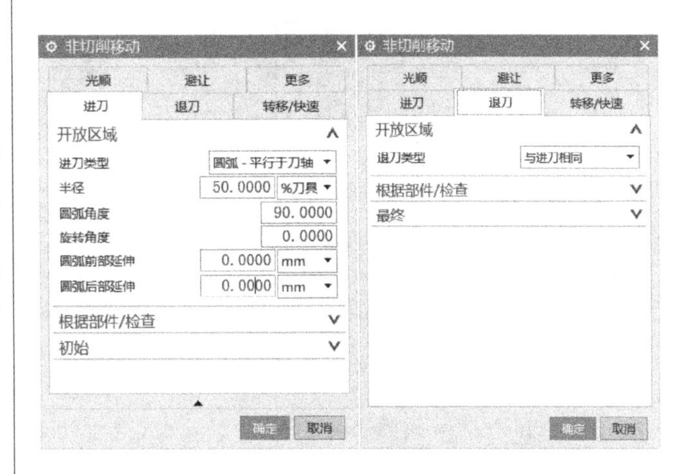
</td></tr>
<tr><td>单击“刀轨设置”选项组框中的“进给率和速度”按钮，弹出“进给率和速度”对话框。设置“主轴速度”为“15000”，“切削”（速度）为“2500”，单位为“mmpm”（mm/min）</td><td>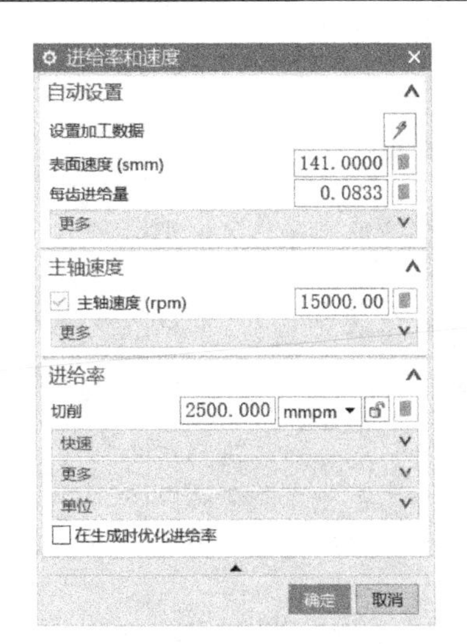
</td></tr>
<tr><td>单击该对话框底部“操作”选项组中的“生成”按钮，可生成该操作的刀具路径</td><td>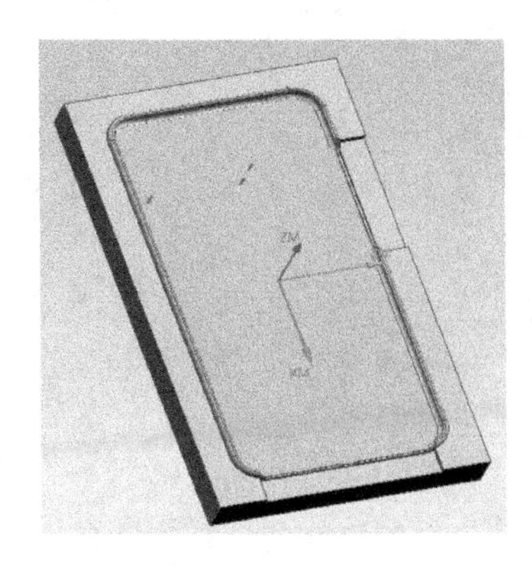</td></tr>
</table>

（续）

软件操作步骤	操作过程图示
单击“操作”对话框底部“操作”选项组中的“确认”按钮，弹出“导轨可视化”对话框。选择“3D 动态”选项卡，单击“播放”按钮，可进行 3D 动态刀具切削过程模拟	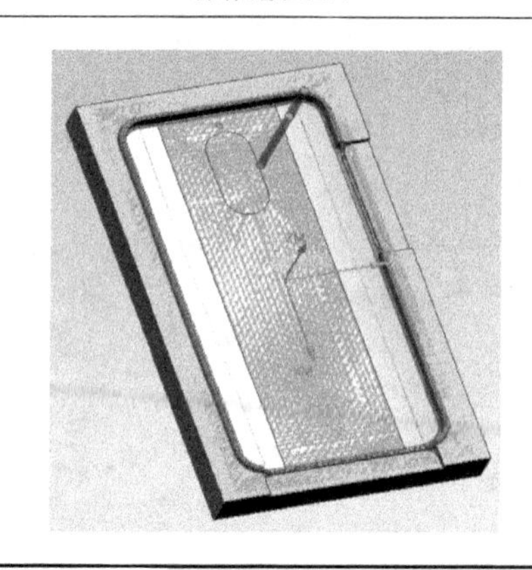

（10）手机壳的倒扣圆角开粗加工（表 7-35）

表 7-35　手机壳倒扣圆角开粗加工

软件操作步骤	操作过程图示 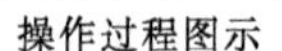
在“插入”工具栏中单击“创建工序”按钮，在“类型”列表框中选择“mill_contour”选项，在“工序子类型”选项组中单击“实体轮廓 3D”按钮，在“位置”选项组中设置“程序”为“PROGRAM-B”，“刀具”为“T16”，“几何体”为“WORKPIECE-B”，“方法”为“MILL_ROUGH”，在“名称”文本框中输入“B9”	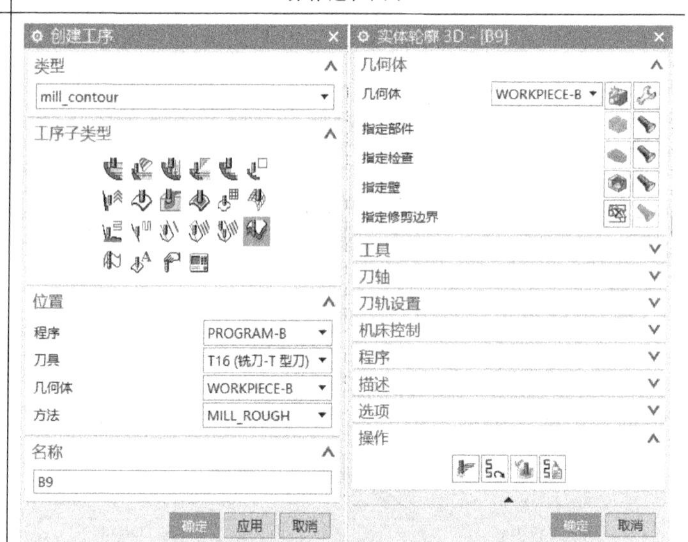
指定部件，指定壁	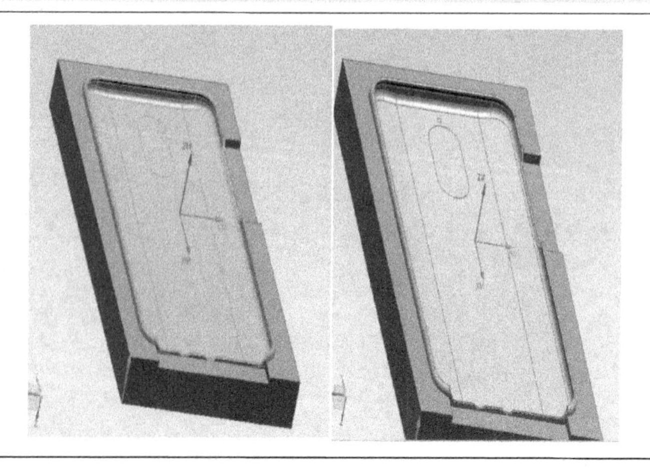

（续）

软件操作步骤	操作过程图示
在“型腔铣”对话框的“刀轴”选项组中设置“轴”为“+ZM 轴”	刀轴 轴　+ZM 轴
在“驱动设置”选项组中设置“非陡峭切削模式”为“跟随周边”，“切削方向”为“顺铣”，“步距”为“恒定”，“最大距离”为“0.1”	驱动设置 非陡峭切削 非陡峭切削模式　跟随周边 刀路方向　向内 切削方向　顺铣 步距　恒定 最大距离　0.1000　mm 步距已应用　在部件上 步进清理 刀轨光顺 陡峭切削 陡峭切削模式　单向深度加工 深度切削层　恒定 切削方向　逆铣 深度加工每刀切削深度　0.0000　mm 合并距离　50.0000　%刀具 最小切削长度　50.0000　%刀具
在“固定轮廓铣”对话框的“刀轴”选项组中设置“轴”为“+ZM 轴”	刀轴 轴　+ZM 轴
在“刀轨设置”选项组中设置“方法”为“MILL_ROUGH”，“部件余量”为“0.1000”，“跟随”为“壁的顶部”，“Z 向深度偏置”为“0”	刀轨设置 方法　MILL_ROUGH 部件余量　0.1000 跟随　壁的顶部 Z 向深度偏置　0.0000 切削参数 非切削移动 进给率和速度
单击“刀轨设置”选项组中的“切削参数”按钮，弹出“切削参数”对话框。选择“策略”选项卡，设置“切削方向”为“顺铣”，其他参数如右图所示；选择“拐角”选项卡，设置“凸角”为“绕对象滚动”	切削参数 连接　空间范围　更多 策略　多刀路　余量　拐角 切削 切削方向　顺铣 合并 合并距离　0.0000　mm 延伸 在边上延伸　0.0000　mm 毛坯 毛坯距离　0.0000 确定　取消 连接　空间范围　更多 策略　多刀路　余量　拐角 拐角处的刀轨形状 凸角　绕对象滚动 光顺 Z 轴光顺　无 确定　取消

（续）

<table>
<tr><th>软件操作步骤</th><th>操作过程图示</th></tr>
<tr><td>单击“刀轨设置”选项组中的“非切削移动”按钮，弹出“非切削移动”对话框。选择“进刀”选项卡，在“封闭区域”选项组中设置“进刀类型”为“螺旋”，其他参数如右图所示；选择“退刀”选项卡，在“退刀”选项组中设置“退刀类型”为“与进刀相同”</td><td>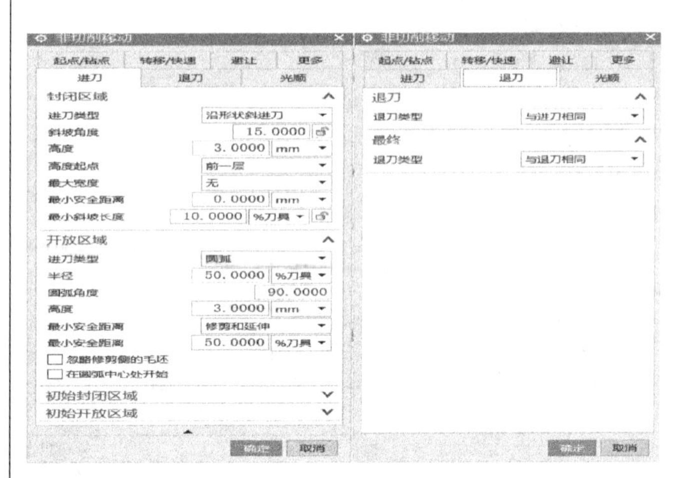
</td></tr>
<tr><td>单击“刀轨设置”选项组中的“进给率和速度”按钮，弹出“进给率和速度”对话框。设置“主轴速度”为“8000”，“切削”（速度）为“800”，单位为“mmpm”（mm/min）</td><td>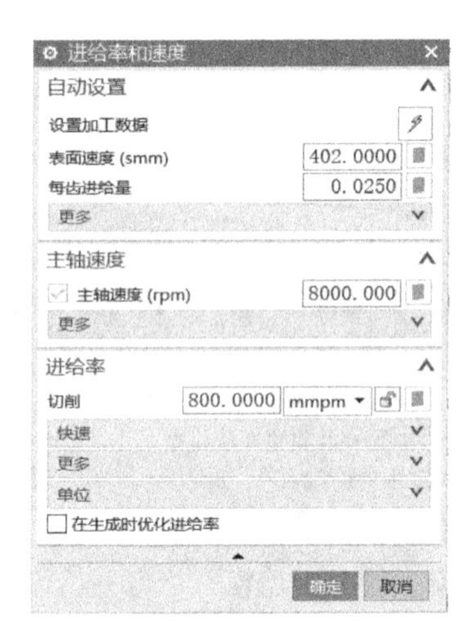
</td></tr>
<tr><td>在“操作”对话框中完成参数设置后，单击该对话框底部“操作”选项组中的“生成”按钮，可生成该操作的刀具路径</td><td></td></tr>
</table>

（续）

软件操作步骤	操作过程图示
单击“操作”对话框底部“操作”选项组中的“确认”按钮，弹出“导轨可视化”对话框。选择“3D 动态”选项卡，单击“播放”按钮，可进行 3D 动态刀具切削过程模拟	

（11）手机壳的倒扣圆角精加工（表 7-36）

表 7-36　手机壳的倒扣圆角精加工

软件操作步骤	操作过程图示
在“插入”工具栏中单击“创建工序”按钮，在“类型”列表框中选择“mill_contour”选项，在“工序子类型”选项组中单击“实体轮廓 3D”按钮，在“位置”选项组中设置“程序”为“PROGRAM-B”，“刀具”为“T16(铣刀-T 型刀)”，“几何体”为“WORKPIECE-B”，“方法”为“MILL_ROUGH”，在“名称”文本框中输入“B10”	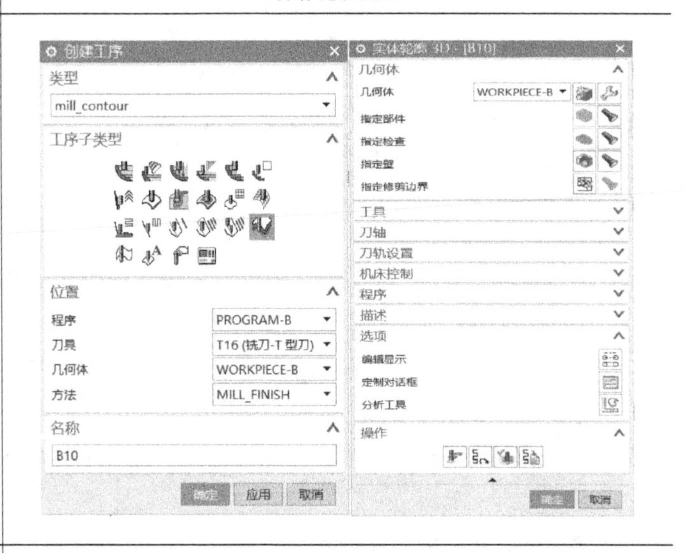
指定部件，指定壁	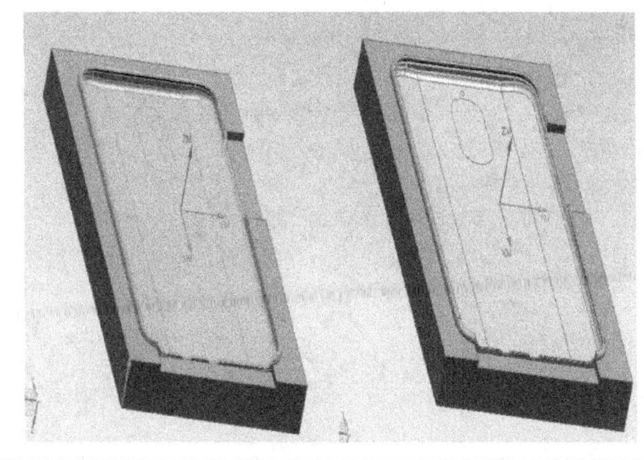

（续）

<table>
<tr><th>软件操作步骤</th><th>操作过程图示</th></tr>
<tr><td>在“型腔铣”对话框的“刀轴”选项组中设置“轴”为“+ZM 轴”</td><td>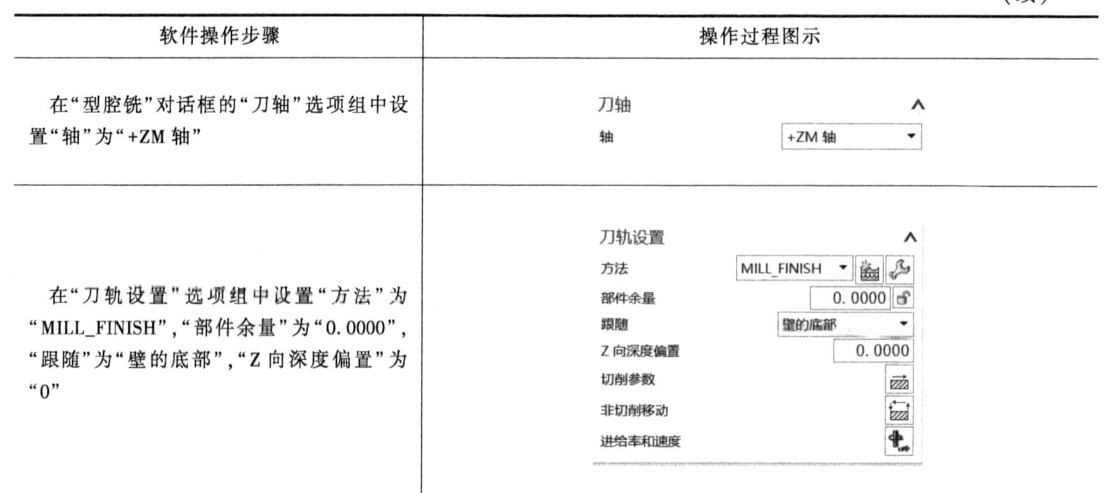
</td></tr>
<tr><td>在“刀轨设置”选项组中设置“方法”为“MILL_FINISH”，“部件余量”为“0.0000”，“跟随”为“壁的底部”，“Z 向深度偏置”为“0”</td><td></td></tr>
<tr><td>单击“刀轨设置”选项组中的“切削参数”按钮，弹出“切削参数”对话框。选择“策略”选项卡，设置“切削方向”为“顺铣”，其他参数如右图所示；选择“拐角”选项卡，设置“凸角”为“绕对象滚动”</td><td>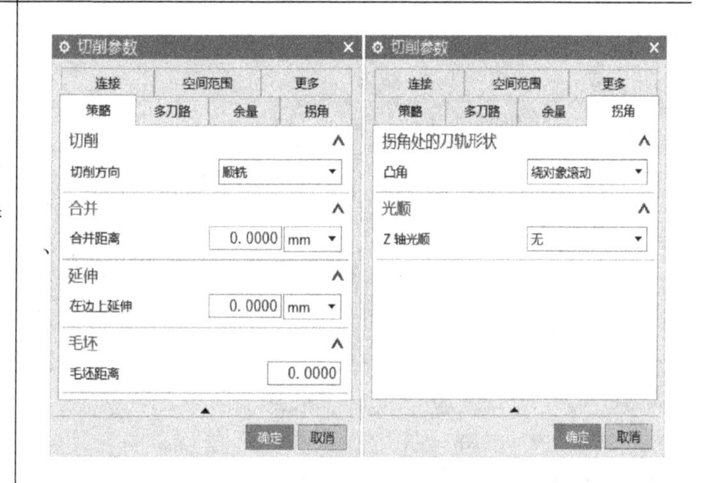
</td></tr>
<tr><td>单击“刀轨设置”选项组中的“非切削移动”按钮，弹出“非切削移动”对话框。选择“进刀”选项卡，在“封闭区域”选项组框中设置“进刀类型”为“螺旋”，其他参数如右图所示； 选择“退刀”选项卡，在“退刀”设置组中设置“退刀类型”为“与进刀相同”。单击“非切削参数”对话框中的“确定”按钮</td><td>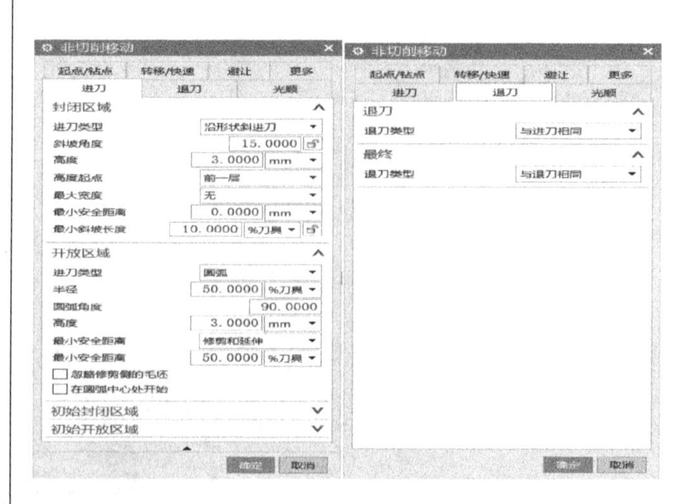
</td></tr>
</table>

（续）

软件操作步骤	操作过程图示
单击“刀轨设置”选项组中的“进给率和速度”按钮，弹出“进给率和速度”对话框。设置“主轴速度”为“12000”，“切削”（速度）为“600”，单位为“mmpm”（mm/min）	
单击该对话框底部“操作”选项组中的“生成”按钮，可生成该操作的刀具路径	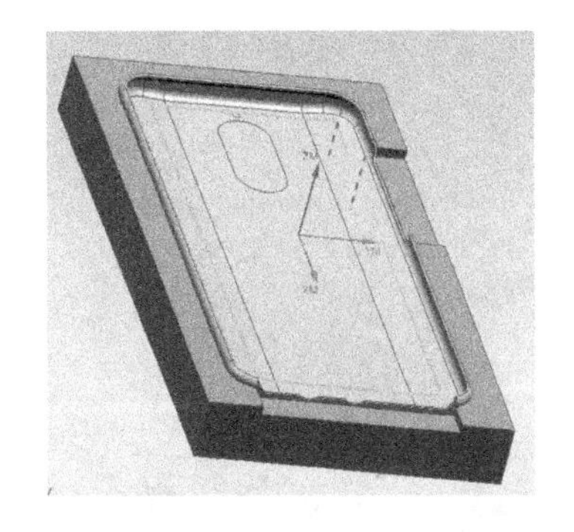
单击“操作”对话框底部“操作”选项组中的“确认”按钮，弹出“导轨可视化”对话框。选择“3D 动态”选项卡，单击“播放”按钮，可进行 3D 动态刀具切削过程模拟	

7. 总结

手机壳是 3D 加工领域的典型零件，在其实际加工过程中会受到诸多因素的影响，工艺设计方案不具有唯一性。但工艺方案的设计与产品设计一样，都不应是盲目的，每一个工艺因数（如刀具参数、刀具路径等）的设定，均应有依据。这些依据来自于工艺资料、经验、环境条件等。

在实际加工生产中，当加工批量较小或单件产品时，好的设计方案应能较高效地保障产品质量。当加工批量较大的产品时，一般情况下需要进行多次验证。本实训提供给大家的只是初步方案，其能在常规条件下，满足零件要求的基础上，较高效地完成零件加工。大家参照该方案完成实训后，可结合自身的实际条件，考虑并验证每一个依据是否有更优的替代方案，以便制订出更好的加工方案。

思考与练习

1. 手机壳零件的加工工艺流程是什么？
2. 填写数控加工工艺卡、刀具卡等工艺文件。

参考文献

[1] 寇文化. UG NX8.0 数控铣多轴加工工艺与编程 [M]. 北京：化学工业出版社，2015.

[2] 陈吉红，胡寿，李民，等. 数控机床现代加工工艺 [M]. 武汉：华中科技大学出版社，2009.

[3] 詹华西. 多轴加工与仿真 [M]. 3 版. 西安：西安电子科技大学出版社，2015.

[4] 陆启建，褚辉生. 高速切削与五轴联动加工技术 [M]. 北京：机械工业出版社，2011.

[5] 张伯霖. 高速切削技术及应用 [M]. 北京：机械工业出版社，2002.

[6] 吴玉厚. 数控机床电主轴单元技术 [M]. 北京：机械工业出版社，2006.